海洋石油一体化
数据中心建设技术与应用

夏如君　金云智　曾小明　邓志勇　编著

中国石化出版社

内 容 提 要

本书针对海洋石油勘探开发业务特点，详细介绍了勘探开发一体化数据中心的建设实践，重点介绍了数据标准体系、数据采集体系、数据存储体系、数据管理体系、数据服务体系五大体系的建设内容及关键点，并结合业务实际系统总结了基于一体化数据中心的数据综合分析及应用成果，探索出一条行之有效的一体化数据中心建设道路。本书可供石油天然气行业建设一体化数据中心的技术人员参考。

图书在版编目(CIP)数据

海洋石油一体化数据中心建设技术与应用 / 夏如君等编著. —北京:中国石化出版社,2020. 8
ISBN 978-7-5114-5925-1

Ⅰ. ①海… Ⅱ. ①夏… Ⅲ. ①海上油气田-油气勘探-信息化建设-研究 Ⅳ. ①P618. 130. 8

中国版本图书馆 CIP 数据核字(2020)第 154510 号

中国石化出版社出版发行
地址:北京市东城区安定门外大街 58 号
邮编:100011　电话:(010)57512500
发行部电话:(010)57512575
http://www. sinopec-press. com
E-mail:press@ sinopec. com
北京艾普海德印刷有限公司印刷
全国各地新华书店经销
*
710×1000 毫米 16 开本 14 印张 251 千字
2020 年 8 月第 1 版　2020 年 8 月第 1 次印刷
定价:60. 00 元

序

数据是一个企业最重要的财富之一，亚马逊总裁贝索斯曾经说过：“我们做了很多决定，这些决定都可以从数据中得到结论”。可见，数据对一个企业的决策来说，是何等的重要！尤其是随着大数据、云计算、物联网、人工智能等新技术的迅猛发展，数据的“全、准、新”日益凸显重要。近年来，不论是IT巨头或电商巨头，还是国内外知名石油企业，都在不约而同做了一件相同的事情——进行数据整合并建立数据中心。

数据中心是什么？为什么要进行数据整合？为什么要建数据中心？总的来说，数据中心是企业的业务系统与数据资源进行集中、集成、共享和分析的场地、工具、流程等方面的有机组合。从应用层面看，包括业务系统、基于数据仓库的分析系统；从数据层面看，包括操作型数据、分析型数据以及数据与数据的整合；从基础设施层面看，包括服务器、网络、存储和整体IT运行维护服务。总而言之，数据整合及数据中心建设的主要目的是打破专业壁垒，实现数据共享，消除信息孤岛，提高数据服务的速度和可靠性，改善用户体验。

“互联网+”时代的到来直接改变了人们的生活方式、消费方式、行为模式和工作模式，作为传统石油天然气行业，其业务发展方式、服务模式也面临巨大的挑战，石油天然气公司间新一轮的成本竞争支点大概率是基于“全、准、新”海量数据的云、大、物、移等新技术的应用，各竞争主体对数字化技术的应用速度与水平将会决定未来的能源版图。

数据整合及数据中心的建设涉及多学科、多专业，跨部门甚至需要跨单位，因此，数据整合以及数据中心规划设计与建设的难度非常大，统一数据标准、统一源头采集、统一数据存储、统一数据资源管理和统一数据服务都是数据整合及一体化数据中心建设的关键内容。其中，统一数据标准和统一数据资源管理是核心，决定了数据管理业务覆盖范围的齐全性、规范性、及时性、准确性和一致性，是数据整合及一体化数据中心建设成败的关键。

本书紧紧围绕石油天然气行业数据整合及一体化数据中心建设过程中的重点和难点，详细阐述了统一数据标准、统一数据采集、统一数据存储、统一数据资源管理、统一数据服务等核心内容所需要的方法论、遵循原则、关键技术，尤其在统一数据标准方面，详细阐述了业务模型、逻辑模型和数据模型的设计原则、设计方法及关键技术。全书不仅系统回答了油气企业为什么要进行数据整合及数据中心建设的问题，还回答了怎么进行数据整合及数据建设的问题，对海上石油天然气行业的勘探开发数据整合及一体化数据中心建设有很强的现实指导意义。

该书从实际应用出发，详细介绍了面向对象的建模技术、元模型驱动技术、多源数据迁移整合技术、数据质量管控技术和数据应用技术等关键技术，同时全面总结了海洋石油一体化数据中心的建设实践。值得一提的是，本书还充分分享了基于一体化数据中心而开展的海量数据综合分析统计、大数据应用、知识管理及专业应用等探索与实践的经验教训，这将对推动石油天然气行业的生产方式转变和管理流程优化具有深远的影响，也是油气企业实现生产现场物联化、生产运营协同化、业务管理精细化、决策部署知识化的基础。

本书适用于从事石油天然气数据整合及数据中心建设的技术人员阅读，对从事数据中心规划及设计的技术人员及管理人员尤为适用，亦可作为石油地质院校相关专业的教学科研或行业培训的参考用书。

陈润

2020 年 5 月

前　言

海洋石油勘探开发业务涉及多学科、多专业，各学科相互关联，有机统一。主要业务包括勘探开发矿区管理、勘探规划、区域地质研究、地震采集处理、勘探井位设计、勘探钻井、录井、测井、完井测试、分析化验、勘探开发储量管理、地质油藏研究、开发规划、开发方案(ODP)研究、开发钻井、开发生产管理、油藏动态分析、修井作业、圈闭管理、储量管理和综合科研等业务。多年来，各专业从自身某些应用角度建设了多个专业库，但由于数据标准不统一、数据管理流程不规范、数据结构不完整，各专业数据不全、不准、不新的情况普遍存在。更为严峻的是，各专业数据库为满足自身应用而建设，设计标准不统一，造成数据难以交换，信息共享尤为困难。此外，各专业数据库建设的背景不同，应用目的不同，同一专业数据在多个数据库中重复存在的现象极为普遍。数据的多次采集、多库重复存储，不仅增大了数据采集工作量，而且难以保证数据的一致性和准确性。针对海洋石油勘探开发各专业在数据“采集、存储、管理、应用”方面存在的一系列问题，2011 年，中海石油(中国)有限公司启动了“勘探开发一体化数据整合及数据中心建设”项目，并选择在湛江分公司试点，2019 年全面完成了勘探开发一体化数据中心的建设和推广。为充分总结勘探开发一体化数据整合及数据中心建设的经验和教训，为石油天然气行业进行数据整合和建设勘探开发一体化数据中心提供参考和借鉴，特编写本书。

本书是对历时 9 年的勘探开发数据整合、数据中心建设的探索及实践的全面总结，是中海石油(中国)有限公司在充分借鉴国内外先进经验基础上，结合海洋石油的实际业务特点，与国内外相关技术公司的专家和学者共同努力的成果，是探索—试点实践—试点总结—优化完善—全面推广的成功典范。如果您在勘探开发数据“采、存、管、用”上存在困惑，或者您所在单位计划启动勘探开发一体化数据整合及数据中心建设，本书将尤其适合您！本书详细介绍了勘探开发一体化数据中心的建设实践，重点介绍了面向对象的建模技术、元模型驱动技术、多源数据迁移整合技术、数据质量管控技术和数据应用技术等一体化数据中心建设技术，并结合业务实际系统总结了海洋石油数据中心建设实践和基于一体化数据中心的数据综合分析及应用成果。

本书分为9章，各章之间既相互联系，又相互独立。本书的主要内容包括绪论、面向对象的建模技术、元模型驱动技术、多源数据迁移整合技术、数据质量管控技术、数据应用技术、海洋石油数据中心建设实践和基于数据中心的数据综合应用等。本书的理论、方法及技术，已经在中海油湛江分公司得到验证并取得良好效果，并在中海石油(中国)有限公司全面推广，应用效果正逐渐呈现。

在本书编写过程中，金云智、曾小明、邓志勇、陈国青、吴刚、廖爱明、熊方平、张社好、谭玮、王永、董自雷、李满、董平等同志付出了辛勤劳动，编写了部分章节，全书由夏如君和金云智策划、统稿，最后由夏如君审定。在相关研究和本书的编写过程中，中国海洋石油集团有限公司的相关领导和专家给予大量的指导，同时得到山东胜利软件股份有限公司、新疆红有软件股份有限公司等单位专家的大力支持，在此一并表示感谢。

由于本书涉及的专业多、学科广，现实基础和条件复杂，加之笔者水平有限，难免存在疏漏，望广大读者、专家和同仁不吝赐教。

目　　录

7 海洋石油数据中心建设实践

1 绪　　论

石油和天然气是现代工业发展的重要基础，是当今世界上最重要的商品之一。从1959年大庆油田松基三井的发现到现在，中国石油和天然气勘探开发行业经过半个多世纪的发展，无论是技术还是工艺上，都取得了长足的进步和发展。同时，配套的信息管理和应用技术也逐步成为辅助勘探开发的重要手段，尤其是21世纪以来，IT技术的快速发展也给石油行业带来了深远的影响，勘探开发过程中可测量的数据类型迅猛扩展，产生的数据量也呈指数级激增，这些都给信息管理部门带来了全新的挑战。

中国海洋石油集团有限公司(以下简称中海油)是国内最大的海洋油气生产企业，海洋石油和天然气的勘探开发过程与陆上总体上类似，但也有很多特殊之处，如地震采集、平台开采等，因此，海洋石油的信息化建设需要在参考和借鉴陆上石油现有的信息化建设成果的基础上，充分考虑海洋石油和天然气在勘探开发过程中独有的业务和技术。

勘探开发一体化数据中心建设是一个复杂工程，涉及面广，技术复杂。海油石油勘探开发一体化数据中心须准确把握中海油勘探开发业务发展战略和运营管理模式，并在充分理解中海油职能部门、各分(子)公司的业务需求基础上，对数据的采集、传输、存储、管理、应用等进行科学规划、合理设计，才能满足中海油在生产科研各方面的应用需要。为此，需要全面调研分析中海油勘探开发数据管理现状、业务现状及需求。

为了确保中海油勘探开发一体化数据中心设计的先进性，并能够与国内外先进数据管理模式和技术接轨，首先需结合中海油的数据管理及业务现状，对国内外大型石油公司的典型油田企业的数据管理现状进行调研分析，梳理出中海油在数据管理方面存在的问题及需求。其次是运用科学规范的信息工程建设方法论，针对实际的业务需求及数据管理特色，借鉴国内外成功、先进的勘探开发数据管理及建设经验，进行勘探开发数据管理方案的设计与分析。

1.1 石油企业数据中心建设现状

国内外石油公司数据管理现状、发展趋势及中海油在数据管理方面所处位置如图 1-1 所示。

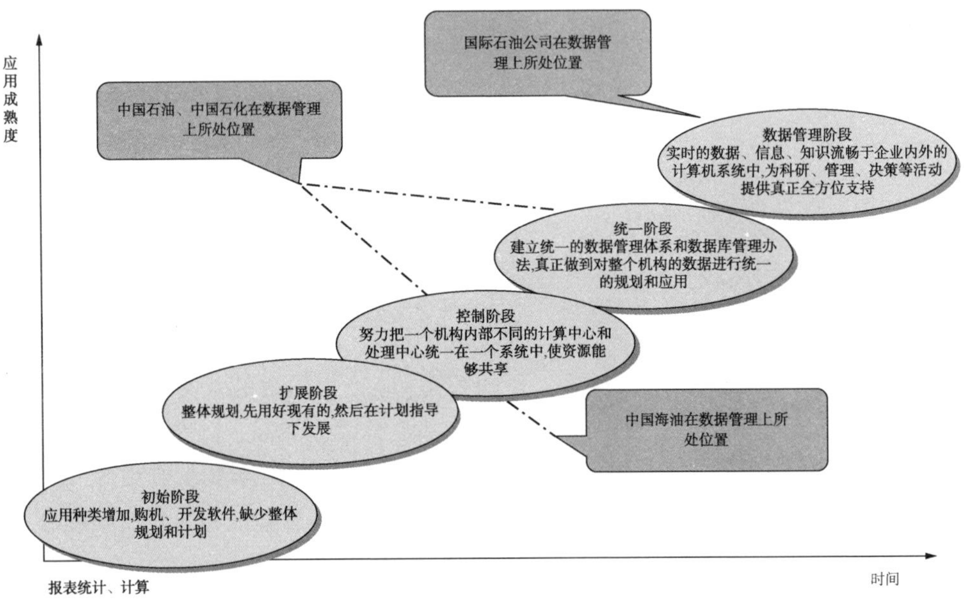

图 1-1 诺兰模型示意图

从国外石油公司来看，数据管理模式已发展到数据资源集中管理、集成应用阶段，主要体现在统一数据采集、数据存储和管理、多学科协同工作、信息共享和交流、知识挖掘和发现、实时决策支持等。

国内中国石油、中国石化目前均在进行数据中心的建设，是控制阶段向统一管理阶段的过渡。

中国海油数据管理目前处在控制阶段，建立了信息化整体规划方案，并开始规划整个勘探开发数据管理的统一管理。在整体规划下逐步建立起完整的数据管理体系。

国内油田企业的数据管理基础和所面临的问题基本相同，都面临专业数据库多、数据分散管理、不利于全局共享和管理等问题，都要解决数据采集的规范化、数据管理的集中化、数据应用的一体化和跨专业共享问题。对于未来发展方向的思路和做法也基本一致。不同之处在于，各油田企业针对以上问题所采取的策略不同、工作重点考虑不同、技术选型不同(表 1-1)。

表 1-1 国内外石油企业数据管理现状对比

对比内容	对比企业			
	国外石油公司如 BP(英国石油公司)	中国石化	中国石油	中国海油
数据标准	遵循 POSC(石油开源软件组织)、PPDM(公共石油数据模型协会)等国际标准	1. 依据 POSC 国际标准; 2. 统一建立	1. 参照 PPDM 国际标准; 2. 新疆油田自主建立	1. 整合集成国内标准; 2. 统一建立各个专业数据标准
数据采集	统一采集标准,统一采集软件和管理体系	建立了专门的源头数据库,负责数据中心数据采集	无专门的源头库,数据采集直接面向数据中心采集	无专门的数据采集标准,数据采集直接面向各专业库
数据存储	1. 建立了国家级、企业级数据中心; 2. BP 公司不进行数据管理,外委给专门的服务公司进行数据管理	1. 数据中心与专业库同步存在,分布式管理,各司其职。数据中心负责数据采集、存储与综合应用;专业库负责专业应用; 2. 统一管理制度,专业库由专业院所自行管理	1. 集中式管理,一个数据中心,一套集中环境,负责采集、存储与专业应用; 2. 实现了统一的数据资源管理	1. 分专业建库,数据资源由专业库进行管理; 2. 各专业库的管理模式存在差异
数据服务	1. 以数据银行的模式由专门的数据服务公司提供数据服务; 2. 数据服务包括数据按客户要求的查询和打包下载	1. 提供了数据中心向专业库的数据定期迁移,支持专业库的专业应用; 2. 自主建立统一的数据服务平台实现综合数据查询应用、实现面向综合研究的数据支持	1. 建立了一体化数据查询浏览下载的服务平台,形成了整套服务流程; 2. 基本实现了各类专业应用开发平台的统一,应用系统间共享程度高; 3. 利用国际成熟产品实现综合研究类数据支持服务	1. 基于各专业库建立了若干专业应用系统; 2. 开展了跨库综合查询应用平台系统的建设; 3. 统一了综合研究专业应用平台,并在项目库中积累了大量数据资源
管理机构	以 BP 公司为例,数据管理完全委托第三方服务公司负责	以胜利油田为例,信息中心牵头组织,各专业职能部门密切协作,统一实现数据中心与专业库的管理	以新疆油田为例,领导高度重视数据中心建设,成立了独立的数据中心管理机构,已实现数据高度集中管理与应用	以湛江和天津分公司为例,尝试了信息与业务的紧密结合。整体需要加强管理机构的优化和职责的分工

1.2 海洋石油数据中心建设关键技术

通过对国内外数据管理模式的研究以及对中海油数据管理需求的分析，结合一体化数据中心的数据标准体系化、数据采集源头化、数据管理规范化、数据应用服务化的理念，海洋石油勘探开发一体化数据中心总体架构设计如图 1-2 所示。

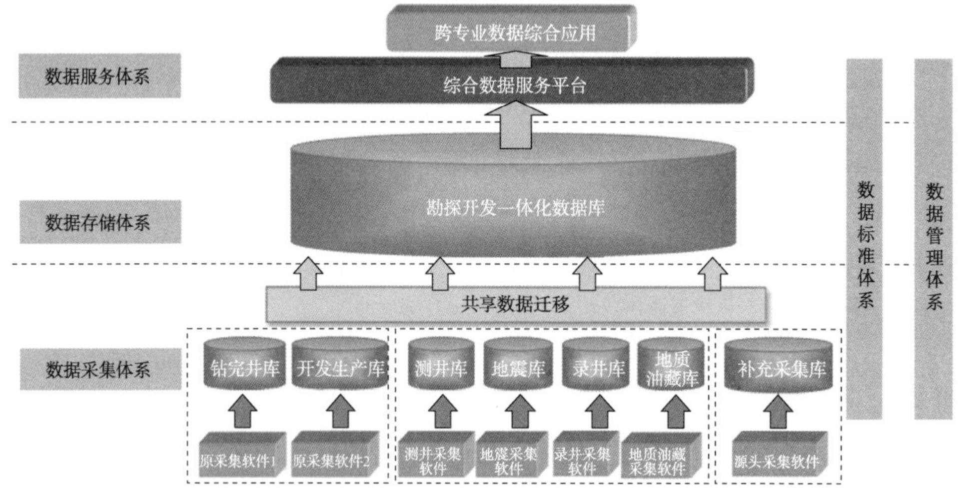

图 1-2　海洋石油勘探开发一体化数据中心总体架构

总体上讲，在信息化标准建设和网络硬件建设两大软硬环境的支持下，一体化数据中心是在完成源头数据采集和管理的基础上，按照统一的业务和数据标准规范进行存储和管理，并通过数据服务体系为上层的各级专业应用提供应用支持。从建设内容方面包括数据标准体系、数据资源管理体系、数据采集体系、数据存储体系以及数据服务体系共五大体系。

(1) 数据标准体系

海洋石油勘探开发一体化数据标准设计参考国内外石油行业数据标准，采用科学的方法论，从业务分析入手，充分结合中海油自身业务特点和未来发展需求进行设计。

以数据标准为核心，建立采集标准、专业数据标准、项目库标准、系统应用标准、安全标准、管理与服务标准等，建立、健全各项配套管理规章制度，严格遵照标准体系和各项管理制度，规范化数据管理系统的建设与管理。

（2）数据采集体系

各专业源头数据通过数据采集系统进行采集，根据数据采集管理模式，按照统一的源头数据采集标准和采集管理流程，经过质量控制和数据审核后加载到一体化数据中心。数据采集体系包括采集管理平台开发、质量管理体系建设、配套管理制度和采集管理流程建设等内容。

（3）数据存储体系

数据存储体系是指对数据中心不同层面数据库的统一建设和运维管理，包括数据中心运行环境建设、数据标准管理、数据安全管理、数据库日常运行维护管理等内容。

（4）数据资源管理体系

数据资源管理是指将数据中心中所有勘探开发业务数据作为资源进行统一管理。通过数据资源管理软件对数据中心的数据进行注册、登记、统计、检索，随时实现数据中心内所有数据资源的齐全性、规范性和及时性的统计，并指导数据资源的建设工作。

（5）数据服务体系

基于统一的数据服务平台建设，提供跨专业数据综合查询、数据下载服务、综合研究、专业软件数据支持服务。

基于一体化数据中心建设内容和实施路线，总体技术架构如图 1-3 所示：

一体化数据中心的技术架构中最底层的是专业库层次，该层次对已有的各种专业库的数据进行统一管理。首先可以通过数据质检系统对专业库中的数据进行数据质量的检查，然后通过与一体化数据标准进行对比映射后，在不同的专业库之间建立起勘探开发业务对象与数据的一致性关联桥梁，从而形成跨越多个专业数据库的多源数据的集中统一浏览查询。而对于当前专业库还没有覆盖的勘探开发五大业务域数据，则通过建立统一的补充采集库进行集中的数据采集，通过该采集系统来持续完善五大业务域数据的入库。

一体化的数据存储体系和统一相关的标准规范是一体化数据中心建设的关键。一体化数据存储体系包括一体化采集总库（以下简称采集总库）和一体化对象库（以下简称对象库或中心库）两套存储结构，这两套存储结构在数据的组织形式上不同。

采集总库是面向不同的专业库数据来源，对所有进入一体化数据中心的数据进行统一的入口管理，这其中包括数据质量的检查等。采集总库采用关系型数据

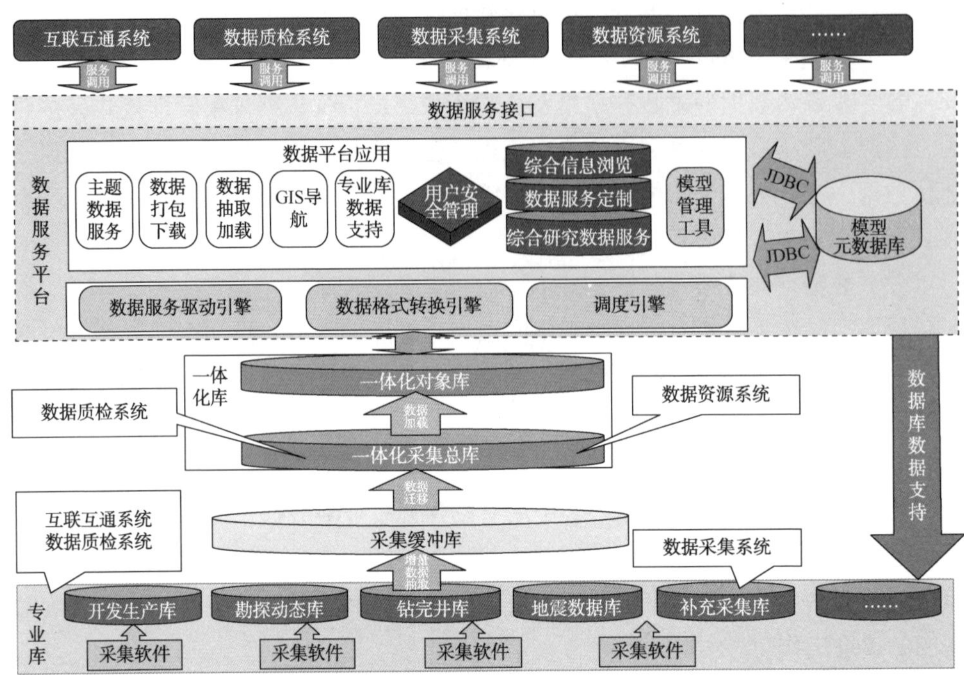

图 1-3　一体化数据中心建设总体技术架构

库组织形式，按照勘探开发业务模型的方式覆盖五大业务域的所有数据范围。系统定时对采集的数据进行时间过滤，提取出所有的增量数据，增量数据包括新产生的数据，也包括经过修改或删除的数据等。所有增量数据进入一体化采集总库之前，通过建立缓存库来对无效操作进行预先处理，比如对同样数据进行大批量的数据采集和大批量删除等操作，从而避免大批量的无效操作影响到一体化采集总库。进入采集总库中的数据需要经过数据质检，并被定时扫描以便汇总计算齐全率、规范率和及时率，数据资源管理系统随时对汇总数据进行分类发布。

一体化对象库在数据范围上与采集总库相同，但在数据组织方式上与采集总库不同，一体化对象库是基于国际石油数据标准 POSC，采用面向对象的方式，对海洋石油的勘探开发数据进行重新组织建模，形成更为稳定的数据中心存储体系。

在一体化数据存储体系之上是数据中心的数据服务平台，数据中心所有的数据（包括采集总库和对象库）都可以通过数据服务平台进行对外服务。

统一的数据标准体系是一体化数据中心的核心，基于该标准规范体系，数据采集体系、数据存储体系、数据服务体系和数据管理体系等通过统一的元模型进行关联，各个软件系统都基于该元模型进行模型驱动来实现。

从技术实现方面，按照五大体系之间的内在联系，一体化数据中心的建设技术路线如图 1-4 所示。

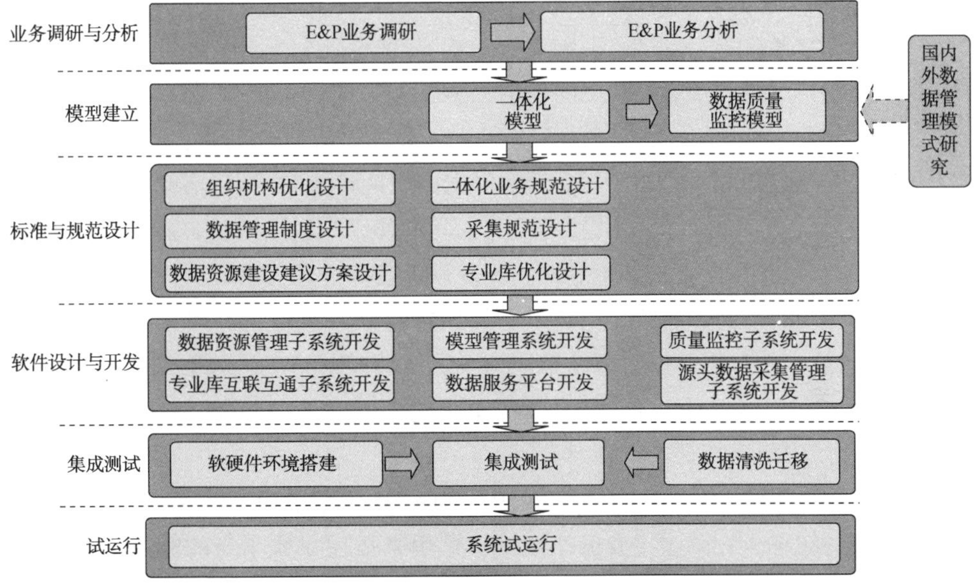

图 1-4　一体化数据中心建设技术路线

1.3　专业术语释义

为了方便阅读和理解，对海洋石油一体化数据中心建设中涉及的相关专业术语释义如下：

专业域（Business Domain）：是对企业中的一些主要业务活动领域的抽象，而不是现有机构部门的照搬。对油田专业域的划分可以依据某一主题进行。

业务（Business Area）：是对业务领域的再分解。业务的划分和识别一般可根据专业、职能、工作目标等进行。

业务活动（Business Activity）：是企业功能分解后最基本的功能单元。界定一个业务活动，需要能概括其作用的命名，还需要对其作用有一简短的描述。业务活动的命名要能准确反映业务的特点，名称要遵循一定的规范，如采用动宾结构的短语。一般来说，一个业务流程中会包括若干个业务活动。

业务模型(Business Model)：将油田整个勘探开发生命周期中涉及的业务抽象为一个完整的业务功能结构，就是业务模型。

数据模型(Data Model)：数据模型是在数据库领域中定义数据及其操作的一种抽象表示。

业务对象(Business Object)：对象是一个广义的概念，它是客观事物在人脑中的反映。对象包括具体对象，也包括抽象对象，如："数据文件"和"资料清单"是具体对象，"研究项目"是抽象对象。对象是由活动产生的，例如"地质构造图"，它是通过"构造解释"活动产生的"文档规范对象"。所以活动是以对象为中心的，对象与活动相互影响并派生，对象间的作用产生了活动，而活动又产生了新的对象及对象特性。在油田勘探、开发、经营和管理等活动中涉及的对象相当繁多，其中的"业务对象"既包括了空间拓扑对象，设备材料对象，又包括了文档规范对象；而空间拓扑对象又细化为可定位的对象与空间对象，这里的空间对象主要包括点、线、面、体等。可定位的对象如由地震解释所获得的地质特征对象，对井筒中地质特征的解释对象等等。

业务特性(Business Character)：是用"数据"来表达"业务对象特性"或"业务活动特性"的统称。有两个主要的作用：一是用来描述对象本身的静态特性，即描述对象不变属性的那些特性，如：单井的编号、位置等信息，这部分特性以对象为中心；二是用来描述对象与活动相互作用而产生的过程特性，即对象的动态特性，如：钻井过程中的泥浆性能、钻头尺寸等。它们以活动为中心，在活动中既产生了新的特性，又有可能产生一些新的对象，如"泥浆"和"钻头"利用业务特性能够从不同的角度定义对象的属性，以实现从不同的方面描述对象及活动的目的。

业务单元(Business Unit)：一个业务单元是在实际勘探开发生产过程中，可独立组织实施的不必再分的最小业务活动。一个业务单元包括：1 个业务活动，该活动作用的 1 个业务对象，实施该活动的组织机构或个人，1 组结果对象(输出)，1 组参与对象(输入)，以及该业务单元的业务规则，即实施该活动的条件与约束，1 组相关对象的特性，还可能包含该活动的父活动以及对象之间的关系。

数据元(Data Element)：是用来描述数据及数据分类的最小单位，是在一定的环境下不必要再细分的数据"原子"。数据元是可识别和可定义的，每个数据元都有其基本属性，如：中文名称、英文名称、描述、数据类型、精度、值域、量纲等。

参照模型(Reference Model)：一个现成的模型，用来作为模型设计的参照资料，以借鉴其中的技术、思想、数据定义、表达的业务需求、业务范围等。从某个角度讲，作为模型设计的成果，数据元字典、数据元关系模型、业务单元模型应该能定义参照模型所表达的数据需求。

核心实体(Kernel Entity)：描述一个活动或一个业务的目标对象称之为"核心对象"，如"井日产油量"中的核心对象是"井"，"油田日产油量"中的核心对象是"油田"，核心对象在数据库中一般表现为主码。在面向对象的数据元素模型里与核心对象对应的实体称为核心实体，如"井日产油量"中的核心实体是 OOE_WELL。

源实体(Source Entity)：如上例，数据元素模型里与属性数据项对应的实体称为源实体，如"井日产油量"中的源实体是：OOP_STANDARD_VOL_LIQUID_RATE(本实体为属性实体)。

约束实体(Constraint Entity)：根据业务单元和属性数据项的业务内含，除核心实体和源实体之外的说明性内容(如"井日产油量"中的日、油、相关活动类型等)对源实体的含义进行约束或限定。数据元素模型里与这些说明性内容对应的实体即为约束实体。上述的日、油、相关活动类型对应的约束实体为：OOR_TRANSIENT_PERIOD、OOE_SPECIFIC_FLUID_COMPONENT、OOE_ACTIVITY_CLASS。

约束实体通常是一些引用实体(OOR 实体)和标准值实体(STD 实体)，即常说的类别、代码等。对于约束实体，需要给出具体的实例值。

纽带实体(Connecting Entity)：在数据元素模型中，核心实体、源实体、约束实体之间通常不是直接关联的，有的是通过继承超类定义的关系，有的要通过一个或多个中间实体进行关联。这些超类和中间实体称为纽带实体。

业务要素(Business Element)：业务要素(Business Element)是指用来描述业务活动及业务活动相关环境的基本元素。在一个业务单元中，包括以下 7 类要素：

(1) 一个业务活动；

(2) 该活动作用的一个业务对象；

(3) 实施该活动的组织机构；

(4) 一组结果对象(输出)；

(5) 一组参与对象(输入)；

(6) 以及该业务单元的业务规则，即实施该活动的条件与约束；

(7) 相关对象的特性。

数据项约束(Data Item Constraint)：对一个实体(Entity)的属性值(Attribute)的具体取值范围进行限定叫作“数据项约束”。在一个业务单元中数据元素模型对应的实体之间不会孤立存在，而是有明确的定义和关联的，因此引入了数据项约束，目的就是将这些对应的实体明确化、在各实体之间建立关联关系来标识此业务单元。

业务单元约束(Business Unit Constraint)：业务单元中会有一组在特定业务单元中的约束条件，往往这种约束条件由业务单元中某几个数据项及其约束限定形成，用来确定该业务单元，如在户口档案和离退休两个业务单元中均有年龄和性别数据项，户口档案中不需要在年龄和性别上有业务单元约束，但在离退休业务单元中需加入业务单元约束，即：男女退休年龄的限制，这样才能正确表述离退休这个业务单元。

对象生命周期：对象从产生、发展到消亡的过程，对于一口开发井来说其生命周期主要分为设计、建井、生产、报废几个阶段，其中会穿插分析化验与作业。

资源编目：按照业务对象的生命周期，将业务阶段、业务、业务活动、数据集进行串联，形成对象、活动、资料的关系目录。

资源登记：根据资源编目，将每个对象实例在数据库中已存储的数据进行统计。

齐全率：数据资源在资源登记检查时已报的数据量与应报的数据量的比值。

及时率：数据资源在规定的时间内已报的数据量与应报的数据量的比值。

规范率：数据资源在质量检查时，错误的数据项之和与已报的数据项之和的比值。

三率：即指数据的齐全率、规范率、及时率。

元数据：存放业务模型、逻辑模型、物理模型描述信息。

2 面向对象的建模技术

数据标准是一体化数据中心建设过程中最关键的内容，海洋石油勘探开发一体化数据模型充分借鉴先进的模型思想，以数据模型稳定为优先原则，同时兼顾数据访问和服务效率，继承并发展了 Epicentre、PPDM 的管理理念，从模型结构设计上进行借鉴，在业务数据内容上进行优化，创新了业务单元分析的工作流程、逻辑模型优化步骤以及工作方法，建立了符合海洋石油实际业务的勘探开发一体化数据模型。

本章详细介绍了基于面向对象的建模方法分别在业务模型、逻辑模型和物理模型三个层次的数据模型设计过程中的具体应用，以及在设计过程中形成的海洋石油勘探开发业务标准和数据标准，这是整个数据中心建设的重要基础。

2.1 面向对象的建模技术原理

传统的数据模型设计方法一般是首先确定业务范围，收集和分析实际的业务流和数据流，在此基础上明确定义相应的业务需求，根据业务需求进行逻辑层面的数据模型设计，确定数据对象和数据类型，然后按照数据库设计规范，确定数据之间的关联关系，最后根据实际的物理存储介质和系统环境，形成相应物理数据模型的数据库创建脚本，执行后形成实际的物理数据库。传统数据模型设计方法示意如图 2-1 所示。

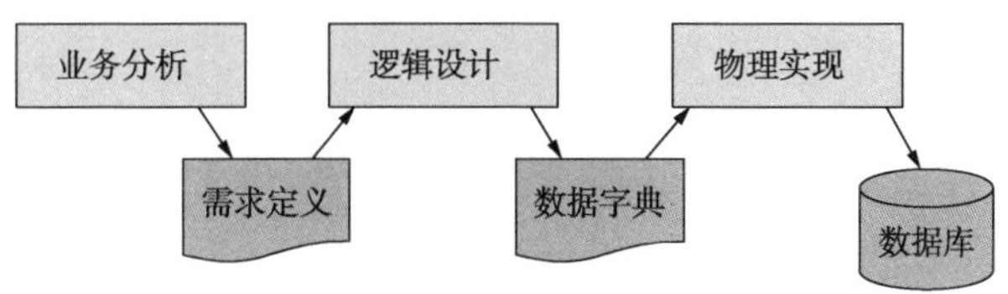

图 2-1 传统的数据模型设计方法

传统的数据模型设计方法在实施中存在以下问题：

（1）需求难以重用，每个项目都要进行重新调研。由于不同项目的调研内容不同、项目实施的人员不同、参与分析的业务人员不同，相同或相似的业务并没有因为反复的业务分析而提高分析质量。

（2）需求不稳定，业务在不断变化，模型难以得到持续发展。

（3）需求难以统一，各部门都有自己独特的业务，不同层次的需求也不相同。

（4）业务需求的变化导致数据模型标准化难以令人满意。

（5）数据模型统一的范围越大，模型满足需求的程度就越低。统一数据模型带来的复杂性、稳定性、全面性问题难以得到解决。

上述这些问题，给数据管理及应用带来了新的课题：

（1）在业务层面上，如何表达业务需求？如何使业务定义标准化？

（2）在数据层面上，如何描述业务中的数据需求？如何使数据定义标准化？

（3）在应用层面上，如何集成各种数据模型？如何使应用软件之间能共享数据？对于应用层面上的问题，当前的解决方案主要集中在软件开发技术上，但这些问题的本质仍然是数据的问题。

海洋石油一体化数据中心的数据模型建设必须解决业务标准化和数据标准化的问题。通过对国内外石油主流数据模型的研究和参照，结合海洋石油勘探开发业务实际，采用面向对象的设计方法来进行海洋石油勘探开发一体化数据模型的设计。

面向对象的设计方法见图 2-2。从业务的各种流程中分析出业务的基本元素，从各种数据项中抽取数据的基本元素，通过对业务和数据基本元素的标准化，定义业务和数据的本质，从而实现业务定义的标准化和数据定义的标准化，在此基础上实现数据模型的标准化。

海洋石油勘探开发一体化数据模型标准化的建设思路如图 2-3 所示。

通过业务分析，建立业务参照模型，抽取业务单元，实现业务定义标准化。从业务分析的结果中抽取数据需求，建立数据元，实现数据定义标准化。以数据元和业务单元为基础，设计数据模型，实现数据模型标准化。

将业务单元、数据元、数据模型以元数据的形式在一个集成化的环境中管理起来，业务模型、数据定义、数据模型之间关系保持一致，实现数据模型管理集成化。

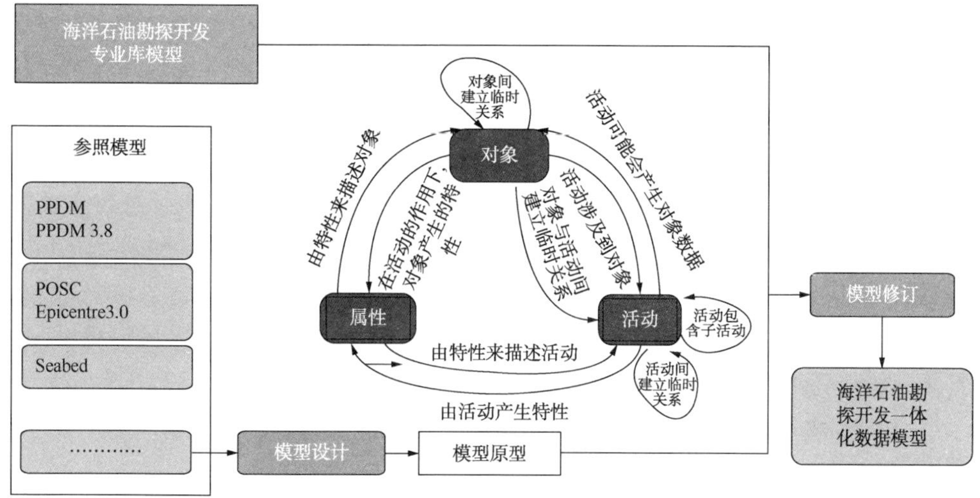

图 2-2　面向对象的设计方法

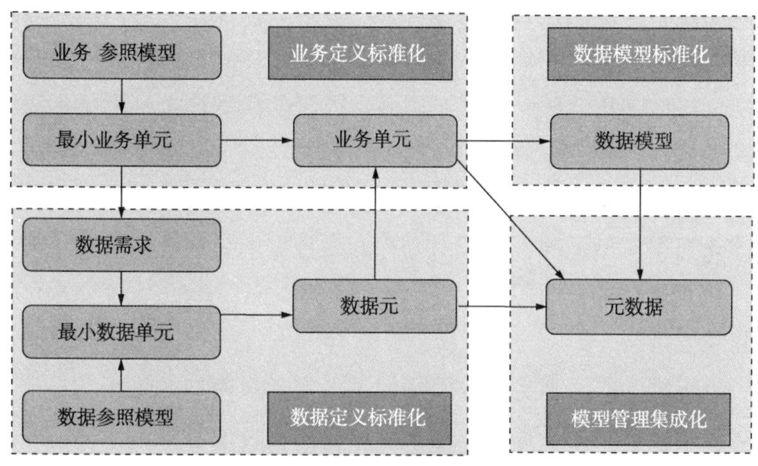

图 2-3　数据模型标准建设思路

数据标准建设原则主要包括坚持业务驱动、坚持国际接轨、坚持完整统一、坚持持续发展。

（1）业务驱动

从实际业务入手，分析勘探开发业务流和数据流，建立勘探开发一体化的业务模型和采集规范，实现数据集成与共享，支持跨专业的综合应用。

为了将业务分析的成果沉淀下来，在海洋石油勘探开发一体化数据标准建设过程中，提出了业务定义标准化的思想：

1）通过“业务域、业务、业务流程、业务活动”四个层次逐细化，建立业务模型，获取业务最基本的单元(活动)；

2）通过对业务活动进行标准化，建立业务单元，对业务活动的相关环境、数据进行标准化定义；

3）利用标准化的业务单元的组合，可以建立新的业务流程，实现业务分析的可持续性，避免将来重复性地开展业务分析；

4）利用标准化的业务单元中对数据的定义，可自动建立数据模型的标准化定义，实现真正从业务模型到数据模型的“驱动”；

5）通过全生命周期的业务流程、数据流程的准确梳理，建立各业务数据的采集规范。

(2）国际接轨

借鉴国际石油数据模型标准，实现国际化数据应用支持，实现与国际石油数据管理模式的接轨，是海洋石油勘探开发一体化数据模型实施的基本思路。

在海洋石油勘探开发一体化数据模型的业务分析、数据元、数据元素模型、物理模型实现等许多技术中，参考了国际上先进的模型标准，降低了风险。

(3）完整统一

按照面向对象和分层驱动的思想，建立勘探开发业务模型、逻辑模型和物理模型的一体化数据模型标准，实现对勘探开发数据的完整统一管理，支持勘探开发数据资产化管理和综合应用。

(4）持续发展

以元数据标准为核心奠定标准管理体系，实现对模型的维护与扩展，使数据模型和采集规范可以跟随业务和应用需求的发展而持续发展。

2.2 业务模型设计方法

油气勘探开发的业务种类繁多，关联关系复杂，要对油气勘探开发整体业务进行信息规划设计，就必须进行规范的业务分析和业务模型建设。信息系统的建设是一个不断迭代的过程，业务、业务模型也将随着业务本身的发展和信息需求的变化而不断变化。然而，以往的勘探开发数据标准制定以及大型信息规划项目中进行的业务分析，均没有进行模型管理环境、业务模型标准的设计，大多以流程图、Word 文档的形式描述业务需求，业务模型不能较好地持续升级，信息系统和数据库标准也不能及时根据业务的变化而变化。

通过油气勘探开发业务分析和业务模型的建立，主要实现以下几个目标：①建立业务分析和业务建模的标准规范，形成符合海洋石油业务特色的业务分析、建模的标准工作流程；②通过对勘探开发业务的规范化分析，建立海洋石油勘探开发业务模型；③建立业务模型维护流程和机制，实现业务模型的可持续发展；④为勘探开发一体化数据模型设计和未来信息系统的设计开发提供业务参照和模型的转换。

油气勘探开发业务模型建立在勘探开发业务分析的基础上，对勘探开发业务进行结构化、标准化、规范化加工处理和优化整合，形成整体统一可管理、可转换的“勘探开发业务模型标准”，成为数据模型和应用系统的关键桥梁。

海洋石油勘探开发业务主要包括勘探开发矿区管理、勘探规划、区域地质研究、地震采集处理、勘探井位设计、勘探钻井、录井、测井、完井测试、分析化验、勘探开发储量管理、地质油藏研究、开发规划、开发方案(ODP)研究、开发钻井、开发生产管理、油藏动态分析、修井作业、圈闭管理、储量管理、勘探开发科研以及海外项目研究等业务。主要勘探开发业务构成及相互之间关系如图 2-4 所示。

业务分析与建模一般可分为五步，具体如下：

第一步：业务域划分。

第二步：业务划分，对业务领域中的业务进行细化和定义，不能漏掉业务。

第三步：业务活动分析，针对每一个业务，分析业务流程，找出业务活动。

第四步：业务活动描述。对业务流程中的每一个业务活动进行描述。识别业务活动的操作和业务涉及的业务对象。同时收集业务活动相关资料，包括报表、数据、报告、数据库表结构等样例及业务活动采用标准，并在这些资料的基础上分析业务活动的数据集。

第五步：数据描述。对业务活动产生的数据集进行描述，找出每个数据集中的数据项，一个业务活动必须有明确的输入数据和输出数据，业务活动产生的重要成果(文档、图表、数据体等)也需要详细描述。数据描述同时要进行代码的描述。

业务分析与建模路线如图 2-5 所示。

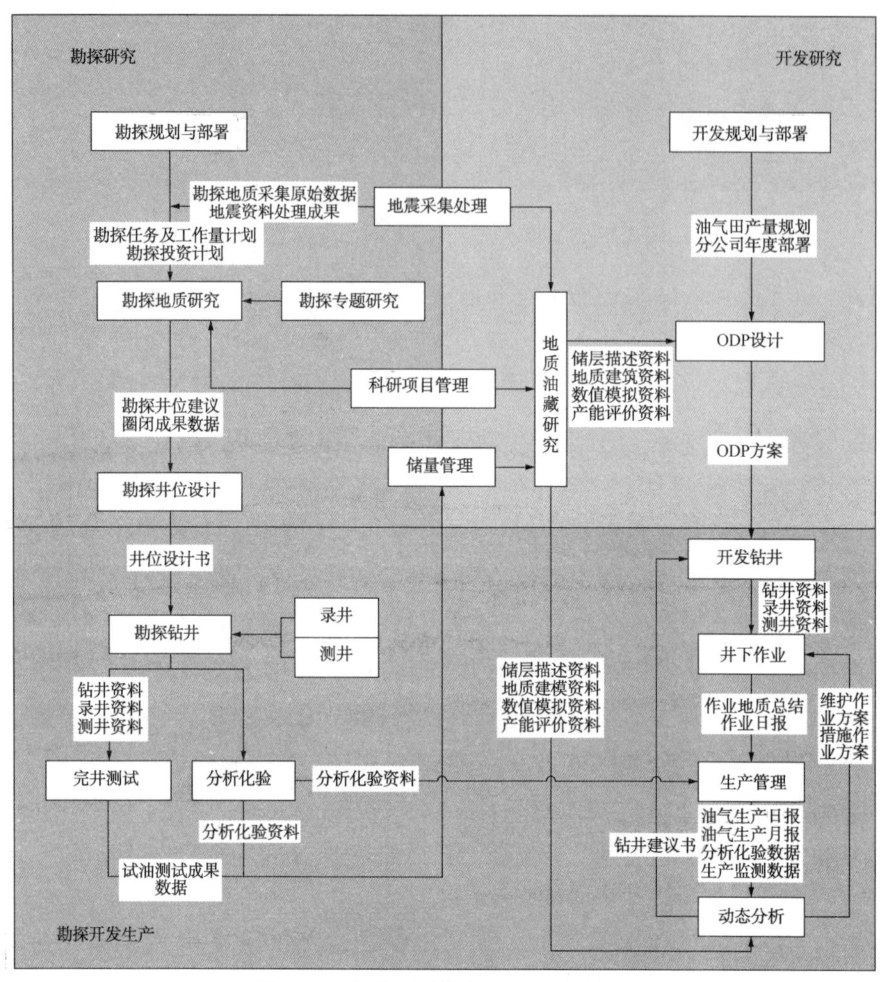

图 2-4　海洋石油勘探开发业务关系

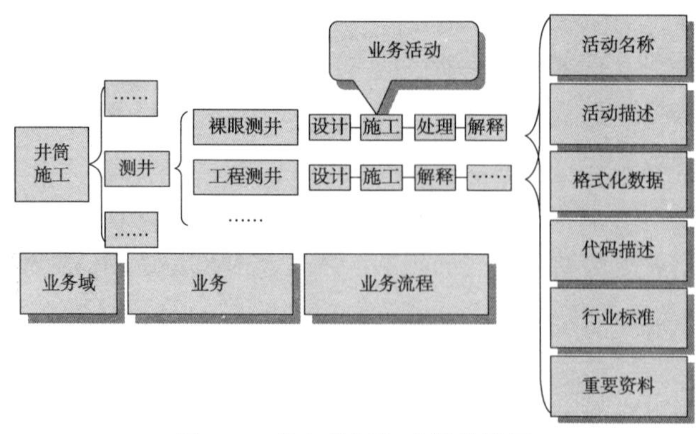

图 2-5　业务分析与建模路线图

2.2.1 业务领域及业务划分

通常可以按照业务管理形式或油田生命周期划分专业域，比如按照业务管理可划分为“勘探、开发、生产、经营”四大类。具体方法是：

(1) 根据专业划分业务域。某一专业在油气田勘探、开发中承担了某一确定领域的业务，具有明晰的业务边界。如“物化探”“钻井”“采油”“分析化验”等，不同专业间具有明显不同的业务范畴和业务特性。

(2) 根据油气田勘探开发生命周期划分业务域。油气田勘探、开发业务存在着明显的阶段性，且有较明显的阶段性标志，如勘探阶段、开发阶段、废弃阶段等，同一阶段内的若干子业务往往具有一定的相关性，如钻探阶段的钻、测、录、试等。

(3) 根据油气田勘探开发管理职能划分确定业务域。针对油气田不同生命周期或阶段，存在着一些重要的阶段性管理业务。其油气田管理手段和管理方式都不相同，管理内容也不相同，如勘探规划部署阶段、勘探综合研究阶段、开发部署规划阶段等。管理业务可能集中于勘探、开发一个或几个阶段，也可能贯穿于勘探、开发的全过程。

对业务域的划分以方法(2)(生命周期)为主线，将方法(1)(专业业务域)与方法(3)(管理业务域)有机结合起来，尽量符合油气田勘探开发中约定俗成的管理习惯，做到不同业务域间的业务不重复，并保证能覆盖所有的勘探、开发业务。

根据以上原则和方法，把油气田勘探开发业务划分为“物化探”“井筒工程”“分析化验”“综合研究”“油气田生产”五大业务域。

大的业务域中包含更细的、更小的子业务。按照与业务域划分同样的原则和方法，可以将业务继续划分出一个个子业务，直至将业务域中的业务全部划分出来。

业务的划分要依据不同业务域的特点进行。一般有以下几个方面的原则：

(1) 按照业务类别进行划分；

(2) 按照业务的专业或职能进行划分。如“井筒工程”业务领域包含“钻、测、录、试”等业务；

(3) 按照施工方法和工作目标进行划分。如“物化探”业务领域包含“二维地震”“三维地震”等业务；

(4) 按照业务主题和阶段进行划分。如“综合研究”业务领域包含“构造研究”“资源评价”“油藏描述与评价”“剩余油研究”“油藏数值模拟”等业务。

大的业务包含小的子业务。按照同样的业务划分原则，可以对业务继续细分。业务的划分要覆盖业务领域中的全部业务，直到将该业务领域中的业务全部细分出来为止。规定从业务域到子业务的划分层次不超过五级(最多是：业务域、一级业务、二级业务、三级业务、四级业务)，如果超过五级，则在不改变一级业务域的情况下，将子业务向上一级压缩，重新划分业务层次。尽量在四级中完成划分(业务域、一级业务、二级业务、三级业务)，四级业务作为未来的扩展性的预留。每个业务包含该业务的一个完整的业务流程，业务划分示例如表 2-1 所示。

表 2-1　业务划分示例

专业域	一级业务	二级业务	三级业务	四级业务	业务活动	备注
物化探						
	物化探计划					
	地震勘探					
		地震资料采集				
			地震采集项目立项			
					地震采集项目立项	
			地震资料采集设计			
					地震资料采集设计	

2.2.2　业务活动划分

业务活动是业务分解后最基本、不可再分解的最小功能单元。一般来说，一个业务包括若干个业务活动。业务活动的划分与业务分析的视角以及对业务功能的界定有关，即业务活动的定义是基于可标准化和信息化的最小业务管理单元来划分的。

2.2.2.1　划分原则

业务活动的分析要从勘探开发核心业务的角度，注重关键性结果，不注重工程细节，按照产生与分析目标有明显关系的标志性成果进行业务活动划分。

业务活动的划分是比较难的，所谓“最基本、不可再分解”是相对的，应根据对业务功能描述详细程度的要求不同而进行灵活定义，但业务活动的划分应掌握一定的原则：

(1) 活动操作者在该活动中只承担单一的职能，称为业务角色(个人、组织等)；

(2) 必须有活动作用对象，并改变了对象的特性；

(3) 必须产生明确的活动结果；

(4) 具有与活动相关的特性。

2.2.2.2 业务活动命名规范

业务活动的名称要能准确表达业务活动的含义和功能，活动的命名要遵循一定的命名规范，如采用动宾结构的短语(动词+名词)，为动词化的名词。动词为活动的概括说明，名词为过程或对象。命名必须是：

(1) 高度概括；

(2) 简明而不含糊；

(3) 不要加入描述性说明或嵌套概念；

(4) 独立而避免相互依存；

(5) 同一层次保持逻辑结构一致。

2.2.2.3 业务活动分析模板

业务活动分析模板如表 2-2 所示。

表 2-2 业务活动分析模板

业务活动	操作者(Who)	活动时间(When)	活动地点(Where)	作用对象(Which)	参与对象(Which)	活动原因(Why)	必需输入数据(What)	可选输入数据(What)	产生结果(What)	相关标准规范	规范文件名	描述

业务活动：业务活动名称；

操作者(Who)：业务活动的执行者，填写岗位或职位；

活动时间(When)：业务活动发生的时间；

活动地点(Where)：业务活动发生的地点；

作用对象(Which)：业务活动发生的目标业务对象；

参与对象(Which)：业务活动发生的参与对象，一般是活动所应用的工具、方法等；

活动原因(Why)：活动的原因或目的；

必需输入数据(What)：该业务活动发生必需的输入数据；

可选输入数据(What)：该业务活动发生可选的输入数据；

产生结果(What)：活动发生后产生的结果数据；

相关标准规范：指导该业务活动的相关标准与规范；

规范文件名：规范对应的电子化文档；

描述：应用规范的语法对业务活动进行整体描述，描述方法如下：

业务活动分析模板对业务活动发生的各要素(6W：Who、When、Where、Which、Why、What)进行描述，表达了：谁(业务角色 Who)在什么时间(业务时间 When)在什么地点(活动承担的单位或场所 Where)针对什么业务对象(作用对象 Which)做了什么事，活动的原因或目的是什么(Why)，(该业务活动)使用哪些资料(参与对象 Which，包括必需的资料和可选的资料)，产生了哪些结果(结果对象 Which)，活动引起的(涉及对象)变化是什么(What)。同时描述了该活动发生必需遵守的相关标准规范，并把相关规范的文件收集到，最后对此活动按照6W 的语法进行整体描述。

2.2.2.4 业务活动分析示例

业务活动分析示例如表 2-3。

表 2-3 业务活动分析示例

业务活动	操作者(Who)	活动时间(When)	活动地点(Where)	作用对象(Which)	参与对象(Which)	活动原因(Why)	必输入数据(What)	可选输入数据(What)	产生结果(What)	业务相关标准规范	业务相关标准规范文件名	描述
采集工区海况调查	服务商(油服物探事业部等)	地震资料采集任务下达后	物探船	工区		为采集作业提供海况信息			海况调查报告	勘探监督手册-物探分册	物探分册.doc	地震资料采集任务下达后，勘探开发部委托服务商进行工区海况调查，形成海况调查报告，为采集作业提供海况信息

2.2.3 业务活动成果资料分析

2.2.3.1 分析方法

分析业务活动需要的资料(由前置业务活动产生的成果资料)，同时收集实际的样例文件，收集的样例需要明确其出自哪个部门和岗位。在样例文件的基础上对成果资料进行分解，分解出有保存和共享价值、后续业务活动需要使用的资料名称，包括报表、文档、图形和体数据等。对于本业务需要应用的前置业务产生的成果，需要标准其业务活动来源，为来源业务的成果资料分析提供参考，保证成果资料分析的完整性。

对于该业务活动产生的成果资料，分析其在后续业务活动中的应用范围，是只在部门内部应用还是在企业内部共享应用，为是否纳入一体化数据中心管理范围提供依据。

2.2.3.2 数据资料命名与分类规范

数据资料的命名遵循业务人员的习惯，同时参照实际数据资料的内容。

资料的分类按照“报表、文档、图件、体数据”四类进行划分，分别对应数据模型设计中的“结构化数据、文档数据、图形数据、体数据”四类数据。

业务成果资料是对业务活动产生结果的合理划分。划分及命名依照下述规范：

（1）有相关标准和规范的要参照相关标准与规范。如综合研究业务域中勘探阶段的地质研究业务要遵循《石油天然气勘探地质评价规范》，则相应的业务活动产生的业务成果资料名称的命名以该规范中划分的为准。

（2）无相关标准与规范时，业务成果资料的划分考虑成果资料提交方式，业务成果资料的命名以反映数据资料的真实内容为原则，同时兼顾业务人员的习惯。如各类总结性质的活动对应的业务成果资料可命名为“××××报告”“××××报告附表”“××××报告附图”。

（3）保证在五个业务域范围内业务成果资料名称不重复，若有重复的则通过添加与业务活动相关的限定词具体化业务成果资料名称。

（4）业务成果资料名称的命名要有概括性且清晰易懂，其命名要能涵盖该业务成果资料划分出的所有数据资料。如以×××报告对应的数据资料为报告、×××报告附图对应的数据资料为报告的附图、×××报告附表对应的数据资料为报告的附表、×××数据对应的数据资料为各类数据、×××成果对应的数据资料为文档类（PPT、图件等）。

例：综合研究-规划与计划-年度计划-勘探年度计划下的业务成果资料为勘探年度计划成果，包含勘探部署建议、勘探年度任务书、探井部署建议表、探井作业计划表、探井部署方案建议图、井位研究及审查计划图等各类文档类数据资料（如表 2-4）。

表 2-4　业务成果资料命名示例

专业域	一级业务	二级业务	业务活动	业务成果资料名称	数据资料名称
综合研究					
	规划与计划				
		年度计划			
			勘探年度计划	勘探年度计划成果	勘探部署建议
					勘探年度任务书
					探井部署建议表
					探井作业计划表
					探井部署方案建议图
					井位研究及审查计划图

2.2.3.3　成果资料分析模板

成果资料分析模板如表 2-5。

表 2-5　成果资料分析模板

活动名称	业务成果资料名称	数据资料名称	资料分类	数据操作	所属业务来源	应用范围	样例名称	样例文件名称	资料来源部门	资料来源岗位

业务活动：业务活动名称；

业务成果资料名称：收集到的成果资料名称，以业务人员的习惯命名；

数据资料名称：对成果资料进行梳理分解后得到的相对完整独立的数据资料的名称，以业务人员的习惯命名；

资料分类：对数据资料的分类，分为“报表、文档、图件、体数据”四类；

数据操作：描述数据资料是本活动产生还是从前置活动获得，分别用“C”(Create)和“R”(Read)表示；

所属业务来源：对于“数据操作”为“R”的数据资料，需要描述其来源的业务；

应用范围：数据资料的应用范围，只在部门内部应用的标注“部门”，在企业范围内共享应用的标注“企业”；

样例名称：收集到的样例的名称；

样例文件名称：样例文件的名称；

资料来源部门：提供资料的部门；

资料来源岗位：提供资料的岗位。

2.2.3.4 成果资料分析示例

成果资料分析示例如表 2-6 所示。

表 2-6 成果资料分析示例

活动名称	业务成果资料名称	数据资料名称	资料分类	数据操作	所属业务来源	应用范围	样例名称	样例文件名称	资料来源部门	资料来源岗位
地震采集项目立项	地震资料采集建议及相关材料	地震资料采集建议	文档	C		分公司	2010_9_15_××× 盆地 2010 年地震采集建议	2010_9_15_××× 盆地 2010 年地震采集建议 . pdf	地球物理研究所	

2.2.4 业务活动数据集定义

2.2.4.1 定义方法

业务活动数据集是一体化数据中心管理数据资料的最小组织单元，是业务单元定义的基础。

勘探开发一体化数据中心是石油企业对有保存和共享价值的数据资料进行管理的数据库，是企业对核心数据资产按照统一模型、统一标准进行管理的数据库。

海洋石油勘探开发业务分析划定了物化探、井筒工程、分析化验、综合研究、油气田开发生产五个业务域的分析范围，数据集定义也限定在这五个业务域内。对于不在这五个业务域范围内但又是这五个业务域涉及的数据资料，作为公用数据集处理，只管理最终成果，不管理其历史版本；五个业务域内部的数据资料通过增加活动主键管理历史版本。在上述五个业务域业务活动成果分析的基础上进行数据集的定义，保证这五个业务域中具有保存和共享价值的数据资料全部纳入一体化数据中心的管理范围。

具有保存和共享价值的评判标准是该资料对后续业务有参考作用或者后续业务需要使用该资料，分两种情况：一是该资料会被其他业务共享使用，这种情况的数据资料毫无疑问需要纳入一体化数据中心管理；另一种情况是该资料虽然只在本业务范围内应用，其他业务不使用该数据资料，但该数据资料对后续的同类业务有参考作用或需要应用该数据资料，这样的数据资料也要纳入一体化数据中心管理。

活动中对数据的操作有四种可选的类型：产生(Create)是指在该活动过程中产生了该项数据，如测井解释活动中产生了“解释报告”“解释人”等数据项；读(Read)是指在该活动过程中直接使用某项数据，这个数据项是该活动之前的其他活动中已经产生并存在了的，如测井解释活动中的“原始曲线类型”“测井井深”等数据项，读(Read)数据项与产生(Create)数据项之间的关系称为“引用关系”，也称为“C/R 关系”；修改(Update)是指在该活动之前已经存在某项数据，但是在该活动过程中需要修改其具体的值；删除(Delete)是指在该活动过程中，对原来存在的某个数据项进行删除操作。

2.2.4.2 数据集命名规范

数据集的命名依照下述规范：

(1) 有相关标准和规范的要参照相关标准与规范；

(2) 无相关标准和规范时，数据集的命名以反映数据资料的真实内容为原则，同时兼顾业务人员的习惯；

(3) 保证在一体化数据中心范围内的数据集名称不重复；

(4) 父子表的命名要包含父子关系的含义；

如“井壁取心作业”中，同一个井段会取多个壁心，分成父子表来分别管理一次井壁取心作业过程及单颗壁心的取心情况时，父表命名为“井壁取心基本表”，子表命名为“井壁取心数据表”。

(5) 相对于“结构化、文档、图形、体数据”数据类型，结构化数据类型一般命名为“×××数据表”“×××表”等，文档数据类型一般命名为“×××报告”“×××通知单”等，图形数据一般命名为“×××图”，测井曲线体数据命名为“×××测井数据体”“测井曲线数据表”，地震体数据命名为“×××地震数据体”。

2.2.4.3 数据集定义模板

数据集定义模板如表 2-7。

表 2-7 数据集定义模板

业务活动	数据集名称	数据集代码	数据类型

业务活动：业务活动名称；

数据集名称：定义的数据集名称；

数据集代码：对数据集的编码，按照编码规则进行编码；

数据类型：数据集管理的数据类型，分为“结构化、文档、图形、体数据”，与数据资料的分类“报表、文档、图件、体数据”相对应。

2.2.4.4 数据集定义示例

数据集定义示例如表 2-8。

表 2-8 数据集定义示例

业务活动	数据集名称	数据集代码	数据类型
正常钻进作业	开钻报告表	W0302010001001	文档
正常钻进作业	井筒基本数据表	W0302010001002	结构化
正常钻进作业	井筒段基本数据表	W0302010001003	结构化
正常钻进作业	钻开油气层前检查表	W0302010001004	文档

2.2.5 数据集数据项定义

2.2.5.1 数据项提取及方法

数据项提取是业务分析中最重要和最烦琐的工作，为了保证业务模型覆盖相应的业务范围和需求，必须参考现行专业数据库、业务活动成果资料成果和数据的 C/R 关系，仔细检查、核对、补充数据项，完成数据项提取工作。

可以根据以下几方面的数据源来提取数据项：

（1）在用勘探开发专业数据库；

（2）业务活动成果资料分析结果；

（3）相关行业标准与规范；

（4）业务经验；

（5）活动 6W 要素分析，作用对象和活动必须齐全，补充工具、方法等参与对象信息；

（6）数据的 C/R 关系约束。

数据项的提取与描述遵循以下原则：

（1）具有唯一性(本业务活动)；

（2）描述是什么，而不描述不是什么；

（3）名词或名词性短语；

（4）普遍能理解的缩略词；

（5）不要引用下层概念。

2.2.5.2 数据项命名规则

数据项的命名可以遵循以下原则：

（1）明确描述对象的属性特征；

（2）通常是名词或动词的名词形式；

（3）每个名称在本数据集中必须是唯一的；

（4）避免使用发音或拼写类似的词以及同义词作为名称；

（5）可能需要用好几个单词来组成一个明确的、无须额外说明的名称；

（6）所有相同业务含义的数据项在全局必须统一，如顶深、起始深度等要统一命名，但对于含义相近业务含义不同的数据项需要区分，如井号和邻井井号不能统称为井号。

2.2.5.3 数据项定义模板

数据项定义模板如表2-9。

表 2-9 数据集数据项定义模板

活动名称	数据集名称	序号	数据项名称	拼音代码	英文代码	数据类型	精度	小数位	量纲	附录代码	唯一键	备注	数据项描述	数据操作	R数据来源	示例	来源库或样例	来源数据表	来源字段	备注

业务活动一般包括下面几个要素：

（1）活动名称：业务活动名称，引用业务活动划分中的业务活动名；

（2）数据集名称：定义的数据集名称，引用数据集定义中的数据集名；

（3）序号：数据项序号，从1开始编号，表达数据项的排列顺序，重要的数据项往前排，同类的数据项放在一块，表达深度段的字段放在一起，先小后大（顶深-底深）；

（4）数据项名称：数据项中文名称，尽量能完整表达其业务含义，力求简洁、清晰，一般不超过6个汉字；

（5）拼音代码：数据项名称的拼音首字母组合，用大写字母，同一数据集中如存在不同数据项拼音代码相同的情况，在尾部增加数字1、2区分；

（6）英文代码：数据项名称翻译成英文后能够表达其含义的关键单词或关键单词经缩写处理后的组合，单词及缩写词间用下划线“_”隔开，单词或缩写词首字母大写，形成由字母（或下划线）组成的英文代码，对象标识字段一律用“×××_ID”表示，同一数据集中不能出现相同的英文代码，代码的总长度不能超过30个字符；

（7）数据类型：数据项的类型，统一用“CHAR、NUMBER、DATE、TIME、CLOB、BLOB”六种类型划分，分别代表“字符型、数字型、日期型、时间型、文本大数据、二进制大数据”；

（8）精度：数据宽度，对于数据类型为“DATE、TIME、CLOB、BLOB”的不需指定，数据宽度包含小数点和小数位宽度，如精度为10，小数位为3，则整数位为10-3-1=6；

(9) 小数位：对于数据类型为“NUMBER”的要指定，不指定的默认为“0”；

(10) 量纲：数据项的量纲，用标准的量纲缩写名表达；

(11) 附录代码：如果数据项需要用附录代码规范输入，填写附录表代码，如“W01001”；

(12) 唯一键：业务中对数据的唯一性约束，有约束的填“Y”，没有的不填；

(13) 非空：业务中对数据的非空约束，是非空的填“Y”，不是的不填；

(14) 数据项描述：对数据项的详细描述，描述不是对数据项的业务含义进行定义，是对数据项在业务中表达的含义进行描述，描述的标准是不熟悉本业务的人能够通过描述明白数据项的含义；

(15) 数据操作：数据在此业务中的“C(Create)、R(Read)、U(Update)、D(Delete)”；

(16) R 数据来源：对于“数据操作”为“R”的数据项，指向其产生源头(其他业务活动数据集的数据项，与本数据项相同含义，“数据操作”为“C”)，用“数据集名称.数据项名称”表达，对于附录，填写附录表代码，如“W01001”；

(17) 示例：填写一个示例，帮助理解；

(18) 来源库或样例：填写本数据项来源于现行专业库的库名或样例；

(19) 来源数据表：填写来源库的表名或样例名；

(20) 来源字段：填写来源数据表的字段名或样例的表头名；

(21) 备注：其他说明。

2.2.5.4 数据项定义示例

数据项定义示例如表 2-10。

表 2-10 数据集数据项定义示例

活动名称	数据集名称	序号	数据项名称	拼音代码	英文代码	数据类型	精度	小数位	量纲	附录代码	唯一键	非空	数据项描述	数据操作	R数据来源	示例	来源库或样例	来源数据表	来源字段	备注
正常钻进作业	井筒基本数据表	1	井号	JH	Well_ID	CHAR	50				Y	Y		R						
		2	井筒名称	JTMC	Wellbore_Name	CHAR	50				Y	Y		R						
		3	起始深度	QSSD	Depth_Start	NUMBER	8	2	m					C						
		4	造斜深度	ZXSD	Kick_Off_Depth	NUMBER	8	2	m					C						
		5	…	…	…															

2.2.5.5 附录代码定义模板

附录代码定义模板如表 2-11。

表 2-11 附录代码定义模板

序号	命名空间	附录表代码	附录表名称	附录值	附录值代码	父附录值代码	备注

(1) 序号：附录序号，同一附录表从 1 开始，按顺序编码；

(2) 命名空间：在数据映射阶段需要，在业务分析阶段不填写；

(3) 附录表代码：填写附录表代码；

(4) 附录表名称：附录表中文名；

(5) 附录值：业务中标准值；

(6) 附录值代码：按照统一规则编制的标准值代码，编制规则有标准和规范的遵循标准和规范，没有标准和规范的统一编码，编码的原则遵循相关国家与行业标准的规定；

(7) 父附录值代码：通过父附录值代码描述建立树形结构的编码体系；

(8) 备注：其他说明。

2.2.5.6 附录代码定义示例

附录代码定义示例如表 2-12。

表 2-12 附录代码定义示例

序号	命名空间	附录表代码	附录表名称	附录值	附录值代码	父附录值代码	备注
1		W01003	取心方法	常规取心	001		
2		W01003	取心方法	短筒取心	002	001	
3		W01003	取心方法	中、长筒取心	003	001	
4		W01003	取心方法	橡皮筒取心	004	001	

2.2.6 业务模型编码规则

2.2.6.1 编码原则

编码应符合唯一性、合理性、可扩充性、简明性、适应性、规范性等基本原则，编码的基本原则详见 GB/T 7027—2002 第 7 章、第 8 章。

2.2.6.2 业务编码规则

业务建模过程中对业务划分需要进行编码的主要有三大类要素，即业务域代码、业务、业务活动。三者组成最多十一位的业务编码，如表 2-13。

表 2-13 业务编码规则

1	2	3	4	5	6	7	8	9	10	11

编码约定如下：

(1) 位 1：业务域标识码(业务域标识码用英文第一个字母，如果已经占用，顺延第二个字母)，具体如表 2-14。

表 2-14 专业域标识码

业务域	代　码	业务域	代　码
物化探	G	综合研究	R
井筒工程	W	开发生产	P
分析化验	A		

(2) 位 2~9：业务标识码，两位表示一级，每两位从 01~99，顺序编号，可以表示四个级别的业务，业务标识码是非等长码，当缺少一个级别的业务时，空缺不填；

(3) 位 10~11：业务活动标识码，从 01~99，顺序编号。业务活动编码是等长码，当业务编码不够 9 位时，用“0”填充到 9 位，再加上业务活动标识码。

说明：除了第一位的业务域外，其他编码位是不固定的。一个业务编码至少是三位(只有一级业务)，最多是九位(四级业务全有)。业务活动编码一定是 11 位，后两位是业务活动标识码。

井筒工程中的一级业务，编码示例：

钻井设计　　W01

井位坐标管理　　W02

钻井　　W03

完井　　W04

录井　　W05

井筒工程中的钻井子业务，编码示例：

迁装拆迁　　W0301

钻井施工　　W0302

钻井作业　　W030201

地层评价作业　　W030202

井筒工程中“随钻跟踪”业务中的业务活动，编码示例：

钻井作业动态　　　　W0303000001
随钻作业跟踪　　　　W0303000002

2.2.6.3　附录代码编码规则

附录代码编码方法采用产生该附录的一级业务编码+三位标识码的方法编码，三位标识码从 001～999 顺序编码，如井别代码和井型代码都是在钻井设计这个一级业务中产生的，其编码为钻井设计的编码“W01”+三位顺序码，井别代码编码为：W01001，井型代码编码为 W01002。

2.2.6.4　数据集编码规则

数据集编码在业务活动编码的基础上+三位标识码，三位标识码从 001～999 顺序编码，如表 2-15 所示。

表 2-15　数据集编码示例

专业域	一级业务	二级业务	业务活动	数据集	数据集编码
井筒工程 W					
	钻井 W03				
		随钻跟踪 W0303			
			钻井作业动态 W0303000001		
				钻井日报	W0303000001001
				钻井地质作业动态表	W0303000001002

2.2.6.5　数据项编码规则

采用拼音首字母与英文缩写两种方式对数据项进行编码。

数据项编码示例如表 2-16 所示。

表 2-16　数据项编码示例

序号	数据项名称	拼音代码	英文代码
1	井号	JH	Well_ID
2	井筒名称	JTMC	Wellbore_Name
3	起始深度	QSSD	Depth_Start
4	造斜深度	ZXSD	Kick_Off_Depth
5	造斜方式	ZXFS	Kick_Off_Method

2.2.7　数据元抽取

2.2.7.1　抽取原理

数据元(Data Element)是用来描述数据及数据分类的最小单位，是在一定的环境下不必要再细分的数据“原子”。制定数据元标准是信息标准化的一项基础性工作，近年来受到国内各行业信息标准化工作的重视。

在石油工业界，发布数据元标准相关的组织主要是API(American Petroleum Institute，美国石油协会)的PIDX(Petroleum Industry Data Exchange，石油工业数据交换)小组，该组织以PIDD(Petroleum Industry Data Dictionary，石油工业数据字典)为基础，发布了一系列基于XML(可扩展标记语言)的用于数据交换的数据元标准，POSC的Epicentre就是基于PIDD的，POSC组织与PIDX保持着密切的合作关系。

2.2.7.2 数据元描述方法

数据元是由一系列属性进行描述的，图2-6是数据元基本属性模型，根据需要，还可对数据元的属性进行扩展。

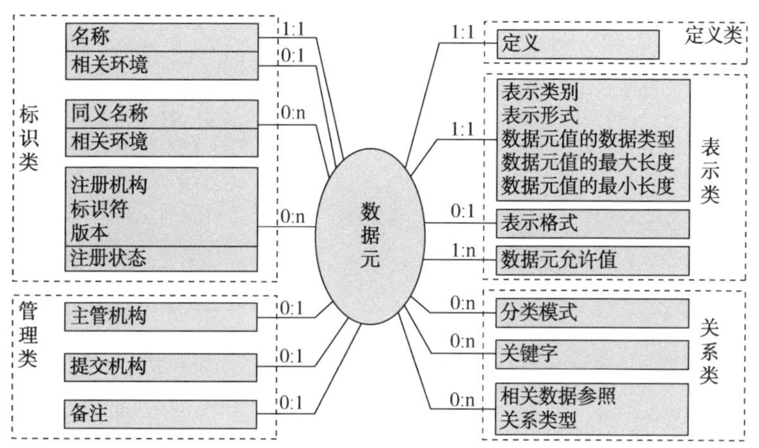

图2-6 数据元基本属性模型

从图2-6中可以看出，一个数据元必需的描述元素有：名称、定义及表示类信息(表示类别、表示形式、数据类型、数值最大长度、数据最小长度、允许值)。海洋石油勘探开发一体化数据模型提供的数据元字典也包含上述几项。

通过分析数据元标准中关于数据元的结构模型、数据元的复合关系、数据元的层次、分类模式、数据元的关系的规定，采用面向对象的建模技术定义数据元之间的关系。

数据元表示与面向对象模型表示方法对照如表2-17所示。

表 2-17 数据元表示与面向对象模型表示方法对照关系

数据元表示方法	面向对象模型表示方法	数据元表示方法	面向对象模型表示方法
结构模型、复合	类	关系、内部修饰	引用
层次、分类模式	继承	语境	约束、规则

2.2.7.3 数据元抽取过程

数据元字典应该参照国际标准参照模型、业务参照模型、数据参照模型、空间位置参照模型等参照模型进行定义。

所谓“参照定义”就是对参照模型进行解析，获取模型中表达的数据元，加入数据元字典中。

采用增量式定义方式，数据元定义工作流程如图 2-7 所示。

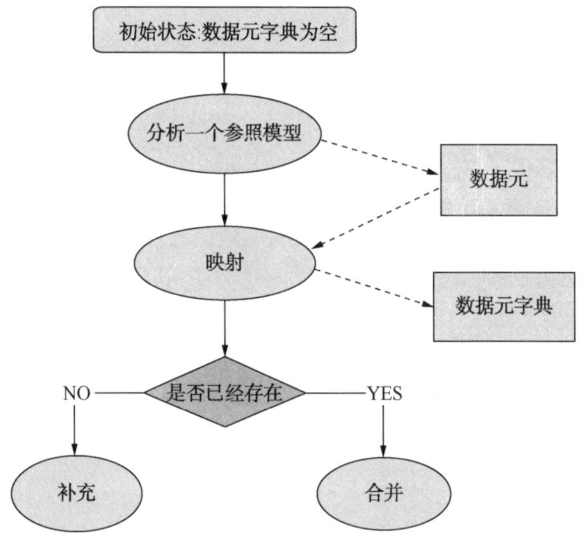

图 2-7 数据元定义流程

在该流程中，有两个关键动作：一是分析参照模型，解析出数据元，主要是针对数据模型的表或实体、数据项，根据其含义逐一解析。另一个关键动作是将解析出来的数据元加入数据元字典中。这是一个比较复杂的过程，其基本要求是：如果该数据元在数据元字典中已经存在，则将定义和代码合并到字典中，如果该数据元不存在，则需要建立一个新数据元。

数据元确定后，最后一项工作是数据元名称的确定，包括中文名称和英文名称，同时需要对数据项进行语义描述。

2.2.7.4 数据元字典模板

数据元字典模板如表 2-18 所示。

表 2-18 数据元字典模板

序号	编号	中文名称	拼音代码	英文代码	中文描述	英文描述

(1) 序号：从 1 开始的编号；

(2) 编号：对数据元进行的统一编号，在海洋石油范围内要统一，以"DE"开头，外加 8 位顺序码，数据元具有唯一编号；

(3) 中文名称：数据元的中文名称，不超过 20 个汉字；

(4) 拼音代码：用中文名称的拼音首字母组成的字母组合，字母全部大写，且具有唯一性，不超过 20 个字符；

(5) 英文代码：用英文单词或缩写词通过下划线"_"分隔后组合在一起，字母全部大写，且具有唯一性，不超过 20 个字符；

(6) 中文描述：对数据元语义的中文描述；

(7) 英文描述：对数据元语义的英文描述。

2.2.7.5 数据元字典示例

数据元字典示例如表 2-19 所示。

表 2-19 数据元字典示例

序号	编号	中文名称	拼音代码	英文代码	中文描述	英文描述
1	DE03430097	井号	JH	WELL_ID	油田同一命名的井的名称	Name of a well uniformly given in an oilfield
2	DE10042450	油气田代码	YQTDM	OIL_GAS_FIELD_CODE	油气田代码	Code of the oil or gas field

2.2.8 业务单元抽取

2.2.8.1 抽取原理

一个业务单元(Business Unit)是在实际勘探开发生产过程中可独立组织实施的不必再分的最小业务活动及相关环境。业务单元涉及的业务规则、活动、各种对象(活动执行者、活动作用对象、活动参与对象、活动结果对象)及其相关特性和相互间关系等称为业务要素，描述业务要素定义及业务要素之间关系的模型称为业务要素模型。在海洋石油勘探开发一体化数据模型中，描述业务要素的类和属性都采用数据元的定义，而数据元及其关系采用面向对象的模型表达，因此业务要素模型与面向对象设计的勘探开发逻辑模型是等价的，它们之间存在一一对应的关系。

一个业务单元包括以下 9 类要素：

(1) 一个业务活动(活动)；

(2) 包含该活动的父活动(父活动)；

(3) 该活动作用的业务对象(作用对象)；

(4) 实施该活动的组织机构或个人(活动执行者)；

(5) 一组结果对象(输出)；

(6) 一组参与对象(输入)；

(7) 该业务单元的业务规则，即实施该活动的条件与约束(业务规则)；

(8) 相关对象的特性(特性)；

(9) 对象之间的关系(关联)。

九类要素之间的关系如图 2-8 所示：

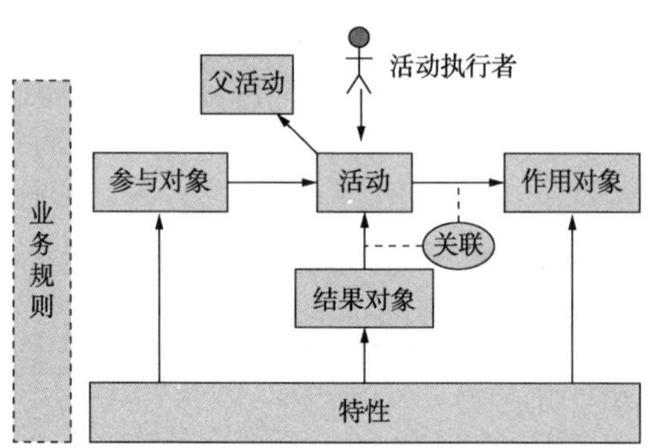

图 2-8 业务单元的体系结构

定义业务单元有两个作用：

(1) 业务单元是组成业务的基本单元，很多业务单元可以在不同的业务中复用，与之相关的数据表也可以在不同的业务中复用。比如，一个业务一般分为计划、实施、总结等几个环节，对于总结环节来说，写总结报告就是一个最基本的业务单元，因为它都是产生一个报告成果，抽取这个业务单元以后，其他的业务都可以复用这个业务单元。

(2) 在设计逻辑模型时，逻辑层的业务单元是一组业务对象和特性的组合，并且具有统一的组合逻辑(九要素之间的内在关系)，这为逻辑模型的设计或优化提供了参考依据。

2.2.8.2 业务单元抽取方法

在 POSC Epicentre3.0 模型中对业务单元进行了高度的抽象，它认为任何一个属性数据都是一个业务产生的结果，属性数据表进一步高度抽象成以量值来划分，相同量值的数据放在一个表中管理，而且包含了现实世界中的所有量值类型，再用其业务含义进行类型划分，这样高度抽象和最高粒度的划分使该模型具有高度的灵活性和包容性，能够管理任何勘探开发业务数据。由于其划分的粒度过于细，使得面向业务维度的查询效率比较低，面向对象和面向结果维度的查询与现行的数据库一样，同时具有能够一次拿到所有相同含义数据的优点。

针对 POSC Epicentre3.0 的劣势(管理单元划分过细，面向业务维度的查询效率低)，需要根据业务的实际，对业务单元进行有限度的整合处理，使在一个业务中从来不会分开的产生结果集成整合到一个业务单元中，同时在逻辑模型中建立与之对应的属性实体，使一体化数据中心模型在三个维度的查询都能够满足应用的需求。

从另一个角度看，业务单元是对企业业务与数据管理单元最小粒度的划分，在业务模型中对业务活动的数据集进行了划分与定义，找出了适应业务管理需求的合适划分粒度的业务与数据管理单元，为业务单元抽取打下了基础。

如果多个数据集中结果对象的数据元完全一致，只是活动的场景有区别，可以从这些数据集中抽取出一个统一的业务单元，该业务单元管理这些数据集的相关数据，同时也为后续的相同的业务过程提供复用支持。

在一个数据集中结果对象的数据元与任何其他数据集都不相同，也把它作为一个单独的业务单元来处理。

2.2.8.3 业务单元抽取模板及示例

业务单元抽取模板如表 2-20 所示。

表 2-20 业务单元抽取模板

数据集名称	业务单元名称	业务单元代码

(1) 数据集名称：业务模型中的数据集名称；

(2) 业务单元名称：从数据集中抽取的业务单元的名称，用“×××表”命名；

(3) 业务单元代码：业务单元的代码，用业务单元名称英文语义的关键单词组合组成，单词间也用下划线“_”隔开，字母都用大写字母。

业务单元抽取示例如表 2-21。

表 2-21 业务单元抽取示例

数据集名称	业务单元名称	业务单元代码
工程地质调查报告	文档管理表	DOCUMENT
作业风险分析报告	文档管理表	DOCUMENT
钻井地质设计报告	文档管理表	DOCUMENT
靶点设计数据表	靶点数据表	DRILLING_TARGET_DATA
靶点实际数据表	靶点数据表	DRILLING_ TARGET_ DATA

2.3 逻辑模型设计方法

逻辑模型(Logical Data Model)是描述业务逻辑关系的模型，是业务的数字化模拟。在数据层面来看，逻辑模型是描述数据元之间关系、约束、构造的模型。

在数据元字典中，每一个数据元都是独立定义的，但数据元所描述的对象之间却蕴含着复杂的关系，如分类、继承、聚合、引用、约束等，这些关系规定了一些数据元可以相互关联表达一个完整的语义。

如果将一个数据元看作是一个“字”的话，逻辑模型则是一个“构词”规则，利用有限的“字”可以构成无数的“词”；如果将一个数据元看作是一个“化学元素”的话，逻辑模型则是一个分子构成规则，利用有限的“化学元素”可以组合出无数的“分子”。

逻辑模型运用面向对象的技术设计，具有以下特点：

(1) 具备一般面向对象模型的特点：其基本定义单元是 entity(实体)，每一个 entity 有若干个属性，entity 之间有继承、引用。每一个 entity 可定义值约束。

(2) entity 的名称和属性的名称必须是一个数据元，其中 entity 的名称对应的数据元的类型为对象类、活动类、特性类、代码类，属性名称对应的数据元必须是属性类或说明类。因此一个 entity 实际上描述了一个 entity 元素与属性元素之间的一种聚合关系。

(3) 逻辑模型中的类描述业务单元中的活动、对象、特性等基本要素，因此也称为业务要素模型。

(4) 逻辑模型通过高层模型描述其数据体系。在高层模型中，定义了对象类、活动类、特性类、元类、说明类的数据元对应的 entity。

(5) 逻辑模型中的代码类需要提供相应的代码实例。

逻辑模型是一个面向对象的模型，是一个相对稳定的模型，不稳定的方面体现在新的勘探开发业务对象的扩展上。逻辑模型是一个用于统一理解的模型，通过对数据组织管理的统一理解，使得经过不同的投影规则投影出来的物理模型具有统一的数据组织和管理规则，从而在数据服务层可以建立统一的接口，实现不同的物理模型间数据的互操作。在应用层，不同的应用系统所需数据通过统一的逻辑模型描述来实现对不同数据库的数据访问。因此，在模型体系中，应用是多变的，投影的数据库也是多变的，只有逻辑模型是相对稳定的，稳定的逻辑模型是应用、数据库相互交流的统一语言。

2.3.1 逻辑模型设计原理

逻辑模型是从业务分析入手得到的，是业务的抽象和一般性表达，它不仅表现在对数据的管理和描述上，还表现在对数据的处理和行为上。

对业务的抽象和业务数据的抽象保证了逻辑模型具有更强的包容性，使之能满足不断变化的业务需求，以及将数据按不同数据类型格式进行管理，简化了数据描述的复杂度，同时也简化了对应用展示组件的开发。

对逻辑模型表达的数据结构进行针对某一数据库系统的数据投影就是存储模型(或叫物理模型)。存储模型的关注点有两个方面，一方面是对应用系统中关注的数据及关系的完全表达和管理，另一方面是对支持的应用系统在数据存取方面的最优化设计。

不同的应用方向对同一逻辑模型的存储方式也可能是不同的。同一逻辑模型根据应用方向生成物理模型叫投影。可能的投影有数据中心数据模型(关注数据的资产管理)、项目库模型(关注综合应用研究的数据准备、参数选择、中间成果管理及最终成果打包存档)、成果库标准(关注某项目一切的成果资料管理，包括数据、文档、图形等资料)。

数据元素模型是从数据元的角度描述数据元之间的关系、约束、构造的一种模型。当对数据元之间的关系、约束、构造等通过面向对象的方式来表达时，数据元素模型实际上就变成了一种逻辑模型。

逻辑模型设计之所以引入“数据元”是借鉴了国家《GB/T 18391：信息技术—数据元的规范与标准化》标准来规范逻辑模型的设计。逻辑模型类名、属性名采用规范的数据元名称，使逻辑模型成为业务人员和 IT 人员交流的桥梁。

逻辑模型设计包括两方面的内容：对业务单元的面向对象的描述、表达和数据元素模型的定义和修订。

2.3.1.1 设计原则

（1）采用面向对象的设计方法。

（2）遵循 POSC Epicentre3.0 模型：

遵循 Epicentre3.0 高层模型；

遵循 Epicentre3.0 模型对象分类体系；

遵循 Epicentre3.0 模型数据描述体系；

遵循 Epicentre3.0 模型活动描述体系。

（3）在 Epicentre3.0 的框架下进行合理的扩展：

语言扩展；

对象和属性扩展；

代码扩展（包括活动类型扩展）。

（4）遵循勘探开发数据元标准

逻辑模型类名、属性名是数据元名称。

（5）从业务分析入手得到。

2.3.1.2 设计规范

（1）命名规范

实体对象："OOE_"+"实体对象英文名称"。

属性数据对象："OOP_"+"属性数据对象英文名称"。

参照实体对象："OOR_"+"参照对象英文名称"。

自定义数据类型对象："OOT_"+"自定义数据类型对象英文名称"。

英文名称英文单词间用下划线"_"分隔。

（2）设计方法

利用 PowerDesigner 建模工具采用面向对象的设计方法描述实体（entity）和属性（attrubite）之间的关系。

2.3.1.3 设计路线

逻辑模型设计路线示意图如图 2-9 所示。

（1）业务单元分析：是进行逻辑模型分析与设计的最主要手段，它是在业务分析的基础上进行的。

（2）验证：为了确保业务单元分析的正确性和完整性，需要对分析结果进行验证。

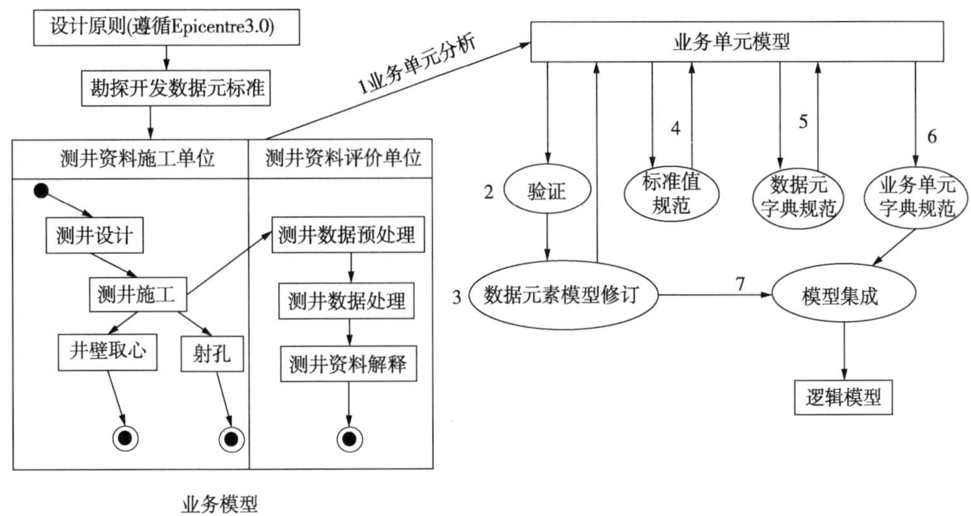

图 2-9 逻辑模型设计路线示意图

(3) 数据元素模型修订：在验证的基础上对数据元素模型进行修订，使其更能准确标准地表达业务。

(4) 标准值规范：业务单元分析完后需要对业务单元中所涉及的数据项、业务要素的标准值进行规范化、标准化。

(5) 数据元字典规范：业务单元分析完后需要对数据元字典进行规范化修订。

(6) 业务单元字典规范：业务单元分析完后需要对业务单元字典进行规范，方便未来应用。

(7) 集成设计：将修订后的数据元素模型和分析的业务单元字典进行整合，实现逻辑模型。

2.3.2 逻辑模型分析与设计

逻辑模型分析与设计的最终目的是通过借鉴 POSC 思想对勘探开发业务活动的分析，用面向对象的思想通过标准化的勘探开发数据元描述和表达业务活动，并通过全业务域的业务活动描述和表达，修订借鉴 POSC Epicentre 模型的数据元素模型，形成石油行业勘探开发数据元素模型标准，提供一个定义面向业务的逻辑模型的平台，为以后业务的变化和发展提供描述和表达的参考标准。任何遵循该参考标准的业务逻辑都能够被该标准所描述，并使其所实现的物理模型能够很方便地进行数据共享，从而真正达到石油企业的业务和信息一体化。

(1) 业务单元分析

业务单元作为业务定义和划分的基本单元，只是描述了业务的现状，描述粒度比较粗，尤其是数据项与实际主体对象的关系并没有表达出来，而这种关系恰恰是进一步定义数据元及数据元素模型的依据，但在业务单元划分时这种关系只是业务人员按照业务理解来表达的。

例如，一次测井施工数据应该与一个井筒段相关的，但在业务单元中可能只定义到与井相关，而不关注井筒段这个对象。因此需要进行业务单元分析工作，进一步的细化业务分析，把上述关系描述清楚。

业务单元分析的基本原则是与业务模型及数据元素模型定义保持一致。具体步骤如下：

1）从业务模型中提取业务单元的业务要素，判断每个业务要素的类别及其相关数据项的标识。

2）分析业务要素相关的数据项，参照数据元素模型的定义对各业务要素及其相关数据项进行规范化定义。

3）将数据项约束条件公式化。

4）对数据元素模型扩展或修改的问题进行记录。

在进行业务单元分析时，不能保证所有的数据项都可以映射到现有数据元素模型的实体上，需要考虑对现有的数据元素模型进行扩展。

需要扩展的问题使用需求扩展记录模板记录下来(表 2-22)。

表 2-22　业务单元抽取示例

数据项①	数据项含义②	业务单元③	原因④	意见⑤	责任人⑥	时间⑦	专家意见⑧
镁含量	现场碳酸盐含量测定的样品中镁的百分含量	现场碳酸盐含量测定	实际业务过程中新增加	同意扩展	张三	2014/5/5	同意扩展
氮气	录井现场气分析样品中氮气的体积占总体积的百分含量	录井现场气分析	实际业务过程中新增加	同意扩展	张三	2014/5/5	同意扩展

① 无法进行映射的数据项的名称。

② 数据项在被分析的业务单元里的具体含义。

③ 指明无法进行映射的数据项出现在哪个业务单元里。

④说明数据项无法映射的原因，如无法映射是因为不确定到底应该对应到哪个实体上，或因为现有数据模型中找不到可以与其相映射的实体等。

⑤ 进行业务单元分析的人针对无法进行映射的数据项提出的扩展数据元素模型的具体方案。

⑥ 提出扩展意见的人。

⑦ 填写模板的时间。

⑧ 业务专家就该数据元素模型扩展问题给出的建议、意见。

对数据元素模型不满足业务需求或不是最佳描述方式的部分则需要对模型进行修改。需要修订的问题都要用修订记录模板记录下来，如表 2-23 所示。

表 2-23 业务单元抽取示例

业务概述①	数据元素模型相关实体②	原因③	意见④	责任人⑤	时间⑥	专家意见⑦
在录井岩屑分析过程中，对岩屑样品的 X 衍射全岩矿物分析涉及众多不同的矿物，如方解石、白云石等，且每次分析结果包含的矿物种类各不相同	OOE _ ACTIVITY, OOE_SUB_ACTIVITY, OOP_CALCITE, OOP_DOLOMITE 等	现有数据元素模型中采用枚举的方式进行管理，不利于业务的扩展	通过修改数据元素模型，增加一个矿物类的数据元素，在当前业务单元中进行引用	李四	2014-5-5	同意修改

① 简单描述数据元素模型不满足或不是最佳描述方式的业务需求。

② 列举出原数据元素模型中描述该业务的相关实体。

③ 说明需要修改的原因。

④ 给出需要修改的意见，如需要增加哪些实体等。

⑤ 提出修改意见的人。

⑥ 填写模板的时间。

⑦ 业务专家就数据元素模型修改问题给出的建议、意见。

（2）业务单元分析验证

可以通过以下三种方式对业务单元分析结果进行验证：

1）工具验证

利用在 PowerDesigner 建模工具中二次开发的辅助检测验证工具来检查业务单元分析的合法性。数据元素模型中是否存在映射的实体和属性、各实体及其约束的表达方法是否正确、是否存在不同的数据项映射结果相同等情况都可利用这些工具进行验证。

2）实体关系验证

根据业务单元分析模板设计该业务单元的类图（如图 2-10），如果存在孤立的实体或者实体之间的关系不满足类图模板的格式，则认为业务单元分析结果不正确。

3）数据加载验证

以 POSC 物理模型为基础进行数据加载，加载程序会自动解析业务单元分析模板并形成数据加载文件，再给出数据文件即可进行自动加载。如果不能正确地加载数据项的数据，则说明现有的业务单元分析有问题。

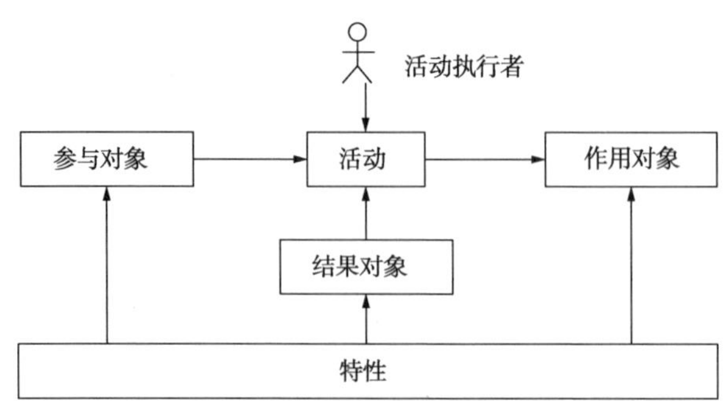

图 2-10　业务单元类图

（3）数据元素模型的修订

当现有数据元素模型确实不能满足当前的业务需求时，就需要对现有模型进行扩展或修改。扩展方法如下：

1）确认超类：确认属于哪一个超类，并确认是否需要增加新的属性。

2）建立分类：如果对应的类是 OOE_ACTIVITY、OOE_DOCUMENT_SPECIFICATION、OOE_EARTH_FEATURE、OOE_FACILITY、OOE_GEOLOGIC_PROCESS、OOE_LICENSE_RIGHT、OOE_MATERIAL、OOP_PROPERTY、OOE_RESERVES、OOE_WELL_LOG_TRACE 的子类，则不需要建立新的类，而是在分类实体 OOE_ACTIVITY_CLASS、OOE_DOCUMENT_SPECIFICATION_CLASS、OOE_EARTH_FEATURE_CLASS、OOE_FACILITY_CLASS、OOE_GEOLOGIC_PROCESS_CLASS、OOE_LICENSE_RIGHT_CLASS、OOE_MATERIAL_CLASS、OOE_PROPERTY_CLASS、OOE_RESERVES_CLASS、OOE_WELL_LOG_TRACE_CLASS 下增加实例。对于其他的情况，是增加属性或者增加类来扩充，需要在实际工作过程中进行讨论确定。

3）建立实体之间的关联关系。

4）对不能够确定采用何种方式进行扩展的，要组织专家讨论确定。

对数据元素模型的修改将在模型专家和业务专家的共同讨论后提出修改方案，实施修改。数据元素模型修订完成后，再使用完善后的数据元素模型描述业务单元。

（4）标准值规范

业务单元分析完后需要对业务单元中所涉及的数据项、业务要素的标准值进行规范化、标准化。

（5）数据元字典规范

数据元字典是基于勘探开发数据元标准在业务单元分析和标准值规范后形成

的，是最终形成逻辑模型的基础，来源于业务单元分析模板。数据元字典模板如表 2-24 所示。

表 2-24 数据元字典模板

数据元名称	数据元代码	数据元映射路径	数据元约束
井号	JH	OOE_WELL. identifier	
顶界深度	DJSD1	OOP _ GEOMETRY _ SIMPLE _ 1D _ EDGE. maximum_value	OOP _ GEOMETRY _ SIMPLE _ 1D _ EDGE. edge. locatedobject = OOE _ WELLBORE _ INTERVAL
底界深度	DJSD2	OOP _ GEOMETRY _ SIMPLE _ 1D _ EDGE. minimum_value	OOP _ GEOMETRY _ SIMPLE _ 1D _ EDGE. edge. locatedobject = OOE _ WELLBORE _ INTERVAL
岩石名称	YSMC	OOE_DRILL_CUTTINGS_SAMPLE. kind [SPE_MATERIAL_CLASS]. identifier	
岩石代码	YSDM	OOP_DRILL_CUTTINGS_SAMPLE. kind [SPE_MATERIAL CLASS].identifier	
颜色名称	YS	OOP_LITHOLOGIC_COLOR. identifier	OOP_LITHOLOGIC. COLOR. rock_material = SPE_DRILL_CUTTINGS_SAMPLE; OOP _ LITHOLOGIC _ COLOR. ref _ lithologic _ color_lithologic_color
含油级别	HYJB	OOP_FLUID_SHOW_QUALITY. SHOW _DISTRIBUTION	
气态烃	QTTS0	OOP_PVROLYSIS_SO. data_value	OOP _ PYROLYSIS _ SO. rock. material = SPE _ DRILL_CUTTINGS_SAMPLE
液态烃	QTTS1	OOP_PYROLYSIS_S1. data_value	OOP _ PYROLYSIS _ S1. rock _ material = SPE _ DRILL_CUTTINGSSAMPLE
最高热解温度	ZGRJWD	OOP_PYROLYSIS_T_MAX. data_value	OOP. PYROLYSIS _ T _ MAX. rock _ material = OOE_DRILLCUTTINGS SAMPLE
有机碳	YJT	OOP _ TOTAL _ ORGANIC _ CARBON. data.value	OOP _ TOTAL _ ORGANIC. CARBON. rock _ material = OOE DRILL CUTTINGS SAMPLE

（6）业务单元字典规范

未来的应用是基于业务单元来规划而不是基于逻辑模型，所以业务单元字典的规范性直接关系到未来应用的正确性和标准性。因此，规范业务单元字典十分重要，一般采用业务单元字典模板(如表 2-25)。

表 2-25　业务单元字典模板

编号	业务单元	业务要素	业务要素类别	数据元名称	数据元代码	单位	数据元标识	操作	业务单元约束
001	地化录井	地化录井	活动					C	
		井	参与对象	井号	JH		普通数据元	R	
		井段	作用对象	顶界深度	DJSD1	m	普通数据元	C	
				底界深度	DJSD2	m	普通数据元	C	
		岩石	结果对象	岩石名称	YSMC		普通数据元	R	
				颜色名称	YS		普通数据元	R	
				含油级别	HYJB		普通数据元	C	
				气态烃	QTTS0		普通数据元	C	
				液态烃	QTTS1		普通数据元	C	
				裂解烃	QTTS2		普通数据元	C	
				最高热解温度	ZGRJWD		普通数据元	C	
				有机碳	YJT		普通数据元	C	

（7）模型集成

将修订后的数据元素模型与分析业务单元字典进行整合，完成逻辑模型设计。

2.3.3　设计示例

2.3.3.1　业务单元描述

业务单元模板见表 2-26。

表 2-26　业务单元模板

编号	业务单位	业务要素	业务要素类别	数据元素模型对应实	数据项名称	数据项代码	单位	数据项标识	数据项表达式	数据项映射路径	操作	操作唯一约束	数据项约束	业务单位约束

在业务单元模板里，需要根据业务分析的结果，将业务单元进一步细化；并参考数据元素模型，将业务要素及其相关数据项进行映射。模板里涉及的内容有以下几部分：

（1）编号：业务单元的编号；

（2）业务单元：业务单元的名称；

（3）业务要素：列出业务单元所有业务要素名称；

（4）业务要素类别：具体包括活动、活动类型、执行者、作用对象、参与对象、结果对象等（其中在一个业务单元中活动、活动类型、执行者、作用对象是必须存在的），从中选出每一个业务要素相对应的类别；

（5）数据元素模型对应实体：数据元素模型中与业务要素对应的源实体的名称；

（6）数据项名称：业务要素的一些特性/属性（它们是业务分析的结果）的名称；

（7）数据项代码：填写数据项的拼音代码（它们是业务分析的结果）；

（8）单位：数据项的单位（它们是业务分析的结果）；

（9）数据项标识：有三类数据项选项，即普通数据项、计算数据项、辅助数据项；

（10）数据项表达式：如果数据项是通过计算得到的，则填写数据项的计算公式；

（11）数据项映射路径：通过参照数据元素模型，确定与数据项对应的源实体（对象实体、参照实体、特性实体），并确认源实体对应的属性（OOT 类型），用它直接存入数据项的具体数据值；

（12）操作：对数据项有四类操作，分别是创建（C）、读取（R）、更新（U）、删除（D）；

（13）操作唯一约束：业务单元中数据元素模型对应的实体存在着唯一约束，如果数据项存在与该实体的唯一约束中，针对该数据项的操作如 R（Read）就不单单是这一个数据项了，而是其所在唯一约束的所有数据项，这时需要将所涉及的其他数据项填写在操作唯一约束中；

（14）数据项约束：为了能够正确地表达业务单元中数据元素模型对应实体以及实体之间的关系，引入数据项约束。业务单元中的任何一个数据元素模型对应的实体在该业务单元中均有特定的含义，它们之间也有着特定的关系，通过数据项描述将这些含义及关系表达出来；

（15）业务单元约束：业务单元涉及的数据项约束条件的组合。

下面以地化录井为例，设计业务单元分析模板：

（1）地化录井业务单元，由业务分析可知，它涉及的活动是地化录井，活动执行者为某录井公司，该活动作用对象是井段，结果对象是岩石。

（2）在相应的业务要素类别选择活动、活动执行者、作用对象、结果对象。

这四个业务要素在数据元素模型里对应的实体分别是：OOE_ACTIVITY、OOE_BUSINESS_ASSOCIATE、OOE_WELLBORE_INTERVAL、OOE_DRILL_CUTTINGS_SAMPLE。

(3)将业务分析时得到的数据项、数据项名称、单位和操作依次对应到业务要素上：与单位对应的数据项是单位；与井段对应的数据项是井号、顶界深度、底界深度；与岩石对应的数据项是岩石名称、颜色名称、含油级别、气态烃、液态烃、裂解烃、最高热解温度、有机碳等。

(4) 由于该业务单元里除岩石代码外每一个数据项都不是通过计算得到的，且它们所要表达的含义都必须由每一个数据项自身表达出来，而不能由其他数据项代替它表达其含义，所以该业务单元里这些数据项都是普通数据项，它们的数据项标识是普通数据项，岩石代码语义能够由岩石名称来表达，所以岩石代码数据项标识为辅助数据项。

(5) 确定业务单元约束。该业务单元对每个业务要素都没有特殊的要求，故业务单元约束一栏为空。

(6) 数据项映射路径的填写。首先要寻找每个数据项对应的源实体，再在源实体里寻找存放数据值的 OOT 类型的属性名，则可确定该数据项的最终存放点(如井号：OOE_WELL. identifier)。但基于源实体均要与核心对象建立关系的考虑，数据项映射路径的填写分为两种情况：

1) 如果源实体与核心实体有隐式或显式的关联关系，以井号为例：源实体 OOE_WELL 与作用对象 OOE_WELLBORE_INTERVAL 之间存在关联关系，即：OOE_WELLBORE_INTERVAL 中的属性 wellbore 指向 OOE_WELLBORE，OOE_WELLBORE 中的属性 well 指向 OOE_WELL，这种情况下，数据项映射路径不仅要把数据项与源实体之间的关系表达出来，也要将源实体与核心实体之间的关联关系表达出来。所以在井号这一数据项中应该填写：OOE_WELLBORE_INTERVAL. wellbore[OOE_WELLBORE]. WELL[OOE_WELL]. identifier。

2) 如果源实体和核心实体不存在这种关系，则在映射路径中填写源实体和数据项的关系表达式。以颜色名称为例，映射路径中填写 OOR_LITHOLOGIC_COLOR. identifier，但为了表达源实体 OOR_LITHOLOGIC_COLOR 和核心实体 OOE_DRILL_CUTTINGS_SAMPLE 之间的关联关系，此时还应填写约束条件使二者关联起来，约束条件为：OOP_LITHOLOGIC_COLOR. rock_material = OOE_DRILL_CUTTINGS_SAMPLE；OOP_LITHOLOGIC_COLOR. ref_lithologic_color = OOR_LITHOLOGIC_COLOR。

(7) 数据项约束的填写。数据项约束的填写分为两方面：一方面是数据项需要具体的约束值来限定，在此表现为直接给核心实体或源实体的某属性一个约束值，如数据项“单位”的约束条件是 OOE_BUSINESS_ASSOCIATE. identifier =‘单位’,另一方面数据项约束通过实体之间的关系来表达，这种情况下的表达式有三种情况：

1）如与数据项顶界深度、底界深度对应的源实体是：OOP_GEOMETRY_SIMPLE_1D_EDGE 核心实体是 OOE_WELLBORE_INTERVAL,它们的源实体与核心实体的关联关系就需要在数据项约束中表达出来。具体的关联关系是实体 OOP_GEOMETRY_SIMPLE_1D_EDGE 有一个属性是 edge，表示该属性含义的实体 edge 的一个属性 located_object 正是 OOE_WELLBORE_INTERVAL,所以这条约束条件的表达为：OOP_GEOMETRY_SIMPLE_1D_EDGE. edge. locatedobject = OOE_WELLBORE_INTERVAL。

2）与数据项颜色名称对应的源实体是 OOR_LITHOLOGIC_COLOR,核心实体是：OOE_DRILL_CUTTINGS_SAMPLE,这两个实体没有直接的关联关系，但它们分别与特性实体 OOP_LITHOLOGIC_COLOR 有直接的关联关系，所以将 OOP_LITHOLOGIC_COLOR 看作一个中间实体，将这两个实体关联到一起。这条约束条件的表达分为两部分：OOP_LITHOLOGIC_COLOR. rock_material = OOE_DRILL_CUTTINGS_SAMPLEOOP_LITHOLOGIC_COLOR. ref_lithologic_color = OOR_LITHOLOGIC_COLOR。

3）数据项气态烃、液态烃、裂解烃、最高热解温度、有机碳的数据项约束的情况相同，在此以气态烃为例。气态烃对应的源实体是 OOP_PYROLYSIS_S0，核心实体是 OOE_DRILL_CUTTINGS_SAMPLE。能表达 OOP_PYROLYSIS_S0 的属性 rock_material 的含义的实体是：SPE_ROCK_MATERIAL,它是一个抽象类,而 OOE_DRILL_CUTTINGS_SAMPLE 是它的一个子类,所以这条约束条件的表述为：OOP_PYROLYSIS_S0. rock_material = OOE_DRILL_CUTTINGS_SAMPLE。

2.3.3.2 业务单元类图绘制

类图的主要作用如下：

(1) 可以作为检查映射结果的工具，如果通过映射得到的数据元素及其关联关系在类图中无法表示出来，那么说明映射的结果存在问题；

(2) 便于理解，从类图中可以清晰、直观地看出一个业务单元里包含的所有数据元素及它们之间的关系；

(3) 为未来应用开发提供参考。

依据业务分析模板里定义的业务要素类别，类图包含了以下几部分内容：活动、活动的执行者、活动作用的对象、活动的结果对象、活动的参与对象及各对象相对应的特性。其中，活动的执行者及与活动相关的各种对象所属区域用黄色标识，对象特性所属区域用灰色标识，OOR（引用）实体和 OOT（标准值）实体用蓝色标识。

下面以地化录井业务单元为例，绘制业务单元类图：

（1）首先要画上活动实体 OOE_ACTIVITY，由于活动的确定要用到实体 OOE_ACTIVITY_CLASS，所以紧接着画上 OOE_ACTIVITY_CLASS，由于该实体属于标准值实体，所以将它标为蓝色。

（2）分别画出活动的执行者、与活动相关的各种对象的区域里的内容。这个业务单元里没有活动的参与对象，所以不用画出活动的参与对象。如果存在活动的参与对象，其画法与活动的结果对象相仿。活动的执行者、活动的参与对象、活动的结果对象都是通过实体 OOE_OBJECT_ACTIVITY_INVOLVEMENT 与活动关联到一起。

活动执行者在这个活动里扮演的角色由 OOR 实体 OOR_ACTIVITY_INVOLVEMENT_ROLE（蓝色）的实例值指定。由业务分析模板可以看出，活动的执行者涉及的实体还有 OOE_BUSINESS_ASSOCIATE、OOE_BUSINESS_ASSOCIATE_ALIAS。

活动作用的对象是 OOE_WELL 和 OOE_WELLBORE_INTERVAL，它们是通过中间实体 OOE_WELLBORE 关联的。与 OOE_WELLBORE_INTERVAL 相关的数据项是顶界深度和底界深度，它们对应的源实体是特性实体：OOP_GEOMETRY_SIMPLE_1D_EDGE，它亦表示作用对象 OOE_WELLBORE_INTERVAL 的特性。OOP_GEOMETRY_SIMPLE_1D_EDGE 与 OOE_WELLBORE_INTERVAL 是通过中间实体 OOE_EDGE 关联的。

活动产生的对象是 OOE_DRILL_CUTTINGS_SAMPLE。从业务分析模板里可以看出，要表达数据项岩石名称的值，还需要对象实体 OOE_MATERIAL_CLASS，它属于标准值实体，所以也要标为蓝色。与 OOE_DRILL_CUTTINGS_SAMPLE 的其他数据项相关的实体（即出现在数据项值存放点和数据项约束里的实体）除 OOE_DRILL_CUTTINGS_SAMPLE 和 OOR_LITHOLOGIC_COLOR 外均是特性实体，放到活动的作用对象的特性区域里。OOR 实体 OOR_LITHOLOGIC_COLOR（蓝色）可以表示出特性实体 OOP_LITHOLOGIC_COLOR 的具体数值，故也放入对象的特性区域里。

（3）对于已经纳入类图（图 2-11）的各种实体，它们之间的关联关系将通过 Power Designer 自带的工具 Complete Links 及其他的辅助工具自动生成。其中实线箭头表示实体间有直接的关联关系，虚线箭头表示实体间有间接的关联关系。如果存在孤立的实体，也就是该实体不能与其他任何实体相关联，则说明业务分析模板里的映射结果有问题，需进一步改进。

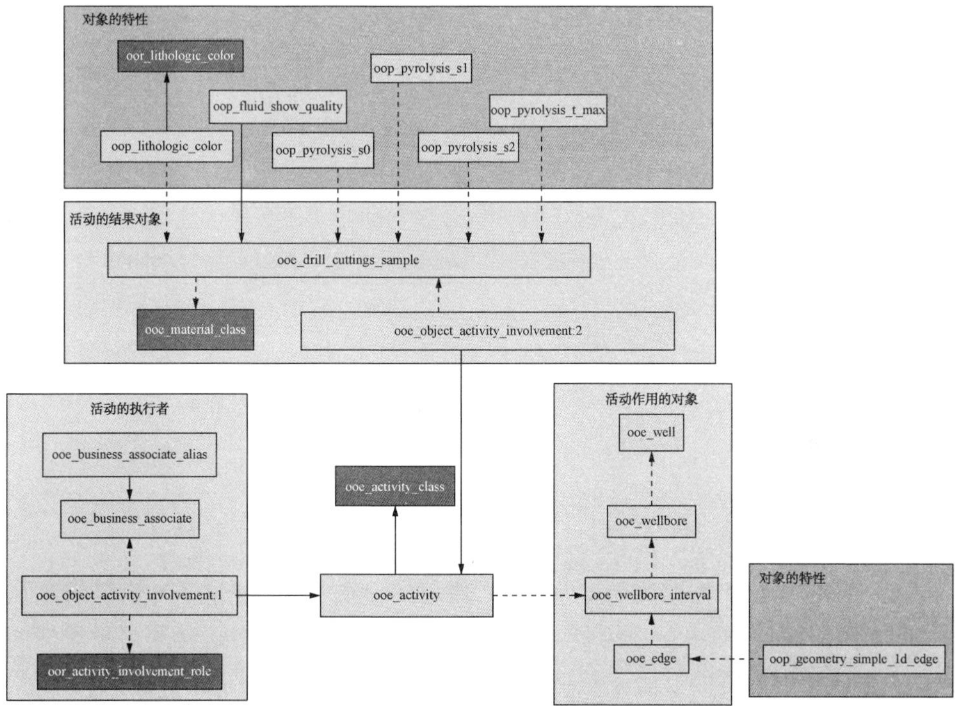

图 2-11　地化录井业务单元类图

2.4　物理模型设计方法

在当前油田企业勘探开发数据库结构中，为了应用方便，通常将许多相关数据在一张表中直接给出，这种方式对数据唯一性、一致性等特性带来损害，不利于数据管理与共享。如表 2-27 所示，将一次裸眼井测井施工相关的数据都存放在一张数据表中，如果在同一次施工中，要对钻井液进行描述，必然会导致钻井液类型代码、钻井液密度、钻井液黏度等数据重复，如果对所测井段进行描述，必然会导致顶界深度、底界深度等数据重复。即使在同一张表中，如果对同一井段施工进行描述，必然会导致顶界深度、底界深度、套管内径、套管下深、测时井深等这些描述环境的静态数据在同一张表中多次重复。

表 2-27　裸眼井测井施工数据

施工ID	钻井液类型代码	钻井液密度	钻井液黏度	井底温度	顶界深度	底界深度	套管内径	套管下深	测时井深	测井监督

更通俗一点的例子，如表 2-28 所示。

表 2-28　人员基本情况表

姓名	年龄	所在单位	单位地址
张三	25	地球公司	中山路 4 号
李四	30	地球公司	中山路 4 号
王五	27	软件公司	中山路 8 号

张三和李四因为是同属一个单位，导致关于单位的名称和地址信息重复，更严重的是，如果把张三和李四都删除，会导致“地球公司”的信息全部被删除。

在关系数据库理论中，数据项的值由主键的值唯一确定，称之为数据项依赖于主键，如果关系表中主键是合理定义的，则称该表符合第二范式（2NF）。2NF 表最大的问题是存在数据重复。导致这一现象的根本原因是，在表中存在传递依赖（即间接依赖），即单位地址依赖单位、所在单位依赖姓名。利用关系数据库理论，解决上述问题的方法就是将上述结构规范化，使之满足第三范式（3NF），去掉传递依赖，将一张表拆分为几张表。如将人员基本情况表拆分为“人员”和“单位”两张表，如表 2-29、表 2-30 所示。

表 2-29　人员

姓名	年龄	所在单位
张三	25	地球公司
李四	30	地球公司
王五	27	软件公司

表 2-30　单位

单　　位	单位地址	单　　位	单位地址
地球公司	中山路 4 号	软件公司	中山路 8 号

将表逐渐拆分，并最终完全满足 3NF 时，就会发现，每张表描述的都是现实中的一类对象。对石油数据规范化后会发现，细拆后的数据表类似 POSC Epicentre 的风格。实际上 POSC Epicentre 就是一个满足 3NF 的面向对象的模型。

拆分后的数据表在数据存储管理上很方便，但在使用时却并不方便。通常可用视图的方法映射成便于使用的形式。由于从一个规范化的模型可以建立不同的视图，因此它能适应不同的业务，但数据都是相同的，从而使不同业务之间数据保持高度的一致性。另外，规范化的模型由于是对客观现实中的对象进行描述，其结构和内容相对比较稳定。

把数据标准化的目标放在规范化模型的设计上，这是海洋石油勘探开发一体化数据模型的出发点。如果一个数据表描述的是主键代表的对象，从前面的分析可知，规范化的一个重要特征就是将一个对象分解为相关的多个对象。把规范化后的对象名、对象的属性名等不必要再分的基本数据单位称为数据元。通常使用业务流程图等手段描述业务，描述业务的模型称为业务模型。在实际勘探开发生产过程中，可独立组织实施的不必再分的最小业务活动称为业务单元。在一个业务单元中，通常描述针对某一个对象所进行的活动时，该活动会使用一些对象(如材料、工具等)，也可能产生一些新对象(如样品)，还会产生一组特性。

从数据模型的角度，组成业务单元的基本单元是数据元，数据元之间的关系表达了业务单元逻辑，表达业务逻辑的模型称为逻辑模型，逻辑模型其实也表达了数据元之间的关系，如图 2-12 所示。业务单元是业务与逻辑之间实现转换的桥梁，而业务单元由数据元及其关系构成。数据元的个数可能非常多，数据元之间的关系可能非常复杂，导致很难用数据元来描述应用数据模型。但在现实中，一个或几个业务单元范围内，相关的数据元却非常有限，相对关系也很简洁。因此如果建立应用数据模型时，能确定相应的业务范围，即业务单元，就可能自动或半自动地建立业务视图。

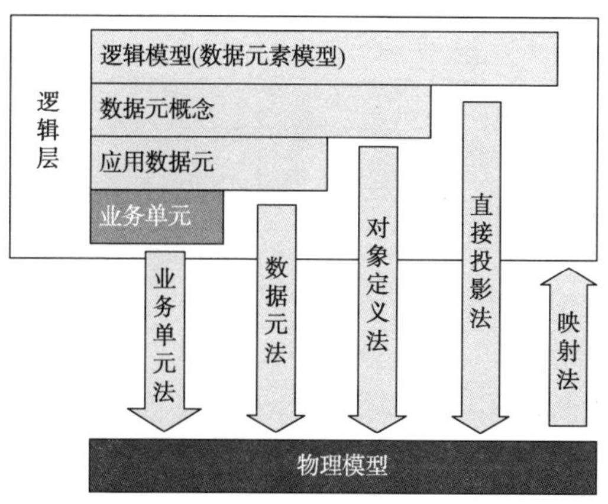

图 2-12 逻辑模型与物理模型关系示意图

2.4.1 物理模型编码规则

2.4.1.1 数据表分类及编码规则

(1) 采用英文编码;

(2) 各英文单词之间用下划线"_"分隔;

从含义上分三部分：数据库类型_业务分类_数据表，各部分的规则如下。

1) 数据库类型按照应用场景分类，采集模型面向数据采集入库，一体化对象模型面向数据应用服务;

2) 业务分类由业务分析成果中的业务域缩写(一位)加一级业务缩写(两位)组成，当一级业务名称只为一个单词时，取单词主要的辅音字母，当一级业务名称由2个英文单词组成时，取2个单词的首字母，当一级业务名称由多个单词组成时，取关键单词的首字母，如钻井缩写为WDR，测井缩写为WLG等，在编码出现重复或有习惯缩写编码时可商定处理，对于在不同一级业务中都使用到的通用数据表，采用COM，具体的缩写编码如表2-31所示。

表2-31 业务表编码示例

序号	专业域	一级业务	编码	备注
1	物化探	物化探计划	GEP	Exploration Plan
2		地震勘探	GSE	Seismic Exploration
3		重力勘探	GGE	Gravimetric Exploration
4		磁法勘探	GME	Magnetic Exploration
5		电法勘探	GEE	Electric Exploration
6		地球化学勘探	GCE	geoChemistry Exploration
7	井筒工程	钻井设计	WDD	Drilling Design
8		井位坐标管理	WCM	Coordinate Management
9		钻井	WDR	DRilling
10		完井	WCP	ComPletion
11		录井	WML	Mud Logging
12		测井	WLG	LoGging
13		油气井测试	WOT	Oil Testing
14		生产测试	WPT	Production Test
15		井下作业	WDH	Downhole Operation

续表

序号	专业域	一级业务	编码	备注
16	分析化验	常规岩心分析	ACC	Conventional Core analysis
17		特殊岩心分析	ASC	Special Coreanalysis
18		岩石地化分析	ARC	Rock geoChemistry analysis
19		油气地化分析	AOC	Oil geoChemistry analysis
20		岩矿分析	ARM	Rock Mineral analysis
21		岩石力学分析	ARE	RockmEchanics analysis
22		古生物分析	ARP	Rock Paleontology analysis
23		油气水分析化验	AOG	Oil Gas water analysis
24		流体 PVT 分析	AFP	Fluid Pvtanalysis
25		钻完井、修井液分析	AOF	operating Fluid analysis
26		提高采收率实验	AER	Enhanced Recovery test
27	综合研究	规划与计划	RPL	PLaning
28		矿区管理	RLM	Lease Management
29		区域研究	RAS	Areal Study
30		目标研究	RTS	explorationTarget Study
31		油气藏评价	RRE	Reservoir Evaluation
32		储量研究及管理	RRM	Reserves research and Management
33		开发前期研究	RPR	development Preliminary Research
34		油气田开发建设	RDB	field Development and Building
35		在生产油气田油气藏研究	RRR	field Reservoir Research
36		在生产油气田采油工艺研究	RPE	field Petroleum Engineering research
37		废弃方案研究	RAP	Abandonment Program research
38		综合科研专项研究	RSR	Special scientific Research
39	油气田生产	油气田生产计划	PPL	Production pLaning
40		油气田生产动态	PPD	Production Dynamic
41		油气田生产报告编制	PPR	Production Reporting

3）数据表命名规则原则上为业务含义的英文翻译。

(3)要总体长度控制

考虑到数据库本身对数据表长度的限制(30 个字符)，数据库的所有数据表按照以上规则翻译完成之后，统一制定第三部分英文单词的缩写规则，以保证整体缩写的一致性。

（4）同义词代号

按照以上规则确定后的英文数据表名可能会比较长，对于业务人员或数据库管理人员的交流有一定影响，考虑可以对数据表建立对应的代号(通过同义词实现)来简化该过程，为使用人员提供另一种简便的途径，具体的数据表代号规则：业务分类(3 位)+三位数字，其中：

1）业务分类与数据表名称的中间部分相同，即“数据库类型_业务分类_数据表”中的第二部分，具体取值见表 2-32。

2）三位数字总体上按照业务分析成果出现的先后顺序进行顺序编号，如果是多个业务分析成果中的数据资料名称合并或拆分而成的数据表，以其在业务分析成果中最早出现的为准。具体的编码前缀如表 2-32 所示。

表 2-32　业务域编码前缀示例

序号	专业域	一级业务	编码前缀
1	物化探	物化探计划	GEP
2		地震勘探	GSE
3		重力勘探	GGE
4		磁法勘探	GME
5		电法勘探	GEE
6		地球化学勘探	GCE
7	井筒工程	钻井设计	WDD
8		井位坐标管理	WCM
9		钻井	WDR
10		完井	WCP
11		录井	WML
12		测井	WLG
13		油气井测试	WOT
14		生产测试	WPT
15		井下作业	WDH

续表

序号	专业域	一级业务	编码前缀
16	分析化验	常规岩心分析	ACC
17		特殊岩心分析	ASC
18		岩石地化分析	ARC
19		油气地化分析	AOC
20		岩矿分析	ARM
21		岩石力学分析	ARE
22		古生物分析	ARP
23		油气水分析化验	AOG
24		流体 PVT 分析	AFP
25		钻完井、修井液分析	AOF
26		提高采收率实验	AER
27	综合研究	规划与计划	RPL
28		矿区管理	RLM
29		区域研究	RAS
30		目标研究	RTS
31		油气藏评价	RRE
32		储量研究及管理	RRM
33		开发前期研究	RPR
34		油气田开发建设	RDB
35		在生产油气田油气藏研究	RRR
36		在生产油气田采油工艺研究	RPE
37		废弃方案研究	RAP
38		综合科研专项研究	RSR
39	油气田生产	油气田生产计划	PPL
40		油气田生产动态	PPD
41		油气田生产报告编制	PPR

2.4.1.2 数据表数据项编码规则

数据项编码规则中的英文代码编码规则：数据项名称翻译成英文后能够表达其明确含义的关键单词或关键单词经缩写处理后的组合，单词及缩写词间用下划线“_”隔开，单词或缩写词首字母大写，形成由字母(或下划线)组成的英文代码；对象标识字段一律用“XXX_ID”表示，同一数据集中不能出现相同的英文代码，代码的总长度不能超过 30 个字符。

2.4.2 采集模型投影

采集模型是一个关系型数据库，其投影需要建立抽取的业务单元到物理数据表的转换过程，将建立一套统一的勘探开发数据采集库的建库脚本。

2.4.2.1 业务单元数据项抽取

在业务单元抽取过程中实现了相同业务单元数据集与业务单元对应关系的描述，业务单元数据项抽取就是把这些数据集的数据项进行合并，相同的合并成一个，不同的增加进来(不同的主要是应用场景数据，产生结果应该都相同)，形成业务单元数据项集。数据项描述包含数据项序号、数据项名称、拼音代码、数据项英文代码、数据类型、数据精度、小数位、主键、唯一键、非空键、附录代码和数据项描述等。

数据项抽取后，在业务单元的数据项集中增加表的主键(实例编号，拼音编码：SLBH，英文编码：Instance_S，数据类型：CHAR，数据精度：20，主键：Y)，同时增加“数据集分类”数据项(数据集分类，拼音编码：SJJFL，英文编码：Dataset_Class，数据类型：CHAR，数据精度：20，唯一键：Y，非空：Y)，与原数据集唯一键共同组成表的唯一键。表 2-33 是业务单元抽取示例。

表 2-33 业务单元抽取示例

数据集名称	业务单元名称	业务单元代码
工程地质调查报告	文档管理表	DOCUMENT
作业风险分析报告	文档管理表	DOCUMENT
钻井地质设计报告	文档管理表	DOCUMENT
靶点设计数据表	靶点数据表	DRILLING_TARGET_DATA
靶点实际数据表	靶点数据表	DRILLING_TARGET_DATA

表 2-34 是业务单元数据项描述示例。

表 2-34 业务单元数据项描述示例

序号	数据项名称	拼音代码	英文代码	数据类型	精度	小数位	量纲	附录代码	主键	唯一键	非空	数据项描述	数据操作	数据来源
1	实例编号	SLBH	Instance_S	CHAR	20				Y				C	
2	数据集分类	SJJFL	Dataset_Class	CHAR	20					Y	Y		R	
3	井号	JH	Well_ID	CHAR	50					Y	Y		R	

续表

序号	数据项名称	拼音代码	英文代码	数据类型	精度	小数位	量纲	附录代码	主键	唯一键	非空	数据项描述	数据操作	数据来源
4	井筒名称	JTMC	Wellborc_Name	CHAR	50					Y	Y		R	
5	起始深度	QSSD	Depth_Start	NUMBER	8	2	m						C	
6	造斜深度	ZXSD	Kick_Off_Depth	NUMBER	8	2	m						C	

2.4.2.2 数据项引用关系抽取

抽取数据集定义中的 C/R 关系，形成数据项之间的引用关系。

2.4.2.3 投影规则

（1）业务单元名称作为数据表中文名，数据表名遵循数据表分类及编码规则；

（2）数据表数据项编码遵循数据表数据项编码规范；

（3）对象表直接用数据集代码作为表名；

（4）规范值表用附录表代码作为表名，字段名为：Instance_S、code、value、parent、comment，分别代表实例编号、附录代码、附录值、父附录代码、描述（描述示例如表 2-35 所示）。

表 2-35　规范值描述示例

序号	命名空间	附录表代码	附录表名称	附录值	附录值代码	父附录值代码	备注
1		W01003	取心方法	常规取心	001		
2		W01003	取心方法	短筒取心	002	001	
3		W01003	取心方法	中、长筒取心	003	001	
4		W01003	取心方法	橡皮筒取心	004	001	
5		W01003	取心方法	特殊取心	005		
6		W01003	取心方法	油基钻井液取心	006	005	
7		W01003	取心方法	密闭取心	007	005	
8		W01003	取心方法	保压密闭取心	008	005	
9		W01003	取心方法	定向取心	009	005	
10		W01003	取心方法	海绵取心	010	005	

（5）数据项描述中的 C/R 关系投影成外键关系；

（6）数据项描述中有附录代码描述的投影成外键关系；

（7）唯一键和非空描述投影成数据表的唯一键和非空约束；

（8）建立统一的 Instance_S 主键，外键关系通过该字段进行关联；

(9) 把 CHAR、NUMBER、DATE、TIME、CLOB、BLOB 转换成要投影的物理数据库环境(如 Oracle)的相应数据类型;

(10) 数据精度和小数位继承数据集数据项定义;

(11) 投影出某专业单独的采集库时，对于需要 R(Read)到其他专业的数据项有两种处理方式：第一种是单独建立公共对象表及其属性，建立该数据项与公共对象表的外键关系，公共对象表的属性数据由本专业人员收集录入或者由数据共享系统推送过来；第二种是直接把 R 改成 C，在该数据项处由本专业人员收集相关资料进行录入，在进入一体化数据中心时进行数据一致性校验。

2.4.3 一体化对象模型投影

一体化对象库是一个面向对象的数据库，依据逻辑模型 OODM 所表达的勘探开发业务数据信息，通过特殊的投影规则将业务模型中的业务单元进行转换后生成实际的物理库。

2.4.3.1 投影实现原理与步骤

OODM 是一个逻辑数据模型，它不能直接实现为物理数据库。OODM 是采用面向对象的建模语言描述的模型，它不等同于数据描述语言(DDL)，它更像结构化的查询语言(SQL)。要建立一体化对象数据存储，就要采用与目标数据存储一致的规则，将 OODM 转换成一组 DDL 说明。

建立一个 OODM 逻辑模型的物理实现分为三步。

第一步：目标实现需要明确一个数据范围，有必要基于该数据范围对逻辑模型进行裁剪(subsetting)。

第二步：将裁剪后得到的子逻辑模型投影到一个物理模型上。在关系实现中，包括创建一个 DDL 文件，它定义逻辑子集的有效表和列的建表说明。

第三步：参照数据完整性实施机制应用到对象数据存储上。可以通过在物理数据库环境中应用完整性约束和触发器完成，也可以把这种约束在数据中心的服务平台中实现。

OODM 的任何投影都需要管理一个从 OODM 的逻辑实体到它们在数据库中的物理投影之间的相互关系。基于数据交换的目的，为了实现 OODM 数据处理和交换应用程序设计接口，保证在对象数据存储中具有明确的数据解释，有必要管理这种关系。逻辑模型与物理模型的这种关系称之为投影规则和投影关系。这种关系在数据中心数据服务引擎的开发中至关重要。

管理这种投影关系的模型称之为投影元模型，是数据模型管理元模型中的一种，其他还有管理业务模型的元模型、管理逻辑模型的元模型、管理物理模型的元模型、管理业务单元模型的元模型。

2.4.3.2 构造法则

产生一个逻辑模型的关系实现涉及很多法则。这部分定义这个过程的通用法则，称为逻辑模型的“投影”。

基本法则包括三个部分：逻辑模型需求的表示、服务接口层兼容性要求、文档。

在逻辑模型需求的表示上，物理模型必须能够真实表示总体的逻辑模型概念，不能减少或扩展逻辑模型的语义。

在服务接口层兼容性要求方面，任何投影操作建立的物理模型，都必须能够实现服务接口层的兼容性，使服务接口层完全和底层的物理数据库相隔离。这意味着为一个子逻辑模型所实现的应用和通过服务接口层的数据处理，对任何完全相同的逻辑子集的物理实现是100%可移植的。为了支持与投影相关的服务接口层兼容性的实现，所有逻辑模型规则和到物理模型的投影关系的映射必须作为元数据以某种方式被记录下来，该方式要符合被实现的服务接口层的要求。另外，被投影的逻辑模型子集的标准值数据必须保存在对象数据存储中。

在文档方面，物理模型将以某种方式文档化，该方式将合理地保存逻辑文档。

逻辑模型的投影结果应具有应用隔离/可移植性、应用互用性、数据迁移的特点。应用隔离/可移植性主要是指通过服务接口层连接OODM子集的应用将与底层的物理实现完全隔离。例如，运行在Oracle投影上实现的逻辑子集上的应用，不用修改，直接在相同的Sybase投影上实现的逻辑子集上用相同的方式就可以运行(或者在一个不同的Oracle投影上)。OODM没有为每个数据存储需求建立多个数据存取方法的类型，直接SQL调用的OODM子集应用，仅仅能够工作在相同的DBMS(数据库管理系统)和DDL的实现中。一个为特定Oracle实现所编写的基于SQL直接调用的应用仅仅能够工作在那种实现上，而不是不同的Oracle实现或Sybase实现。

应用互用性是指无论写到服务接口层还是直接写到SQL语句中的应用将完全能够通过相同的子集数据存储来异步交互，只要它们都遵循逻辑模型子集的规则。

数据迁移则是指通过服务接口层的应用，数据迁移和底层的物理实现就可以实现完全的独立，就像服务接口层的应用和底层的物理实现完全独立一样。在相同的投影规则建立的数据存储中，当接收的数据存储没有冲突数据时，依靠数据库的转储文件直接移动数据是可能的。因为多关键字的原因，如果有数据冗余，是不可能做这样的迁移的。在不同的投影规则建立的数据存储中，用简单的 DBMS 输入和输出工具直接移动数据是不可能的。

2.4.3.3 投影操作

投影操作是将全逻辑模型或逻辑模型的子集转化成数据库物理实现(如果是关系实现，则创建 DDL 语句)。

在一般情况下，获得一个用实体、属性和关系描述的逻辑模型并将其转化为 DDL，是一个相对标准的操作，可以通过许多 CASE(计算机辅助软件工程)工具来实现。按照标准 CASE 工具的方法，实体转化为表，属性转化为列，一对一和一对多关系转化为外键列，多对多关系转化为交集表。通常，用这种方法生成 DDL 后，要经过 DBA(数据库管理员)的编辑以实现物理模式(schema)，来满足应用的需求。

基于以下原因，这种手工生成 DDL 的方式不适用于 OODM。

(1) OODM 的庞大数据规模使之无法用手工编辑的方法实现 DDL；

(2) 从逻辑模型到 DDL 的映射需要被作为元数据，仔细、无差错地记录下来，并用于创建数据服务层来操作物理模型；

(3) OODM 有些结构与标准 E-R 建模方法论并不一致，如多继承和复合数据类型。

因此，有必要创建投影算法，用于自动、可重复地转化 OODM 逻辑模型，来保证：

(1) 生成的 DDL 语句能够正确描述逻辑模型的语义；

(2) 物理模型到逻辑模型的映射作为有效元数据保存。

通过开发特定的投影工具来实现对 OODM 的投影操作。投影的结果是 DDL 语句的集合，投影元数据(符合投影元模型结构定义)定义了从逻辑模型到物理模型的映射。

投影的基本操作包括以下几个部分：

(1) 标准操作

传统的投影方法是将实体转化为表、将属性转化为列、将一对多关系转化为外键列、将多对多关系转化为交集表，它将在合适的场合下使用。

(2) 父类和子类

在 OODM 模型中的逻辑类型的层次在投影过程中将被处理。最终，不是每一个实体都被转化为关系表。

在层次结构的顶部，一些父类没有转化为表，而是消失了。不过，它们的行为(属性和关系)通过继承转移到了子类中，这个操作被称为复制(Replicate)。

在层次结构的底部，一些实体没有转化为表。在这种情况下，它们的行为被合并到它们的父类中，这种操作称为合并(Consolidate)。被合并的必选属性(非空)将在投影模型中被改为可选的。注意：即使结果列是可选的，但在创建或修改它的实例，逻辑上需要它们是非空的情况下，必须将结果列看作是非空的，在数据服务层实现这种非空约束。如果合并实体的多个属性拥有相同的数据类型和相同的投影名，可假设它们具有相同的语义，并将它们合并。通过一个单列或者单列的组合来描述所有子类中的重复属性。当合并时，会创建一个非空列(ENTITY_TYPE_NM)，它的值被指定为合并子类的名字。

继承关系的投影要依据被投影数据和模型细节来决定。继承关系的投影，如图 2-13 所示，是投影过程的可调整参数。

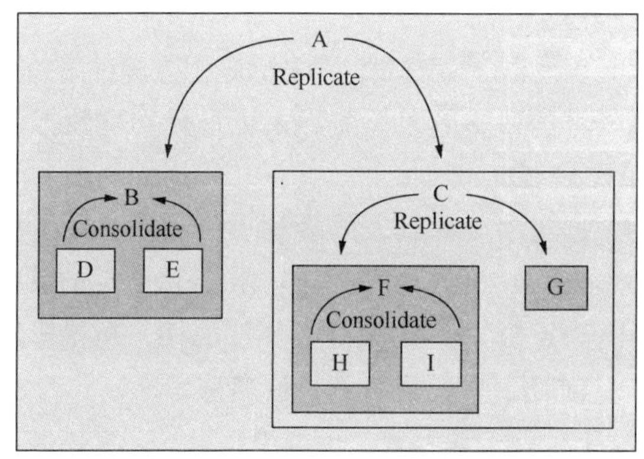

图 2-13 继承关系投影示意图

(3) 主键和次主键

代理键被用做主键来唯一地识别一条记录。在复杂模型中代理键的使用非常重要，因为自然键会很复杂。然而，代理键不要求被写入外部文件或用于存储数据间的数据交换。以下是使用自然键和代理键的规则：

代理键是每个表的主键(除了生成的交集表)。每个表的主键列的名称是Instance_S。

当模型有实际意义的标识符存在时，每个表会定义次标识符。次标识符源于业务唯一性规则。次标识符是由业务需要设立的。

(4) 代理键的结构

每个表的代理键必须是唯一的，在数据存储中也是唯一的。它由数字和字母组成，最大长度是19个字符。在每个数据存储中使用代理键生成器，代理键由唯一的表引用和序号组合而成。

（5）外键

关系通过使用外键来实现。在以下情况下外键用代理键来定义：

1）实现复制规则实体的关系需要一个复合外键，它包括一个实例列、一个实体名列和一个表名列组成，用来说明代理键所描述的记录、实体类型和物理表；

2）实现直接投影成表的实体的关系时，如果次标识符是强制的而且由字符串类型的单一列组成时，可使用次标识符来代替代理键，决定是否使用次标识符（自然键）是一个投影参数；

3）传统的外键定义通过引用数据库的外键定义来实现。

（6）命名约定

1）命名不分大小写；

2）表名的最大长度受限于目标物理数据库环境的表名的最大长度；

3）用代理键做外键的列的最大长度不大于目标物理数据库环境的最大列长度减2。这是为了能加后缀“_S”。

4）部分属性的数据类型投影到表的多列中，必须有一个投影名，它的列数是目标物理数据库环境的最大列长度减去与投影方法相关的后缀的最大长度。

5）名称有“OOP_”或“OOR_”前缀的实体或属性，在投影转化时，自动改变为相应的“P_”和“R_”前缀，作为默认的投影名称。

投影名称的缩写采用统一的方式，可选投影名称是实体和属性的一个投影参数。如果一个名称大于上述的限制长度，那么一个短名称会被自动产生，它由截短后的名称加上“_0001”,“_0002”类似序号组成。

（7）集合

一对多关系的通常处理方法是在具有多关系的表中加外键列。如果逆向属性没有定义，那么集合SET[0:?]就被假设为逆向的。

多对多关系转化为交集表，它设定强制外键列与相关表关联。生成的交集表的默认名称是逻辑模型中的正向关系的投影名称加后缀“_X”。

顺序集合如LIST和ARRAY，会产生一列来表达顺序。列名称加后缀“_L”。

2.4.3.4 数据类型的实现

数据表中数据列的定义按照ISO SQL 92数据类型标准描述。SQL数据类型与OODM模型中定义的数据类型不是直接等价的，但可以对它们进行映射。将其分为四个部分，每个部分的复杂度逐渐增加。

（1）外键

外键的实现有三种情况，如表 2-36 所示。后缀被应用于属性的投影名称。外键，作为与这些数据类型相关联的投影方法的一部分被生成。

表 2-36 外键的实现

情况	任务	SQL 92 类型	后缀
与实体的关系，该实体满足：可以投影成一张表；不使用外键的自然键对其进行标识	记录的代理键	CHAR VARYING(19)	_S
与实体的关系，该实体满足：可以投影成一张表；对于类型 string(n)的次标识符，该实体有一个单一的必填属性；用外键的自然键对其进行标识	记录的次标识符	CHAR VARYING(n)	
与一个被复制的实体的关系	记录的代理键	CHAR VARYING(19)	_S
	包含记录的实体的名称，MaxEntLen 是实体名称的最大长度	CHAR VARYING (MaxEntLen)	_E
	包含记录的表的名称，MaxTabLen 是一个投影的表名称的最大长度	CHAR VARYING (MaxTabLen)	_T

（2）简单数据类型

简单数据类型如表 2-37 所示，与 ANSI SQL 92 中列的数据类型非常接近，列名不加后缀。表中包括 Oracle 数据类型，在创建 oracle DDL 时被使用，与 ANSI SQL 92 数据类型相对照。

表 2-37 简单类型的投影

数据类型	类型参数	SQL 92 类型	Oracle 类型
STRING(n)	固定的	CHAR(n)	CHAR(n)
	可变的	CHAR VARYING(n)	VARCHAR2(n)
INTEGER		INTEGER	INTEGER
REAL(n)		FLOAT(n)	NUMBER
LOGICAL		CHAR(1)=T or F or U	CHAR(1)
BOOLEAN		CHAR(1)=T or F	CHAR(1)
BINARY(n)	固定的	BIT(n)	LONG RAW
	可变的	BIT VARYING(n)	LONG RAW

续表

数据类型	类型参数	SQL 92 类型	Oracle 类型
DATE		DATE	DATE
TIME(n)		TIME(n)	DATE
YEARMONTHINTERVAL		INTERVALYEAR(5)TO MONTH	INTEGER
DAYTIMEINTERVAL		INTERVALDAY(5)TO SECOND	INTEGER
ENUMERATION(n)		CHAR VARYING(n)	VARCHAR2(n)

(3) 复合数据类型

复合数据类型由两到三个数据列来表示，各列用列名后缀来区分。复合数据类型中的每一列都不可或缺(例如，列组中的一列被赋值，那么所有列都要被赋值)。如何选择复合数据类型由逻辑属性定义。复合数据类型和它们对应表列的数据类型以及其后缀可查看表 2-38。

表 2-38　复合类型的投影

数据类型	列的角色	SQL 92 类型	后缀
COMPLEX(n)	实部	FLOAT(n)	_R
	虚部	FLOAT(n)	_I
RATIONAL	整数部分	INTEGER	_N
	小数部分	INTEGER	_D
RATIO(n)	分子部分	FLOAT(n)	_N
	分母部分	FLOAT(n)	_D
QUANTITY(a, n)	数值部分	FLOAT(n)	
	表示 Ref_unit_of_measure 的表的外键	投影依赖	_U
ANGLE(a, n)	数值部分	FLOAT(n)	
	角度的分	INTEGER	_MA
	角度的秒	FLOAT(n-5)	_SA
	表示 Ref_unit_of_measure 的表的外键(数值部分的单位)	投影依赖	_U
MONEY	数值部分	FLOAT(n)	
	表示 Ref_unit_of_measure 的表的外键(货币单位)	投影依赖	_U
ANYQUANTITY(n)	数值部分	FLOAT(n)	
	表示 Ref_unit_of_measure 的表的外键(量纲)	投影依赖	_U
	表示 Ref_quantity_type 的表的外键(数量类型)	投影依赖	_Q

注意：组列中的列如果是外键列，那么外键后缀添加在类型后缀的后面。比如，如果度量单元实体复制到它的子类中，那么 QUANTITY 数据类型会生成三个表列，一个没有后缀，一个有后缀“_U_S”，一个有后缀“_U_T”。因此，如果所需实体投影为表，那么生成的列比较少。

（4）复杂数据类型

复杂数据类型表示由组中可选的多个部分组合实现的数据类型。如表 2-39 所示。

表 2-39 复杂类型的映射

<table>
<tr><th>数据类型</th><th>列的角色</th><th>SQL 92 类型</th><th>后缀</th><th>组中的可选性</th></tr>
<tr><td>POINT</td><td rowspan="6">该列保存实例使用的表示类型。
该列总是可选的，因为所有需要的信息都被保留在辅助库中。相关的聚合值以二进制结构保存，二进制结构定义为独立的补充结构或框架表。存储该数据非常的复杂，必须使用软件方法进行存取。补充的或框架表的使用在数据存取和交换的文档中进行描述</td><td rowspan="6">CHAR VARYING (16)</td><td rowspan="6">_SL</td><td rowspan="6">NOT NULL</td></tr>
<tr><td>LINE</td></tr>
<tr><td>SURFACE</td></tr>
<tr><td>VOLUME</td></tr>
<tr><td>ELEMENT</td></tr>
<tr><td>SAMPLE</td></tr>
<tr><td rowspan="9">TIMESTAMP(n)</td><td>完全精确的值。其他的部分允许其中的一个特征指定真实了解的部分</td><td>TIMESTAMP(n)</td><td></td><td></td></tr>
<tr><td>时间戳的内容的代码，必须是“G”，“C”，“D”，“M”，“W”或“Q”中的一个</td><td>CHAR VARYING (n)</td><td>_CD</td><td></td></tr>
<tr><td>年。依赖与内容代码的值。可能是地质年代，仅仅是世纪或年(包括世纪)</td><td>FLOAT(6)</td><td>_YR</td><td></td></tr>
<tr><td>年的组成部分。依赖于内容代码的值，可能是季度，月或周</td><td>INTEGER</td><td>_YP</td><td></td></tr>
<tr><td>天。依赖于内容代码的值，可能是一年的某天，一月的某天或一周的某天</td><td>INTEGER</td><td>_DY</td><td></td></tr>
<tr><td>一天中的小时</td><td>INTEGER</td><td>_HR</td><td></td></tr>
<tr><td>某小时的分钟</td><td>INTEGER</td><td>_MT</td><td></td></tr>
<tr><td>某小时的秒钟</td><td>FLOAT(n)</td><td>_ST</td><td></td></tr>
<tr><td>从 UCT 得到的以小时为单位的时区差</td><td>FLOAT(n)</td><td>_OF</td><td></td></tr>
</table>

续表

数据类型	列的角色		SQL 92 类型	后缀	组中的可选性
LOCATION(n)	坐标系统，是表示实体 Coordinate_system 的表的外键		投影依赖	_CS	NOT NULL
	坐标系统的坐标原点，是表示实体 Vertex 的表的外键		投影依赖	_O	
	Axis“i”(i=1 through 5)	坐标值	FLOAT(n)	_i	NOT NULL (i=1 only)
		坐标的分度值	INTEGER	_i_MA	
		坐标的秒度值	FLOAT(n)	_i_SA	
		坐标单位，是表示 Ref_unit_of_measur 的表的外键。如果知道角度的单位，那么分和秒的单位也被指定	投影依赖	_i_U	NOT NULL (i=1 only)

(5) 例外

除上述基本数据类型外，有少数的例外，这些例外重载了基本类型的方法，如表 2-40 所示。

表 2-40 例外类型的投影

例外	实现
ndt_location_1d	与 LOCATION 的实现基本一致，除了只指定了一个轴(例如，i=1)
ndt_location_2d	与 LOCATION 的实现基本一致，除了指定了两个轴(例如，i=1 或 2)，并且所有的“_i”和“_i_U”的数据列是必需的
ndt_location_3d	与 LOCATION 的实现基本一致，除了指定了三个轴(例如，i=1，2 和 3)，并且所有的“_i”和“_i_U”的数据列是必需的
LIST OF REAL(n)	通过生成一张表来实现，该表以属性的投影名称加后缀‘_A’(聚合)命名。例如，属性 XXX 将生成表 XXX_A。表中包括： 一个强制外键，支持包含实型值列表的记录。列的基本名称将是父类实体的投影名称。 一个命名类型 FLOAT(n)的值的强制列。 一个命名类型 INTEGER 的 VALUE_ L 的强制列，表示值的索引
LIST OF STRING(n)	与 LIST OF REAL 的实现基本一致，除了值的类型是 CHAR VARYING(n)而不是 FLOAT(n)。注意：类型 LIST OF REAL 或 LIST OF STRING 的多重属性有相同的名称时，需提供一个可选的投影名称以避免命名冲突

2.4.3.5 数据完整性验证

用于创建完整 OODM 数据模型的规则和在使用子集时对这些规则的约束，是在投射操作中需要认真考虑的，以维护在 OODM 数据存储中的数据完整性。

(1) RDBMS(关系数据库管理系统)完整性验证

最好在 RDBMS 层次尽可能多地对 OODM 规则进行验证。在此等级的验证规则保证对模型的 SQL 直接访问和 RDBMS 客户工具的使用，帮助维护大型、复杂的数据存储。这也有可能验证确定的简单模型规则和通过 RDBMS 来增加约束的投影。

简单的参考完整性约束如外键约束和唯一性约束可以在 RDBMS 等级被应用。考虑到性能，最好不要在 RDBMS 等级采用复杂的模型规则，比如强制性选择规则。投影操作(如合并)，也会产生复杂的完整性问题，这些问题很难通过 RDBMS 的加强来解决。

(2) 兼容层验证完整性

投影过程中涉及的所有数据完整性约束是通过数据服务层的实现来进行验证。一个数据服务层的可靠实现能够验证大部分逻辑模型规则(完整逻辑模型或逻辑模型的子集)。验证的程度会影响性能，并且有可能是不可接受的。完整性验证应该是适度的，有些可以通过业务规则在数据采集端实现。

(3) 与参照完整性验证相关的结论

1) 应用的独立性和可移植性

尽管基本的数据模型完整性规则，如唯一性约束和外键约束，可以通过 RDBMS来验证。但是全部的数据完整性问题不能通过应用当前的 RDBMS 工具来预防。

数据服务层自动保持与投影操作相关的完整性，但是存在很多既不能通过 RDBMS 验证也不能通过数据服务层来验证的逻辑模型规则。

现在，为了维持 OODM 数据存储的数据完整性，对于简单逻辑模型规则之外的规则，应用程序必须解决它们的数据完整性约束的自我加强。不论是通过数据服务层还是通过直接 SQL 访问，这都是必需的。而且，直接的 SQL 访问，增加了解决投影操作中产生的数据完整性问题的应用程序的额外负担。

随着数据服务层和 RDBMS 技术的改进，更多 OODM 规则会在数据库层和数据服务层解决，应用开发者解决数据完整性强制验证的任务会越来越少。

2) 应用的交互性

如果所有的应用程序和用户在发布直接 SQL 查询标准时，能通过遵循模型规则而且考虑受投影操作(如：增加、删除、修改)影响的规则，应用程序就能够有效地进行交互。然而，如果数据完整性不能适当地维持，应用间的交互也会受到负面影响。

3）数据的可移植性

如果所有的应用程序和用户在发布直接SQL查询标准时，能通过遵循模型规则而且考虑受投影操作(如：增加、删除、修改)影响的规则，数据可以实现从一个OODM子集到OODM数据存储的移植。如果数据完整性不能适当地维持，其他OODM数据存储之间的数据移植也会受到负面影响。

3　元模型驱动技术

海洋石油一体化数据中心采用元模型驱动的技术，基于勘探开发一体化业务标准，对业务模型、逻辑模型、物理模型三个层次涉及的所有元数据进行标准化的定义后，采用统一的元模型进行管理。

本章基于元数据和元模型的基本概念，对数据中心元模型驱动技术的原理，以及在应用过程中需要遵循的元模型建设标准进行了描述，最后对整个数据中心元模型的管理体系进行了介绍。

3.1　元模型驱动技术原理

海洋石油一体化数据模型作为覆盖石油勘探开发整个生命周期的数据模型，涉及的业务类型和数据类型都是非常庞大的，关系也错综复杂。同时，一体化数据模型涉及业务模型、逻辑模型和物理模型三个层次，相互之间既有区别也有关联。另外，随着石油勘探开发业务的不断发展，数据模型还将不断扩展。因此，如何稳定地对整个数据模型进行管理以及如何高效地对外提供数据服务是维持整个数据中心稳定的关键。

元数据(Meta Data)标准定义是“描述数据的数据”。这是一个过于抽象的定义。如果更详细一些，可以定义成：

- 描述数据结构的数据(数据字典)
- 描述数据之间映射关系的数据(映射字典)
- 描述数据流程的数据(数据流)
- 描述数据使用情况的数据(日志)
- 描述数据本体定义的数据(数据元)
- 描述数据模型投影关系的数据(投影规则)
- 描述数据与业务的关系的数据(业务单元)

元数据是一个集合，是由一系列具体的元数据构成的。数据元(Data Element)只是众多元数据中的一种。

存储和描述元数据的数据结构称为元模型(Meta Model)。按元模型建立的数据库表可以存储元数据，如图 3-1 所示。

在海洋石油勘探开发一体化数据模型中需要建立以下几类元模型：

- 描述数据元字典的元模型
- 描述逻辑模型的元模型
- 描述业务单元的元模型
- 描述业务的元模型
- 描述物理模型的元模型
- 描述映射关系的元模型

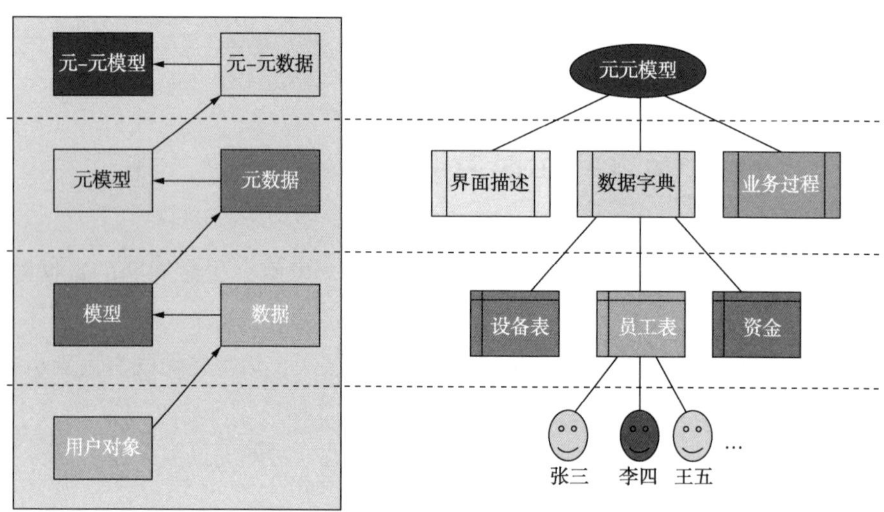

图 3-1　元模型四层元数据结构示意图

在海洋石油勘探开发一体化数据模型中，业务单元、数据元、逻辑模型、物理模型之间采用映射、投影等技术相互渗透，相互之间的关联度非常高，靠人工维护这种关系是非常困难的。

通过采用元数据技术，将业务单元、数据元、逻辑模型、物理模型、映射关系、投影规则等均采用元数据进行描述，在建模工具的控制下，可以很好地管理这些模型，同时使不同模型之间可以很好地集成(图 3-2)。

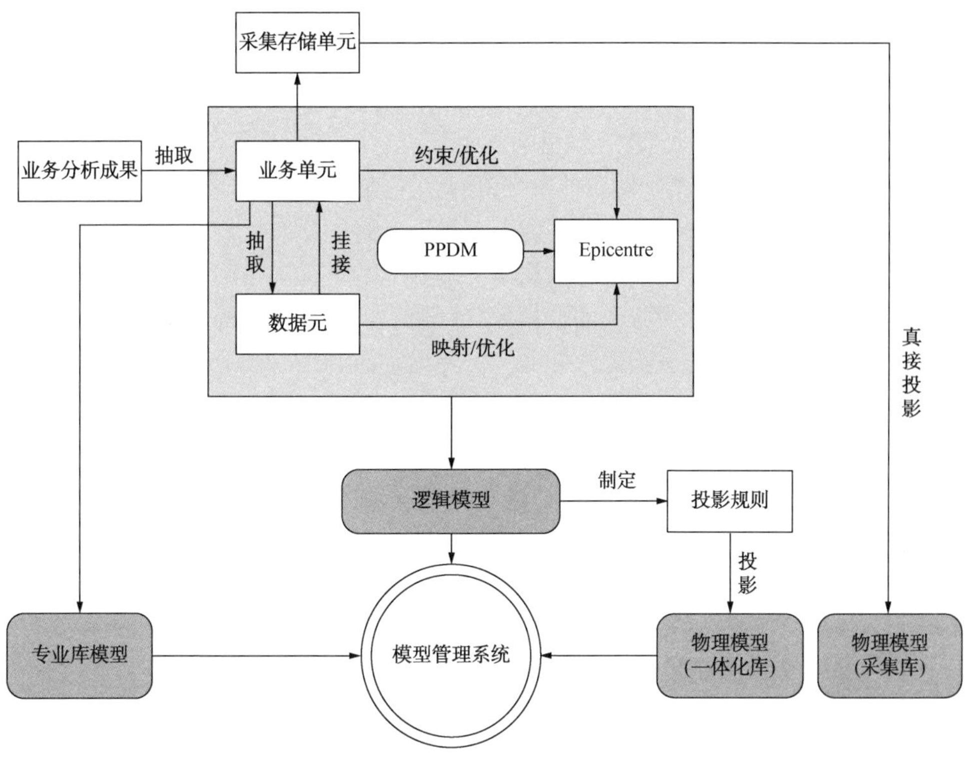

图 3-2　元模型管理示意图

3.2　元模型标准

海洋石油一体化数据中心的服务对象是众多的应用软件系统，为了对内实现数据模型的稳定性管理，以及对外提供统一的数据服务，需要建立数据中心统一的元数据和元模型标准来进行统一的管理，标准化是进行元模型驱动的基础。

3.2.1　数据字典标准

数据字典是用于描述数据模型的组成及逻辑关系，对数据模型的各个组成部分进行详细说明，以供用户或应用对数据模型进行解读。

数据字典标准主要包括以下几个方面的内容：

(1) E-R 图绘制标准

E-R 图用于说明数据模型的逻辑结构关系，是从总体上理解数据模型结构的重要信息，因此作为数据字典标准的第一个部分，需要按照如下标准进行数据模型 ER 关系图的绘制：

1）数据集（或数据表）只显示键值（Key）；

2）数据集（或数据表）背景颜色缺省为浅蓝色，如果有需要特殊或重点突出的，用浅黄色背景，并增加相应的图例说明，图例说明放在 E-R 图的右下角；

3）连接线线型选择圆角折线，线上不显示任何信息；

4）按照一定的业务逻辑进行数据集（或数据表）的分类排列；

5）在同一垂直或水平方向的数据集（或数据表）图标尽量等宽并对齐；

6）对于关键性的枚举类型合并的，需要增加单独的说明框（文本说明），以便于理解；

（2）数据集（或数据表）描述标准

数据字典包含大量的数据集（或数据表），对于数据中心管理范围内的所有数据集（或数据表）以列表清单的方式进行说明，对每张数据集（或数据表）需要给出其业务含义的说明，并说明确定该数据集（或数据表）一条记录（或活动）的勘探开发业务含义。

（3）数据项描述标准

对于每个数据集（或数据表）中的每个属性（或数据项）进行详细描述，主要从以下几个方面：

- 序号
- 列名
- 列代码
- 数据类型
- 主键
- 唯一键
- 外键
- 非空
- 精度
- 小数
- 默认计量单位
- 量值类型
- 默认值
- 值域
- 格式

- 计算公式
- 附录表
- 描述
- 填写示例

(4) 管理元数据描述标准

管理元数据是指对每个数据集(或数据表)中的每一条记录(或活动)进行管理方面的约束，根据具体的数据表类型不同，分为结构化类(表3-1)、文档类(表3-2)、图形类(表3-3)、体数据类(表3-4)4种类型。

管理元数据主要包括管理类和表示类两个方面的内容，管理类是对每条记录的状态和质量等方面的描述，表示类是对特殊类型数据(文档、图形、体数据)的特定内容进行描述。

表3-1 结构化类管理元数据

序号	元数据类型	元数据名称	元数据代码	存储类型	备注
1	管理信息	录入人	Input_User	NVARCHAR2(20)	
2		录入时间	Input_Time	DATE	
3		录入单位	Input_Org	RAW(16)	
4		审核人	Verifier	NVARCHAR2(20)	第一级业务审核人
5		审核时间	Verify_Date	DATE	第一级业务审核时间
6		审核单位	Verify_Org	RAW(16)	第一级业务审核单位
7		最近更新人	Update_User	NVARCHAR2(20)	
8		最近更新时间	Update_Date	DATE	
9		最近更新单位	Update_Org	RAW(16)	
10		数据采集方式	ACQTN_Mode	NVARCHAR2(50)	采集软件名称
11		是否提交	IS_Submit	CHAR(1)	是否为可以发布状态
12		发布单位	Publish_Org	RAW(16)	数据归口单位
13		质量标志	Quality_Tag	NVARCHAR2(5)	
14		密级	Secrecy_Level	CHAR(3)	
15	表示信息	作用对象	Target_Object	RAW(16)	该活动作用的实体对象
16		操作者	Operator	NVARCHAR2(20)	该活动的责任人
17		活动开始时间	ACT_Start_Date	DATE	该活动发生的时间
18		活动结束时间	ACT_End_Date	DATE	该活动发生的时间
19		活动地点	ACT_Loc	NVARCHAR2(50)	该活动发生的地点
20		活动原因	ACT_Reason	NVARCHAR2(100)	该活动发生的原因

表 3-2　文档类管理元数据

序号	元数据类型	元数据名称	元数据代码	存储类型	备注
1	管理信息	录入人	Input_User	NVARCHAR2(20)	
2		录入时间	Input_Time	DATE	
3		录入单位	Input_Org	RAW(16)	
4		审核人	Verifier	NVARCHAR2(20)	第一级业务审核人
5		审核时间	Verify_Date	DATE	第一级业务审核时间
6		审核单位	Verify_Org	RAW(16)	第一级业务审核单位
7		最近更新人	Update_User	NVARCHAR2(20)	
8		最近更新时间	Update_Date	DATE	
9		最近更新单位	Update_Org	RAW(16)	
10		数据采集方式	ACQTN_Mode	NVARCHAR2(50)	采集软件名称
11		是否提交	IS_Submit	CHAR(1)	是否为可以发布状态
12		发布单位	Publish_Org	RAW(16)	数据归口单位
13		质量标志	Quality_Tag	NVARCHAR2(5)	
14		密级	Secrecy_Level	CHAR(3)	
15	表示信息	关键词	DOC_Keyword	NVARCHAR2(500)	文档关键信息词汇
16		摘要	DOC_Abstract	NVARCHAR2(500)	文档摘要信息
17		格式	DOC_Format	NVARCHAR2(20)	文档文件的格式
18		大小	DOC_Size	NUMBER(11，3)	文档大小，量纲为 MB
19		语种	DOC_Language	NVARCHAR2(20)	中文/英文等
20		作用对象	Target_Object	RAW(16)	该活动作用的实体对象
21		操作者	Operator	NVARCHAR2(20)	该活动的责任人
22		活动开始时间	ACT_Start_Date	DATE	该活动发生的时间
23		活动结束时间	ACT_End_Date	DATE	该活动发生的时间
24		活动地点	ACT_Loc	NVARCHAR2(50)	该活动发生的地点
25		活动原因	ACT_Reason	NVARCHAR2(100)	该活动发生的原因

表 3-3 图形类管理元数据

序号	元数据类型	元数据名称	元数据代码	存储类型	备注
1	管理信息	录入人	Input_User	NVARCHAR2(20)	
2		录入时间	Input_Time	DATE	
3		录入单位	Input_Org	RAW(16)	
4		审核人	Verifier	NVARCHAR2(20)	第一级业务审核人
5		审核时间	Verify_Date	DATE	第一级业务审核时间
6		审核单位	Verify_Org	RAW(16)	第一级业务审核单位
7		最近更新人	Update_User	NVARCHAR2(20)	
8		最近更新时间	Update_Date	DATE	
9		最近更新单位	Update_Org	RAW(16)	
10		数据采集方式	ACQTN_Mode	NVARCHAR2(50)	采集软件名称
11		是否提交	IS_Submit	CHAR(1)	是否为可以发布状态
12		发布单位	Publish_Org	RAW(16)	数据归口单位
13		质量标志	Quality_Tag	NVARCHAR2(5)	
14		密级	Secrecy_Level	CHAR(3)	
15	表示信息	格式	Graph_Format	NVARCHAR2(20)	根据文件后缀自动提取
16		软件版本	Software_Ver	NVARCHAR2(30)	现场录入
17		大小	Graph_Size	NUMBER(11, 3)	系统自动提取
18		语种	Graph_Language	NVARCHAR2(20)	现场录入
19		比例尺	Graph_Scale	NVARCHAR2(20)	现场录入
20		作用对象	Target_Object	RAW(16)	该活动作用的实体对象
21		操作者	Operator	NVARCHAR2(20)	该活动的责任人
22		活动开始时间	ACT_Start_Date	DATE	该活动发生的时间
23		活动结束时间	ACT_End_Date	DATE	该活动发生的时间
24		活动地点	ACT_Loc	NVARCHAR2(50)	该活动发生的地点
25		活动原因	ACT_Reason	NVARCHAR2(100)	该活动发生的原因

表 3-4　体数据类管理元数据

序号	元数据类型	元数据名称	元数据代码	存储类型	备注
1	管理信息	录入人	Input_User	NVARCHAR2(20)	
2		录入时间	Input_Time	DATE	
3		录入单位	Input_Org	RAW(16)	
4		审核人	Verifier	NVARCHAR2(20)	第一级业务审核人
5		审核时间	Verify_Date	DATE	第一级业务审核时间
6		审核单位	Verify_Org	RAW(16)	第一级业务审核单位
7		最近更新人	Update_User	NVARCHAR2(20)	
8		最近更新时间	Update_Date	DATE	
9		最近更新单位	Update_Org	RAW(16)	
10		数据采集方式	ACQTN_Mode	NVARCHAR2(50)	采集软件名称
11		是否提交	IS_Submit	CHAR(1)	是否为可以发布状态
12		发布单位	Publish_Org	RAW(16)	数据归口单位
13		质量标志	Quality_Tag	NVARCHAR2(5)	
14		密级	Secrecy_Level	CHAR(3)	
15	表示信息	类型	VOL_Type	NVARCHAR2(20)	根据配置信息自动填写
16		格式	VOL_Format	NVARCHAR2(20)	根据文件后缀自动提取
17		大小	VOL_Size	NUMBER(11，3)	自动提取
18		存储介质	VOL_Medium	NVARCHAR2(20)	现场录入
19		作用对象	Target_Object	RAW(16)	该活动作用的实体对象
20		操作者	Operator	NVARCHAR2(20)	该活动的责任人
21		活动开始时间	ACT_Start_Date	DATE	该活动发生的时间
22		活动结束时间	ACT_End_Date	DATE	该活动发生的时间
23		活动地点	ACT_Loc	NVARCHAR2(50)	该活动发生的地点
24		活动原因	ACT_Reason	NVARCHAR2(100)	该活动发生的原因

(5) 附录代码定义标准

附录代码是为了规范数据的录入，对某个属性(或数据项)所有可能的数据值进行枚举、分类、整理形成的规范编码，附录代码值需要在管理和实际数据两个方面都统一。

首先，对于层级关系(可以是多级)的代码表，采用统一的存储格式，对于复杂、有多种属性说明的，单独以注册表或单表的方式管理。

其次，对于附录值的编码，采用统一的编码风格，每个级别采用 3 位数字等长编码，不同级别采用不等长编码，即一级附录的编码为 3 位，二级附录的编码为 6 位，依次类推。

另外，通过代码表中的父附录值代码数据项来明确指向每个附录值的归属上级。这样可以从两个不同的角度进行级别向上递归。

(6) 量值类型定义标准

一体化数据中心需要支持多量纲，因此，对数值型的数据项需要进行量值类型的定义。量值类型是表达了该属性(或数据项)所属的量值的分类类型(如长度、体积、时间等)，每个量值类型包含多个不同具体的计量量纲，同一量值类型内的各个量纲之间可以通过指定的转换因子进行相互转换。另外，为了方便后期应用，对数值型的数据项同时指定了一个默认的计量单位，该默认的计量单位一定是包含在该数据项所属的量值类型之内。

3.2.2 元数据管理模型

数据模型的元模型是为了对数据模型进行统一的管理，便于应用软件或管理员进行数据模型层面的查询、修改和维护工作，基于元模型驱动架构，给出相应的数据字典管理元模型(见图 3-3)。

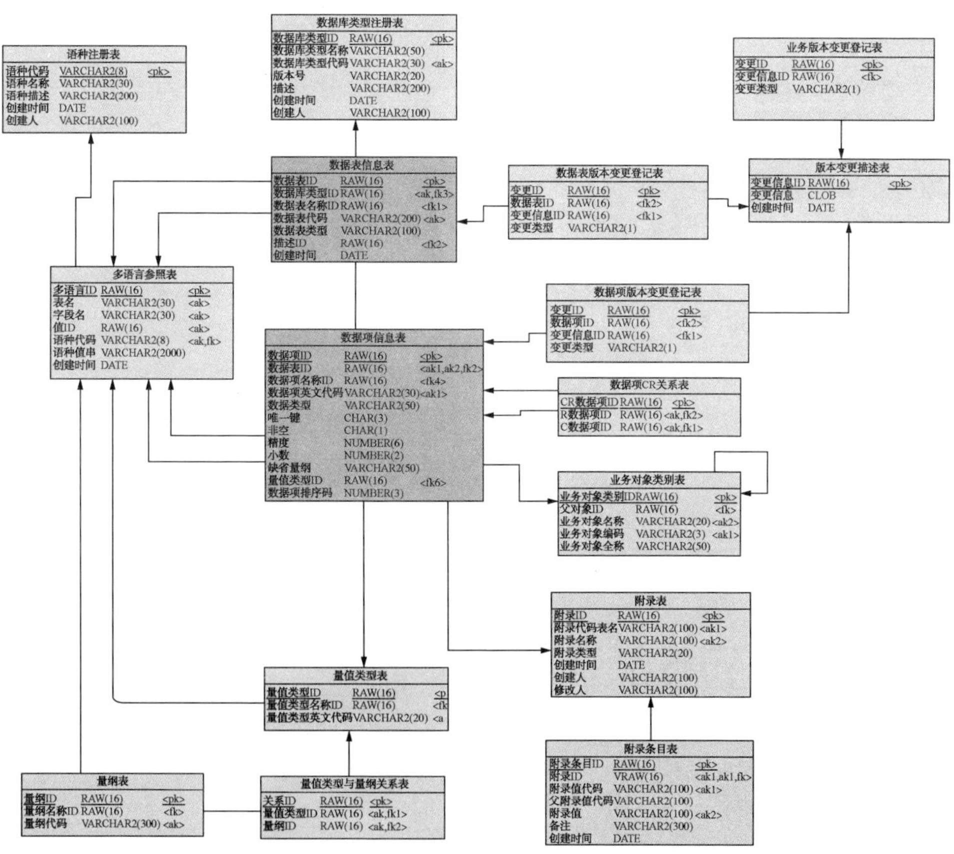

图 3-3 元模型 E-R 关系示意图

元模型主要实现了以下几个方面的功能：

(1) 对数据模型内容进行管理：对数据集(或数据表)、属性(或数据项)的基本定义。

(2) 变更管理：通过对数据集(或数据表)、属性(或数据项)变更信息进行记录来实现。

(3) 外键管理：通过属性(或数据项)之间的CR(C：产生，R：引用)来表达。

(4) 代码表管理：对于具体某个属性(或数据项)引用的代码表进行统一管理。

(5) 多量纲管理：通过对所有的量值类型以及每种量值类型所包含的所有量纲进行管理并与相应的属性(或数据项)建立关联关系来实现。

(6) 多语言管理：对于数据模型中所有涉及语言的属性(或数据项)进行统一管理。

数据中心按照以上逻辑提供统一的数据模型访问接口，以实现应用系统的模型驱动管理。具体的实现方式可以直接对应物理表的格式，也可以通过映射到视图的方式来实现。

3.3 模型驱动原理

模型驱动是通过高度抽象的、平台无关的逻辑模型来适应业务的变化和多种软硬件基础环境，并通过稳定的元数据模型来管理业务模型与逻辑模型的映射关系，以及逻辑模型与物理模型的投影关系，通过驱动引擎实现模型之间的转换，从而保持软件系统的稳定性，保障系统的可持续发展。模型驱动架构原理图如图3-4所示。

元模型驱动是以元数据模型为核心，为数据服务体系提供模型元数据的支持，是服务体系建设的基础。元数据主要包括：

(1) 数据模型元数据，包含业务划分、数据集、业务单元、投影/映射关系、采集库模型投影物理结构及对象库模型投影物理结构。

(2) 数据资源管理元数据，除了包含数据模型元数据外，还包含对象生命周期资源编目元数据及对象数据资源统计元数据。

(3) 数据质量检查元数据，除了包含数据模型元数据外，还包含质检规则元

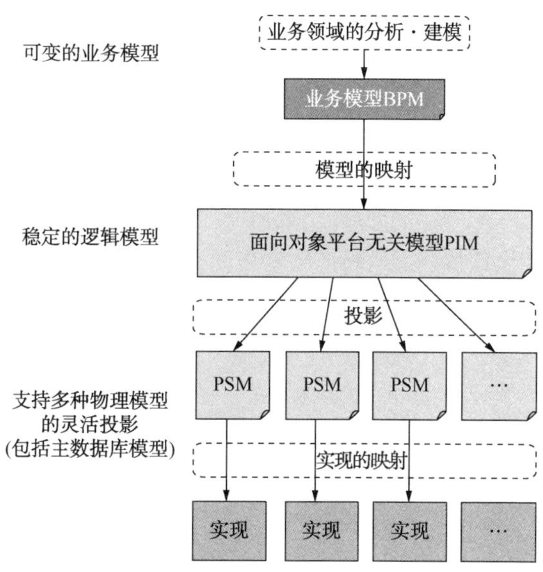

图 3-4 模型驱动架构原理图

数据及质检任务与质检结果元数据。

(4) 采集系统元数据，除了包含数据模型元数据外，还包含采集模板元数据、界面元素、任务配置及审核结果元数据。

模型驱动实现业务层、逻辑层、物理层的全过程维护和管理(如图 3-5)，为数据服务平台建设提供基础数据。通过对勘探开发一体化模型的持续维护，为数据中心可持续发展打下基础。

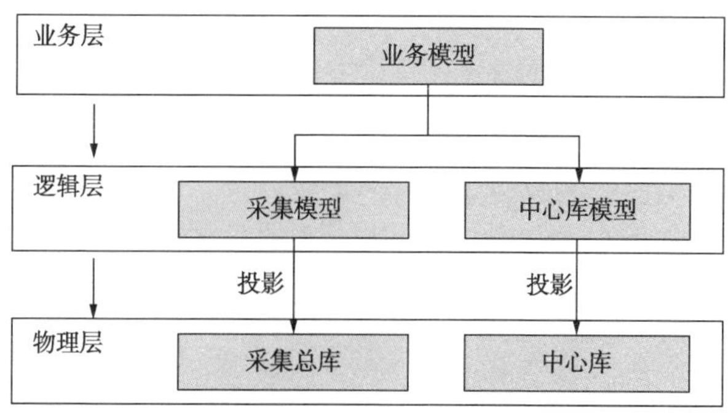

图 3-5 模型驱动业务层、逻辑层和物理层

3.4 元模型管理

海洋石油一体化数据模型包含了多个层次的数据模型，为了方便运维人员更好地对整个数据模型进行维护和管理，通过对所有数据模型的元数据进行管理，采用模型驱动的方式进行一体化数据模型运行体系的管理，模型管理工具结构如图 3-6 所示。

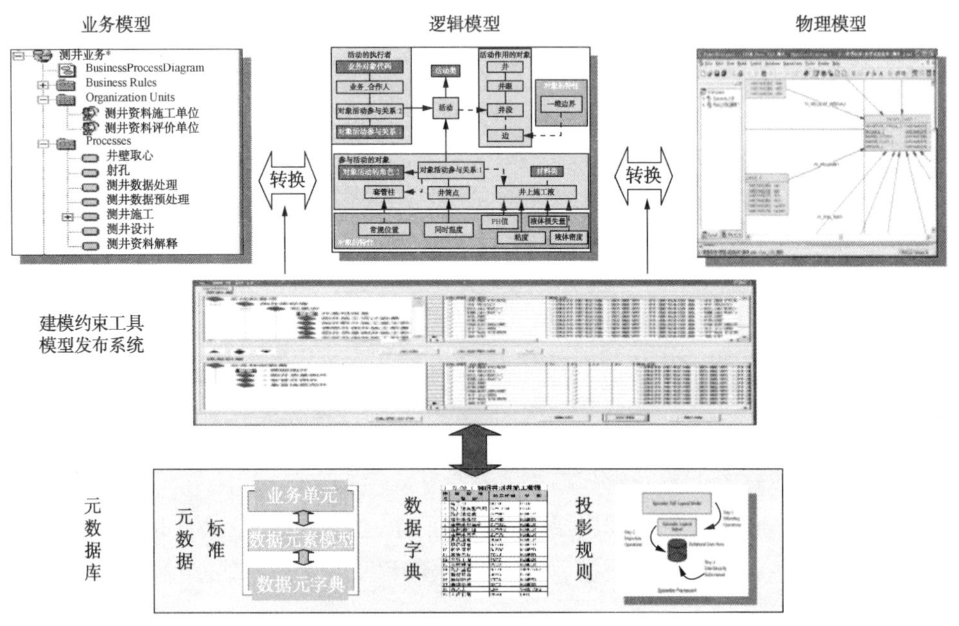

图 3-6　模型管理工具结构示意图

模型管理工具是一个成熟的建模环境，其具有以下特点：

(1) 业务模型设计、逻辑模型设计、物理模型投影一体化完成；

(2) 自动建立逻辑模型与物理模型的投影关系；

(3) 通过对业务单元定义与映射，可以快速实现对业务单元相关数据的管理；

(4) 通过模型的层层驱动，建立模型驱动环境，为后续的数据服务平台的开发提供元数据支持；

(5) 把业务调研与分析过程完整保存，为应用系统的开发提供需求；

(6) 能够实现模型的可持续发展。

通过模型管理工具，可以灵活方便地进行业务模型、逻辑模型、物理模型的扩展与维护，保证各个模型之间的业务一致性和数据一致性。

4 多源数据迁移整合技术

数据中心的建设是在原有专业库基础上继承性发展的，在一体化中心数据库完成物理部署后，需要梳理数据的采集源头，将原有专业库的历史数据迁移和整合到一体化数据中心，并保证新产生的增量业务数据的一致性。

本章对多源数据迁移整合技术进行了介绍，主要包括数据源头确定、主数据映射技术、多源数据映射技术、数据清洗技术、迁移工具开发、无人值守作业调度技术和增量数据一致性管控技术等。

4.1 多源数据迁移整合技术原理

将历史数据迁移和整合到一体化数据中心，实现数据的统一管控。由数据中心对各专业应用系统进行统一数据支持，实现异构数据便捷交换及跨专业数据透明共享，促进勘探开发工作持续、高效推进。

数据迁移和整合完成以后，一体化数据中心、专业库、项目库定位如图 4-1 所示。

项目库：所需基础数据全部由数据中心进行推送支持，产生的成果根据需要回存数据中心进行管理。

专业库：支撑本专业应用，如果需要非本专业产生的数据，不用再次采集，通过数据中心进行推送支持。

数据中心对象库：存储由源头采集而来的勘探开发数据，并对专业库与项目库提供数据服务。

在数据中心建成之前，石油企业或多或少建立了专业数据库，积累了大量勘探开发数据。在数据中心建成后，需盘点已有专业数据现状，确定专业数据的源头，迁移整合已有数据，补充完善未管理数据的采集模块，并保证新产生的增量业务数据的一致性和齐全性。

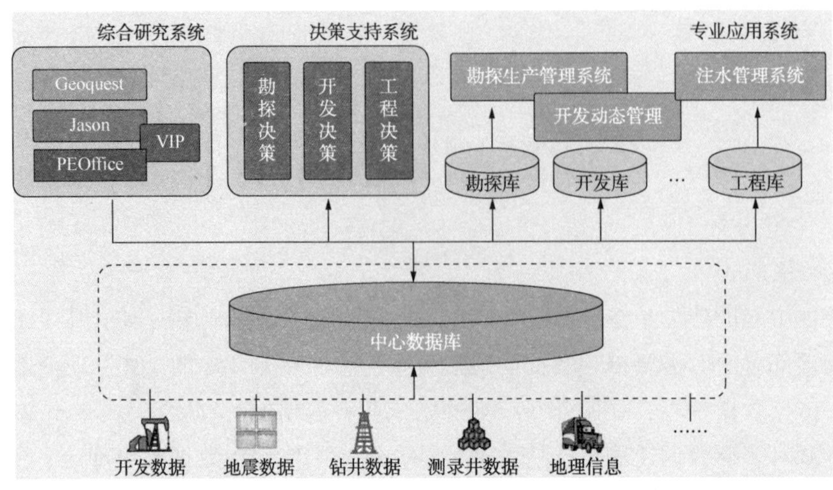

图 4-1　专业库、项目库和数据中心的关系

数据迁移和整合包含数据源头确定、主数据映射、业务数据映射、数据清洗、数据迁移和数据质检等过程。数据迁移整合的流程如图 4-2 所示。

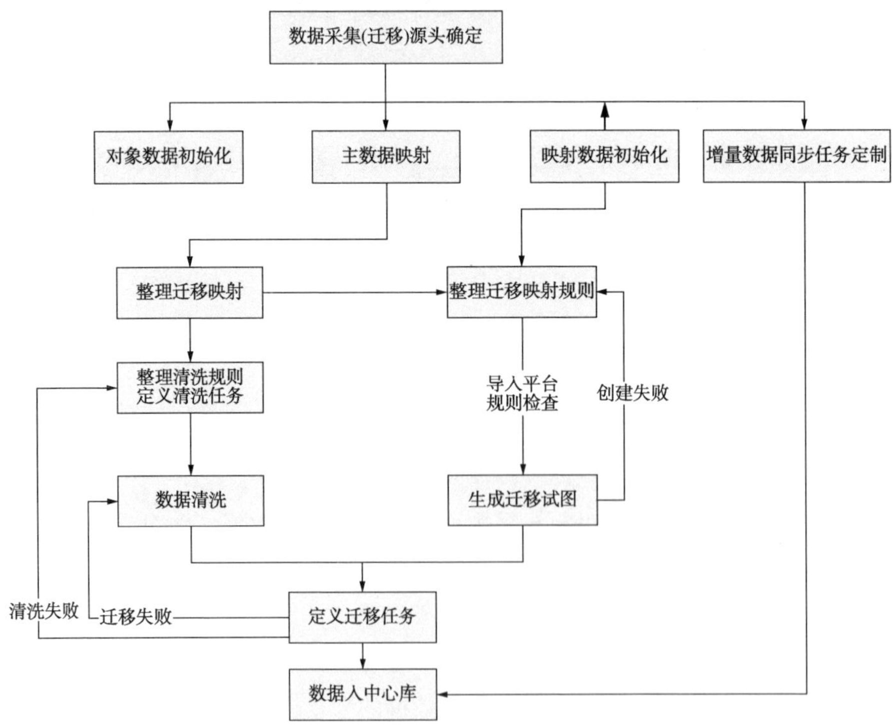

图 4-2　数据迁移整合工作流程图

4.2 数据源头确定

在充分梳理勘探开发相关业务的基础上，根据业务流程来规范数据流程，明确数据源点，谁产生、谁采集、谁应用、谁把关，数据采集落实到基层产生点，各专业部门审核。确保数据源头唯一、真实、准确、权威，使数据采集管理由目前的多头采集、分散管理变为源头点唯一采集，统一管理。

数据源头的确定需根据现有专业数据库的数据管理及采集现状，将数据结构合理、数据采集顺畅、数据质检合理的专业库作为相应数据的源头，其余数据以勘探开发一体化数据采集系统为源头(图 4-3)。

数据源头确定后，历史数据迁移以源头数据库为基础，其他数据库的数据作为补充。完善覆盖勘探开发各业务域的增量数据源头采集体系，实现数据的统一标准、源点采集、一次采集、全局共享。满足企业勘探、开发、综合科研的需求。

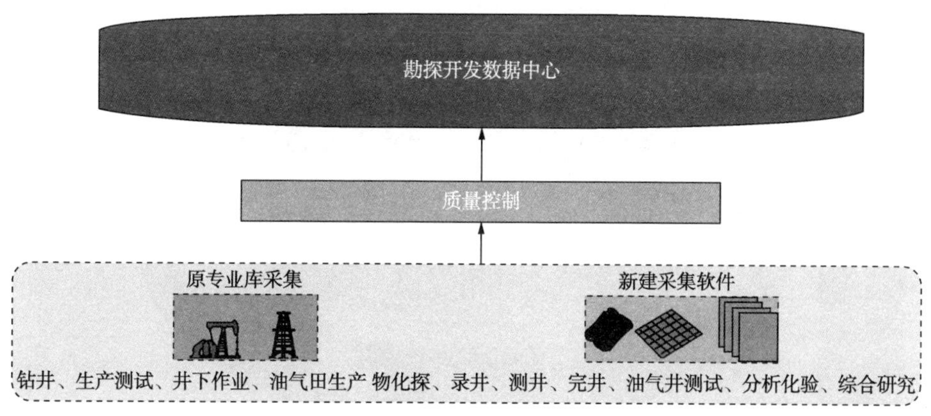

图 4-3 数据源头和数据中心关系图

4.3 主数据映射技术

勘探开发主数据是指勘探开发核心业务对象、对象间关系以及规范值表等内容，是企业内部相对稳定，跨业务重复使用率高的共享数据，主数据内容如图 4-4 所示。

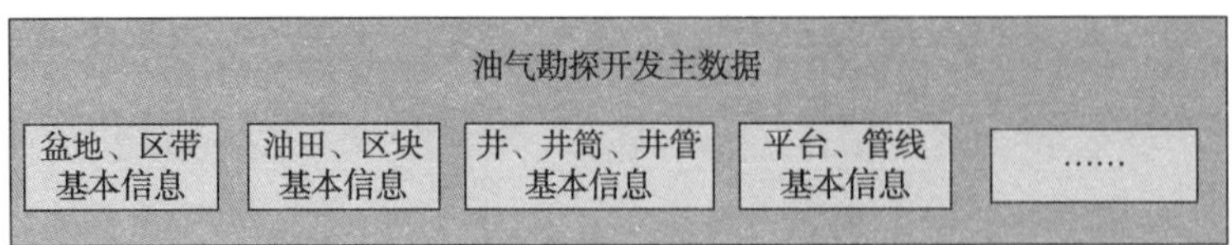

图 4-4　勘探开发主数据内容

历史上多个专业库、应用库建立了勘探开发领域多套主数据，主数据存储在多个相互独立的系统数据库中，主数据信息在多个不同的应用系统中被维护，企业没有对全局主数据进行及时性、一致性、真实性、可靠性的管理手段，造成了主数据的不一致，对数据共享应用和一体化业务协同造成了困难。

一体化数据中心建立统一的主数据模型，应用主数据映射技术对历史建设的专业库中的主数据进行映射、整合、清洗，对新增主数据规范采集和审核流程，建立了主数据同步机制，基本建立了主数据管理体系，如图 4-5 所示。

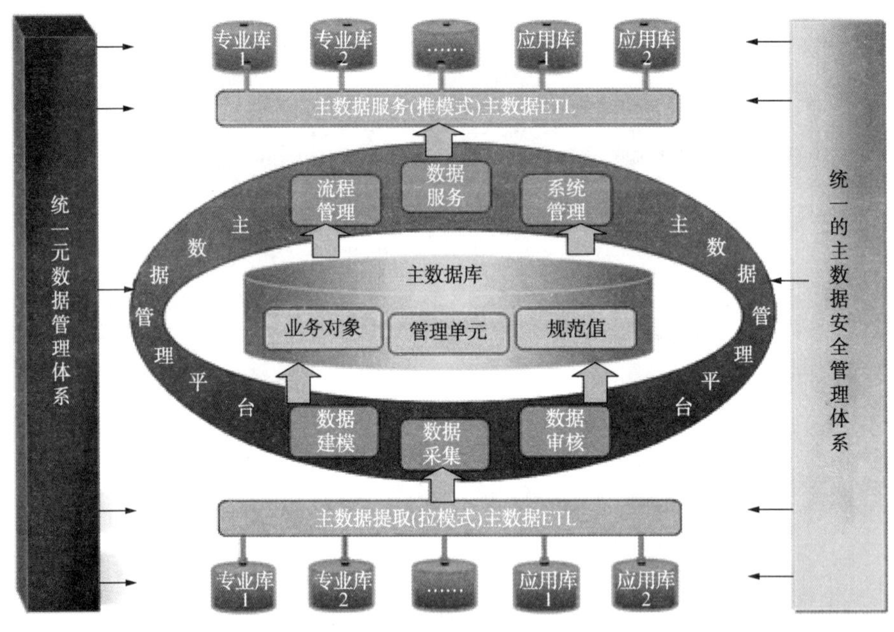

图 4-5　主数据管理体系示意图

主数据映射技术的应用，为企业的数据管理与应用带来如下提升：

(1) 对主数据进行统一的编码，使企业内部的客户、井、物料等每一类主数据确定统一的编码标准，为企业的业务整合奠定了基础；

(2) 通过构建主数据管理体系，统一每一类主数据的管理流程、责任部门等，从而实现主数据来源的唯一性，提高了业务服务质量，为企业新业务应用提供良好的技术支撑；

(3) 主数据统一在数据中心管控，各业务系统对主数据的应用，均由数据中心进行映射和同步，使主数据在企业内部统一，确保不同业务数据分析的一致性和可比性；

(4) 数据中心将原来分散在各个系统的主数据进行集中管理，便于系统备份、容灾等安全保障措施的实施，保护了企业核心数据的安全。

4.4 多源数据映射技术

原有专业库都管理了各专业及业务延伸范围的数据，在确定了数据源头后，将源头库定为数据迁移核心数据，其他专业库(含延伸数据)作为对应专业历史数据的补充。如钻井数据确定的源头是钻井数据库，但钻井库缺失的部分数据在原井下作业数据库中，这样可以把原井下作业数据库中的钻井数据作为补充。基于此，在数据迁移时需对多源数据进行映射。

4.4.1 数据映射分析定义与分类

数据映射是指同一数据领域内，存储相关数据的不同关系数据库模型之间的对应关系。数据映射分为实体映射、表映射以及属性映射三个层次：

(1) 实体映射：用户理解的业务实体等价图，反映了两个数据库概念模型上的差别；

(2) 表映射：表与实体相关，表映射是实体映射的充分反映，是数据模型中数据表之间的对应关系；

(3) 属性映射：数据映射的底层，是对应数据表中具体属性的对应关系，是数据转换处理的最小单位。

实体映射和表映射强调了实体完整性和引用完整性，最终实现这两种对应关系的基础是属性映射，属性映射抽象图如图 4-6 所示。

数据映射逻辑层分为元模型与数据转换元数据两个部分，元模型通过功能层中的元数据定制模块来定制数据库间的数据转换元数据，功能层的数据转换模块通过加载数据转换元数据来实现不同数据库间的数据转换。

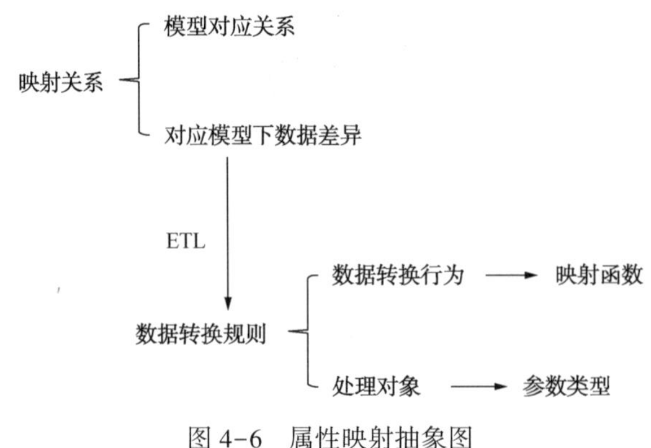

图 4-6　属性映射抽象图

在确定迁移范围后，需针对异构源头数据库的数据模型与一体化数据中心的数据模型进行映射，映射层级分为数据表映射与数据项映射。

4.4.2　逻辑映射工作方法

逻辑模型到物理数据库的数据映射是逻辑模型研究成果实用化和信息标准化的一个必经过程，基于前期逻辑模型优化成果，建立数据映射标准，实现一体化采集总库到一体化对象库的数据加载。

逻辑模型映射工作，首先要保证采集总库数据结构相对稳定性，其次需要映射人员熟悉采集总库数据表以及逻辑模型实体的业务含义，只有满足这两个条件，才能完成正确的数据映射关系，保障对象库数据的齐全性和准确性。

逻辑模型映射工作的具体步骤如图 4-7 所示。

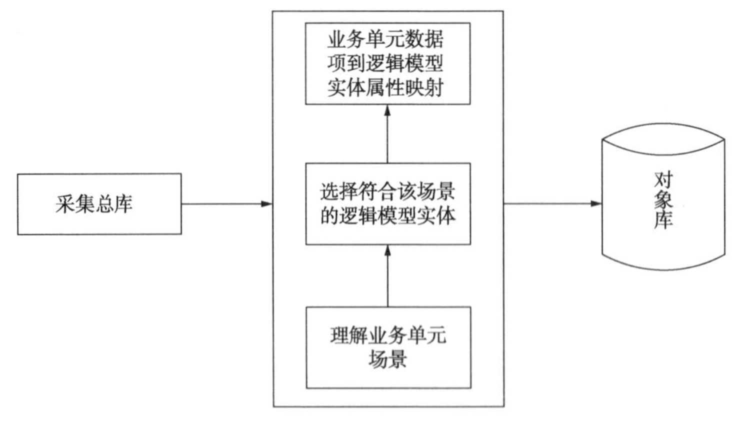

图 4-7　逻辑模型映射步骤

第一步：采集总库业务单元场景描述

逻辑模型映射是以业务单元为来源进行采集总库到对象库的映射工作，因此需要首先明确业务单元的业务含义以及各个数据项的要素类别和数据项之间的关联关系，如活动作用对象、关联活动、活动产生结果等。

第二步：逻辑模型实体选择

对业务模型的理解是逻辑模型映射工作的第一步，也是最重要的一步，只有对业务单元的场景有了正确的理解，才能选择相应的逻辑模型实体，通过实体与实体之间的关联关系完成对业务场景的描述。

业务单元与逻辑模型实体并不是简单的一对一的关系，一个业务单元是由逻辑模型若干实体组成(包括对象实体、属性实体、参考实体)，并且逻辑模型管理的对象要比采集总库管理的对象更多，划分得更细，这就存在采集总库一个业务单元需根据不同的对象拆分成多个视图进行管理的情况，例如：

(1) 采集总库的一张物理表可以根据不同的条件在多个对象库实体中进行映射，如样品类型为“岩心”“岩屑”，需映射到对象库的两个实体上；

(2) 对于采集总库中业务含义抽象的属性，需要拆分为多个组来进行映射，如流体成分为“油”或“气”，但映射到相同实体，需要拆分为两个组分别进行映射；

(3) 对象库实体也可能来源于采集总库的多张表，如对象库实体中的“油气产量”可以来源于采集总库的“油气田日产量数据表”，也可来源于采集总库的“油气田分层日产量数据表”。

第三步：业务单元数据项与逻辑模型实体属性的映射关系建立

明确业务单元需要哪些逻辑模型实体来描述后，利用逻辑模型映射工具或者逻辑模型映射模板来完成业务单元数据项与相应逻辑模型实体属性的映射关系，映射内容包括实体名称、实体代码、实体数据项名称、实体数据项代码、实体数据项类型、采集总库来源表代码、采集总库来源字段代码等。映射关系建立完成后，通过数据迁移工具，自动生成加载视图，通过定制加载任务实现对象库的数据加载。

4.5 数据清洗技术

数据迁移包含专业库到采集总库的历史数据清洗迁移和采集总库到对象库的映射与加载。所有数据需依照一体化数据中心统一标准进行清洗，达到数据标准一致性要求的数据方可入库，清洗示意图如图 4-8 所示。

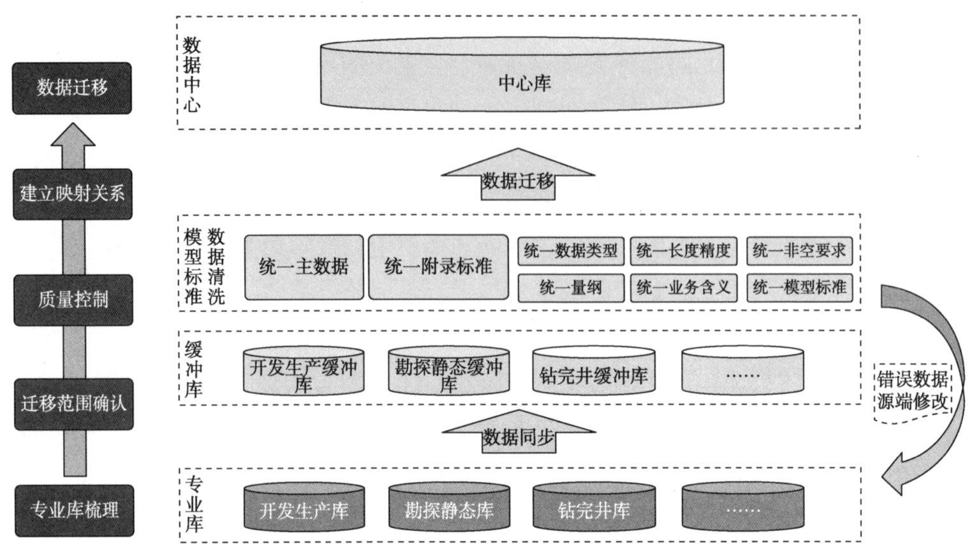

图 4-8　数据一致性清洗示意图

数据清洗是应用数据质检技术，对迁移过程中的不规范数据进行检查及过滤，并将不规范的数据进行通报。

数据中心可从以下三个方面来进行检查规则的定义：

(1) 数据的一致性　数据模型中对数据类型、数据范围、新数据与历史数据一致性进行检查；

(2) 数据的齐全性　对勘探开发对象生命周期各阶段形成的数据按照数据资源编目进行检查；

(3) 数据的规范性　数据模型中对数据的逻辑关联性(包括表内、表间等)、完整性进行检查。

多源数据迁移可能存在数据重复的情况，重复数据如何处理也是数据清洗的关键。数据的规范值即附录代码的一致性清洗也是数据清洗的重要方面。

4.6　迁移工具开发

业务单元、数据元、逻辑模型、物理模型之间采用映射、投影等技术相互渗透，相互之间的关联度非常高，靠人工维护这种关系是非常困难的，因此开发通用的可视化的数据迁移工具显得极为必要。

将数据映射过程进行可视化开发，实现数据的拖拽式映射。开发数据 ETL (Extraction-Transformation-Loading，抽取、转换和加载)同步工具，实现数据迁移任务的可视化流程管控，确保迁移同步工作的可定制和可追溯性。

4.6.1 数据映射工具

根据映射需求，考虑软件的易用性，依托 HTML5(超文本标记语言 5.0)技术跨平台性和图形化能力，完成可视化映射工具(图 4-9)的开发。该工具在 ETL 视图定制、服务定制、主题库定制等方面得到很好的应用。

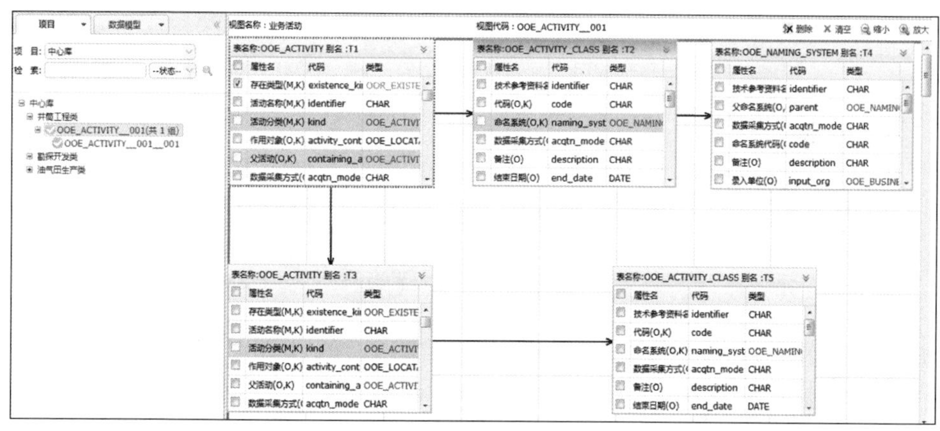

图 4-9 图形化映射工具

4.6.2 ETL 数据同步工具

ETL 数据同步工具主要用于数据中心的数据与专业库、主题库之间的数据迁移、数据分发。通过应用调度引擎，实现数据同步的按需触发，使用统一的任务调度管理可同时管理多个任务。

4.6.2.1 ETL 技术整体架构

ETL 技术架构图如图 4-10 所示。通过 ETL 任务元数据管理工具，定义 ELT 任务元数据，依据元数据，ETL 流程处理层从源头抽取增量数据，将增量数据转换成 ETL 中间数据，ETL 中间数据经过清洗、质检操作后转换成目标结构数据，最后调用加载接口，将数据加载到目标库。ETL 监控模块，可以监控 ETL 运行情况，包括开启、终止任务等，并能实时展示任务运行状态，包括迁移总数、迁移失败数、迁移成功数、删除数等。

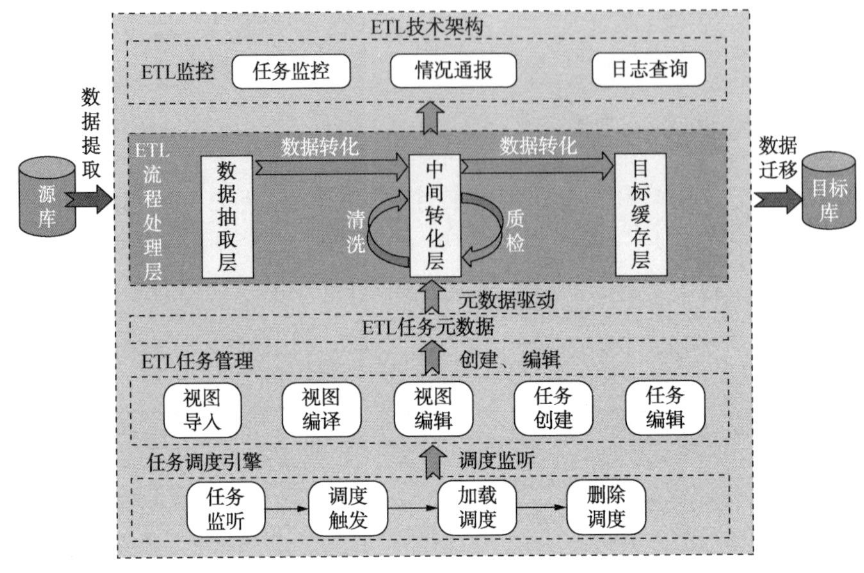

图 4-10　ETL 技术架构图

通过应用 Quartz(任务调度框架)调度引擎，实现数据同步的按需触发，使用统一的任务调度管理可以同时管理多个同步任务，使用统一的日志来记录 ETL 同步情况。

4.6.2.2　ETL 流程处理架构

ETL 流程处理架构图如图 4-11 所示。ETL 流程处理架构把同步任务拆分成 E(抽取)、T(转换)、L(加载)三个分开的子流程，并实现可配置的程序载入，实现对多种同步任务的适应性，可以满足数据中心与数据集市间多种同步需求。

4.6.2.3　ETL 技术组件架构

ETL 技术组件架构图如图 4-12 所示。ETL 工具采用组件化开发模式，ETL 产品分为 ETL 核心表结构、SQL(结构化查询语言)解耦层、不变组件、可变组件等。其中，核心表结构、SQL 解耦组件层实现了 ETL 逻辑与物理结构的隔离，保证了 ETL 逻辑层的稳定性；不变组件提供了 ETL 的通用实现，可以满足普通的、非个性化的迁移需求，如数据推送等；可变组件提供了可扩展接口，可满足个性化需求，如对象库加载等。

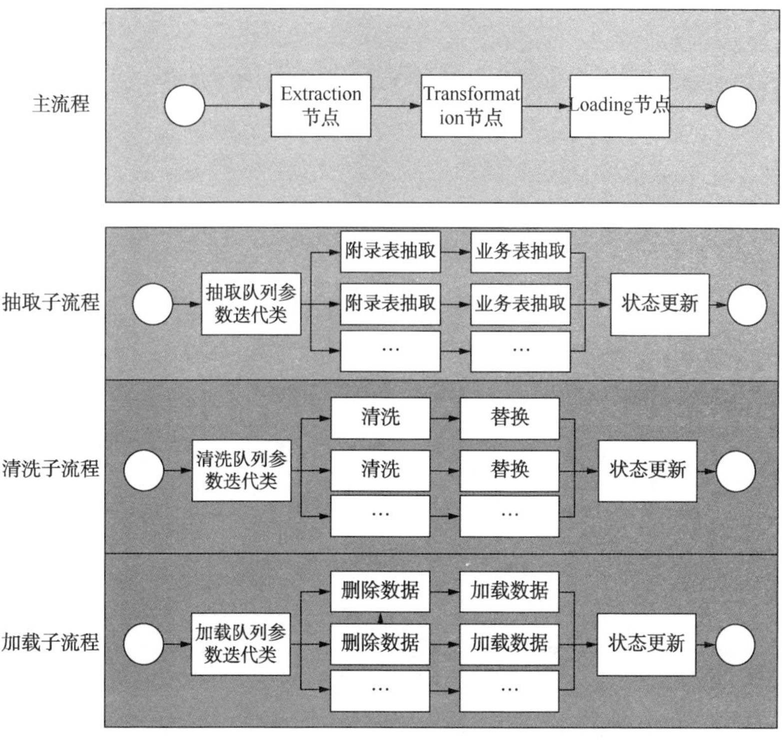

图 4-11 ETL 流程处理架构

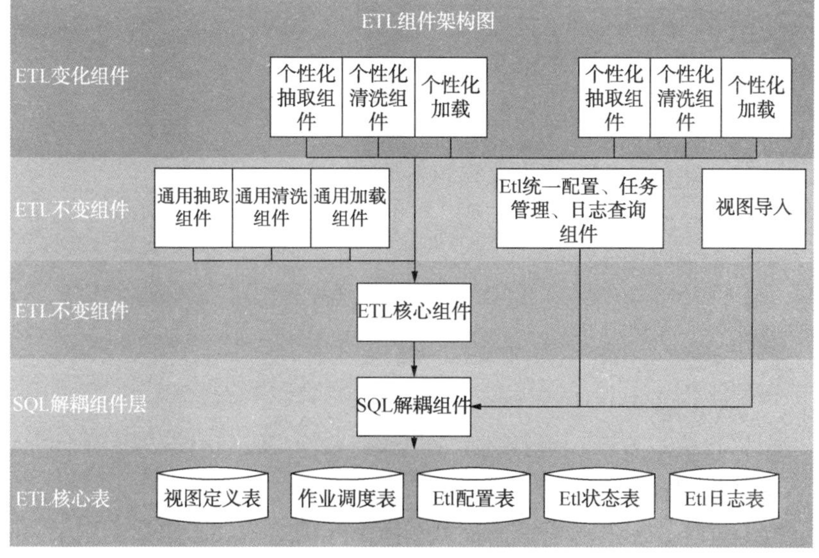

图 4-12 ETL 技术组件架构

4.7 无人值守作业调度技术

无人值守作业调度技术主要用于ETL任务调度，亦可用于全文检索增量索引加载任务调度等，实现了一次定义，永久运行，减少了人为参与，提高了工作效率，技术架构如图4-13所示。

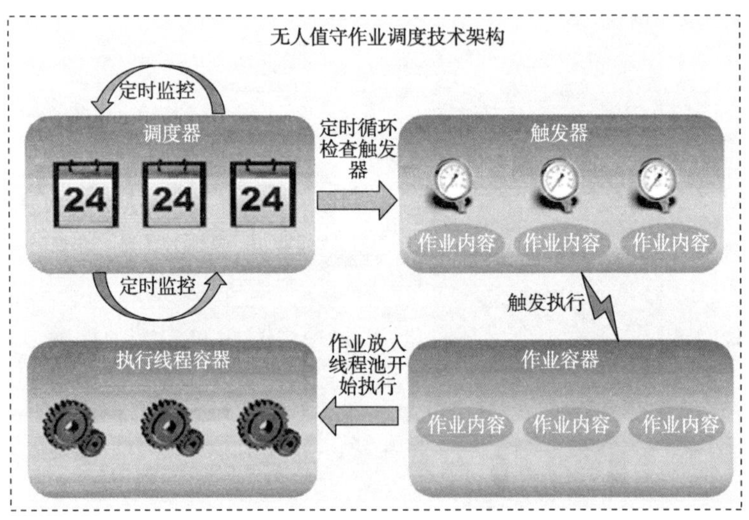

图4-13 无人值守作业调度技术架构

调度器：是ETL的守护进程，由应用服务器启动时创建。创建后定时循环检查所有任务的触发器，判断执行时间是否到达，如果调度时间已到达，则通知作业容器，将作业放入线程池，由线程容器调度运行。

触发器：解析业务人员定义的作业运行周期表达式，计算出作业下次执行时间，调度器根据该时间决定作业是否调度。

作业容器：管理所有的作业状态，并将满足调度条件的作业放入运行线程容器。

作业内容：描述了具体的任务，由业务人员通过平台定制。

执行线程容器：为放入其中的作业生成执行线程，执行线程实现作业运行。

无人值守作业调度具有如下特点：

(1) 运行状态图形化：管理界面采用图形化的方式展示数据流向及任务执行状态，管理员可以一目了然地监控数据流向。

（2）模型变更提醒：遵循模型驱动的原则，ETL 工具提供了模型变更提示迁移视图调整的功能，友好地提醒用户调整内容。

（3）映射视图定制可视化：ETL 工具采用可视化的图形拖拽定制方式，提高了视图定制的易用性。

4.8 增量数据一致性管控技术

增量数据处理流程是建立各个专业库到采集总库再到勘探开发一体化中心库的数据迁移流程(图 4-14)，以实现新产生的增量专业数据的及时入库。

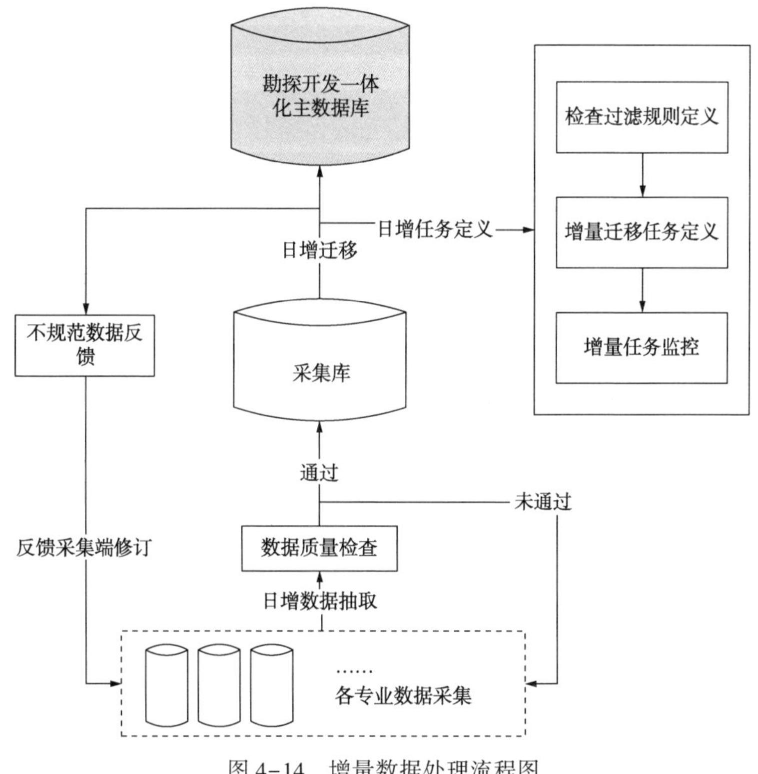

图 4-14 增量数据处理流程图

增量数据处理流程建立步骤：

（1）数据中心每天通过增量迁移任务对各专业库中的增量数据进行搜集，经过数据资源管理系统质检管理功能进行检查，将无异常的数据迁移到采集总库，未通过质检的数据在数据资源管理网站进行反馈，数据采集人员据此进行数据修订，修订后的数据作为新的增量数据再次被抽取和迁移；

(2) 定义日增加载任务：根据数据资源系统形成的检查规则，应用数据服务平台定义检查过滤规则功能进行定义，同时定义日增任务的运行时间和频率；

(3) 根据定义好的规范性检查规则对采集总库中的数据进行数据规范性的检查，对不规范的数据生成不规范数据日志，并记录其不规范的具体信息，通知相关数据采集岗位进行修正；

(4) 通过规范性检查的数据加载至勘探开发一体化主数据库，并通过数据服务平台日增监控功能展示每天的数据增量情况。

5 数据质量管控技术

海洋石油勘探开发一体化数据中心管理着勘探开发业务的所有重要数据资产，是开展专业数据应用的数据中枢，数据资产的全、准、新是专业应用的根本保障。

传统的数据管理大多是针对数据进行标准和规范方面的界定，目的是为了支撑上层的应用需求，但是对于入库数据的齐全性、准确性和及时性没有形成严格统一的管理体系，数据资源状况的好坏完全依赖于参与人员的自觉性，导致在应用过程中数据资源出现了各种问题，主要包括：

(1) 业务开展后，应该产生哪些资料不清楚；

(2) 数据产生后，应该采集、管理哪些资料不清楚；

(3) 数据采集上报后缺乏统一的登记、发布流程，对已入库数据情况不了解；

(4) 数据质量缺乏有效管理，数据规范性得不到保障。

基于传统数据管理中存在的问题，需要研究数据质量管控技术，确保一体化数据中心各类专业数据的及时、准确、齐全。

广义的数据质量包含三个方面，即数据的及时性、正确性、齐全性，数据的这三个特性是业务人员应用数据时最关心的数据质量指标。

本章主要就广义的数据质量的管控技术进行介绍，包括数据质量管控技术流程、数据资产登记技术、数据齐全性计算规则、数据及时率计算规则、数据规范率计算规则等。

5.1 数据质量管控技术原理

数据质量管控贯穿数据采、存、管、用等全生命周期流程。

数据质量管控是基于勘探开发一体化业务模型中的业务分析成果，梳理数据资源编目和数据资源规则元数据，对采集总库进行资源登记、甄别，并将采集总库管理的所有数据资源情况进行发布，另外在数据资产管理系统中可以将检查为缺失的数据资源下发采集要求，供采集端进行数据补录，将检查出的错误数据下发数据修订要求，供采集端进行修正、完善。

数据质量管控主要解决以下问题：

(1) 根据对象生命编目明确对象在任何业务阶段管理、产生哪些资料；

(2) 根据采集规范要求明确资料采集时间点；

(3) 根据对象生命周期编目和已有数据登记结果判定对象正处于哪个业务阶段、对象在已经历阶段数据应产生情况、已产生情况，并计算数据缺失情况(齐全性检查)；

(4) 根据采集规范判定数据上报是否及时(及时性检查)；

(5) 从勘探、开发业务角度和具体实例对象角度统计业务数据的齐全率、及时率和规范率；

(6) 明确、追溯业务数据产生源头(由哪个专业库采集获得)；

(7) 对缺失数据或未按规定时间上报数据通知采集系统进行采集。

总而言之，数据质量管控的主要目的是解决数据的“三率”问题，即数据的齐全率、规范率、及时率，从而保证入库数据的完整、可靠、及时。

数据质量控制体系总体架构设计如图 5-1 所示。首先需要整理勘探开发数据资产编目，在资产编目下对一体化数据中心的数据进行资源扫描和质量扫描，登记数据资源的三率，对数据质量进行综合评估，发布数据质量和数据资源详情，对不符合数据质量要求的数据进行修改或补充采集。

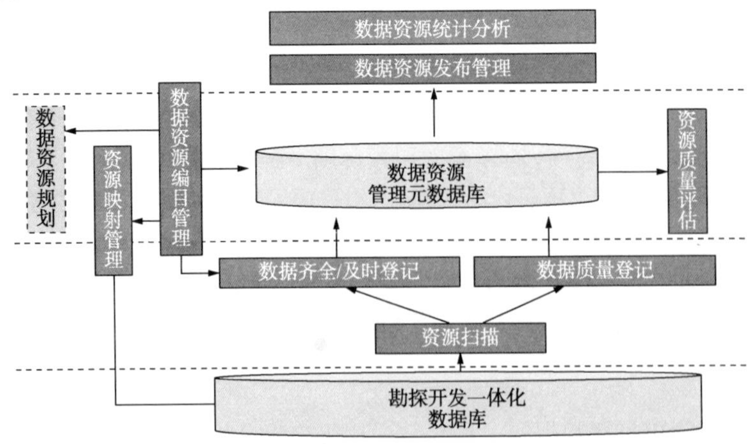

图 5-1　数据质量管控体系总体架构示意图

数据资料管控的核心分两部分：一是对数据资源的扫描和登记，需要应用数据资产登记技术；二是对数据质量的扫描和评估，需要用到数据三率分析技术，三率分析均采用模型驱动的方式，三率的模型即为计算规则。

数据质量管控体系的功能分层如图 5-2，分为 7 层。基础支持层与数据访问层是整个数据中心的统一服务。元数据缓存层是针对管理元数据和数据元数据进行统一存储。规则层是数据质量管控的核心，存储着数据质控的三性(齐全性、及时性、规范性)的计算规则，表现形式即为齐全率、及时率、规范率。服务层是由元数据引擎、扫描登记引擎、消息队列引擎等驱动性服务组成。应用缓存层是应用层的计算基础，应用层是数据资源管理的发布和集中管控。

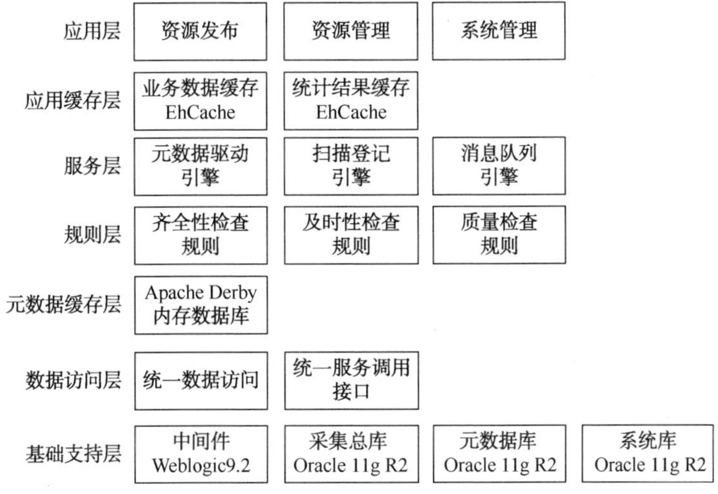

图 5-2　数据质量管控技术体系分层示意图

5.2　数据资产登记技术

数据质量管控基于勘探开发数据中心一体化业务模型成果，按照业务对象的生命周期，形成每个核心业务对象的完整资产编目，该资产编目随着勘探开发业务的发展，可以按照数据资源规划进行扩展。依据该资产编目，以实际数据中的核心业务对象实例为基础，对该对象完整生命周期中的所有业务活动产生的数据集进行扫描，对每个业务活动在时间维度上的先后顺序，来确定其产生数据的先后依赖规则，同时结合数据质检规则来判断数据的“三率”，所有这些规则以元数据的形式保存在数据资源管理的元数据库中，这些规则随着应用的不断深入，数据资源系统管理人员可以不断进行补充和扩展。

数据资产登记流程分为核心对象筛选、对象生命周期梳理、活动时序关系梳理等步骤。结合“三率”统计结果，业务管理层可以随着通过发布出来的资产统计数据，从不同维度了解数据资产的建设情况，如按部门、按业务域、按单个业务对象等，从而督促、考核、规划整体数据资源的不断完善。

5.2.1 核心对象筛选

海洋石油勘探开发一体化业务模型是按照勘探开发业务域进行数据的归类组织，每个业务域中包含众多的业务活动，不同的业务活动针对的作用对象可能不相同，而对于数据资产管理，是需要梳理出不同对象的完整生命周期，对其每个阶段的业务活动进行先后顺序的分析，从而来判断相应的数据是否缺失或延迟。因此，在数据资产梳理过程中，首先需要梳理出不同的作业对象的所有阶段，按照勘探开发业务发生的顺序进行重新组织。

海洋石油勘探开发一体化业务模型中共涉及的勘探开发业务对象有 40 余个，包括区域、盆地、构造单元、圈闭、地震工区、非地震工区、油气田、油气藏、组织机构、井、井筒、井管、年代地层、地层、开发层位、地震反射界面、矿区、物探船、线束、钻井平台、生产段、生产统计单元、生产平台、油气计量单元、油气处理单元、管线、罐仓、化学药剂、资源量计算单元、储量计算单元、岩心样品、壁心样品、岩屑样品、露头样品、岩石样品、流体样品、样品组合、特殊样品、设施、流体、取样对象、化石等，但是作为数据应用，不需要对以上所有作用对象单独进行数据的检索和应用，需重点关心的是勘探开发业务过程中的一些核心对象，因此需要对以上所有作用对象进行关联关系的分析（参见勘探开发一体化数据模型建设部分的海洋石油勘探开发作用对象及相互关系示意图，图 7-3），筛选出业务应用所关心的核心对象，筛选的原则有以下几个方面：

（1）必须是业务活动的作用对象，也就是说是以上所有作用对象之一；

（2）是业务应用场景较为常用的业务对象；

（3）具有完整的生命周期；

（4）核心对象的集合能够通过包含等关联关系将所有作用对象串联起来，没有遗漏。

按照以上原则，筛选出了探井、开发井、油气田、圈闭、区域、组织机构、地震工区、非地震工区等 8 个业务对象作为海洋石油勘探开发业务的核心对象，这 8 个核心对象用于数据组织和检索应用的基础，其他所有业务活动都可以通过对象之间的关联关系归属到某个核心对象的生命周期内。

5.2.2 对象生命周期梳理

每个核心对象在勘探开发业务过程中按照其业务活动发生的时间先后可以形成完整的生命周期，业务活动发生的先后顺序也就隐含了数据之间的前后关联关系。生命周期梳理的目的是为了针对具体的某个核心业务对象，厘清其包含的业务活动范围，以及这些业务活动的作用对象与该核心对象之间的追溯路径。

每个核心对象的生命周期包含多个阶段，一个阶段代表了核心对象所处的大的完整过程。一般情况下，一个阶段开始后，其包含的活动将依次展开，而一个阶段结束后，一般需要经过评估才会进入下一个阶段。如井的钻前研究、设计、钻井、完井等。

另外一种划分生命周期阶段的方法是采用业务人员常用的习惯分类，不同的分类之间在时间维度上可能相互交叉重叠，如组织机构对象上的发展规划和年度计划等。这种情况下，生命周期阶段主要用来进行数据的分类管理。

井是勘探开发业务中最常用也是最关注的核心业务对象，所有的油气研究成果最终都需要通过井来验证和实现。井对象的生命周期也是非常复杂的，既包括了以时间维度逐步开展的业务阶段，如钻前研究、设计、钻井等，也包括在时间上重叠交叉的分类型业务阶段，如钻井、录井、测井、分析化验等。因此对于井对象，需要同时结合这两种生命周期的阶段划分方式，在保证符合业务应用传统习惯上的基础上，对数据进行清晰的划分。表 5-1 是井对象生命周期阶段划分的示例。

表 5-1 井对象生命周期梳理示例

核心对象	筛选条件	生命周期阶段	数据集名称	数据集代码	生命周期排序号
油气田		开发建设	油气田开发建设基本数据表	R0800000000001	07300
油气田		开发建设	地质油藏方案优化报告	R0801000001001	07310
油气田		开发建设	油气田开发井钻井地质设计报告	R0802000002001	07320
井	探井	钻前研究	预探井钻前预测时深关系表	R0400000002009	10810
井	探井	钻前研究	预探井钻前预测时深关系图	R0400000002010	10820
井	开发井	钻前研究	油气藏地层分层数据表	R0703000012008	10920
井	开发井	钻前研究	油气藏油气组划分数据表	R0703000012010	10930
井		设计	井场调查基本数据表	W0101000001001	11100
井		设计	工程地质调查报告	W0101000001002	11110

同一个核心对象的生命周期内包含业务活动的作用对象并不一定是核心对象，也有可能是针对其他的业务对象，但根据业务对象之间的关联关系可以从该非核心作用对象追溯到核心对象，表 5-2 是井对象生命周期中，不同业务活动的作用对象追溯到井这个核心对象的过程示意。

表 5-2　井对象生命周期追溯示意

核心对象	筛选条件	生命周期阶段	数据集名称	作用对象	关系源头	追溯条件
油气田		开发建设	油气田开发建设基本数据表	油气田		
油气田		开发建设	地质油藏方案优化报告	油气田		
油气田		开发建设	油气田开发井钻井地质设计报告	油气田		
井	探井	钻前研究	预探井钻前预测时深关系表	井筒	子表分别与编制表合并形成数据服务	通过与编制信息表合并做成服务实现
井	探井	钻前研究	预探井钻前预测时深关系图	井筒		通过与编制信息表合并做成服务实现
井	开发井	钻前研究	油气藏地层分层数据表	井筒		
井	开发井	钻前研究	油气藏油气组划分数据表	井筒		
井		设计	井场调查基本数据表	井筒		
井		设计	工程地质调查报告	井筒		
井		设计	作业风险分析报告	井筒		

根据以上生命周期数理的方法和原则，可以构建起每个核心业务对象的完整生命周期编码，将勘探开发一体化业务模型(采集总库)中的所有业务数据(数据集)串联起来，以便系统方便地进行数据资源的“三率”扫描和统计，图 5-3 是井(探井)生命周期各阶段涉及的业务活动分布示意图。

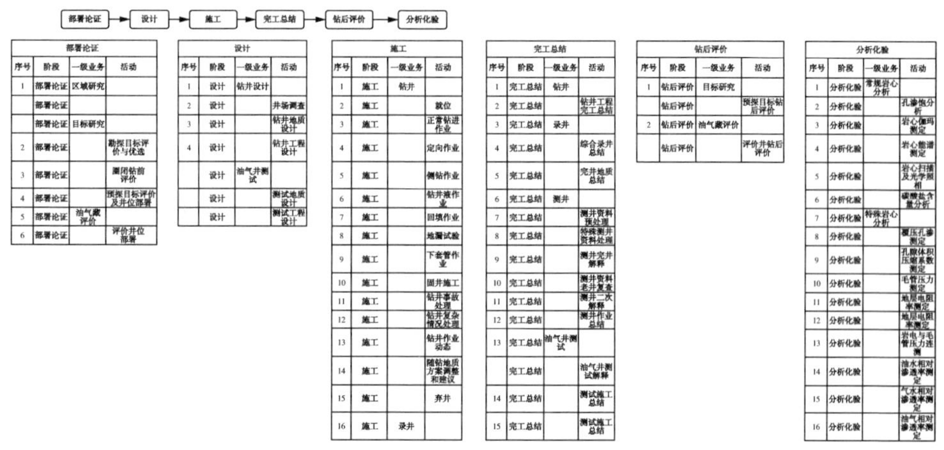

部署论证

序号	阶段	一级业务	活动
1	部署论证	区域研究	
	部署论证		
	部署论证	目标研究	
2	部署论证		勘探目标评价与优选
3	部署论证		圈闭钻前评价
4	部署论证		预探目标评价及井位部署
5	部署论证	油气藏评价	
6	部署论证		评价井位部署

设计

序号	阶段	一级业务	活动
1	设计	钻井设计	
2	设计		井场调查
3	设计		钻井地质设计
4	设计		钻井工程设计
	设计	油气井测试	
	设计		测试地质设计
	设计		测试工程设计

施工

序号	阶段	一级业务	活动
1	施工	钻井	
2	施工		就位
3	施工		正常钻进作业
4	施工		定向作业
5	施工		侧钻作业
6	施工		钻井液作业
7	施工		回填作业
8	施工		地漏试验
9	施工		下套管作业
10	施工		固井施工
11	施工		钻井事故处理
12	施工		钻井复杂情况处理
13	施工		钻井作业动态
14	施工		随钻地质方案调整和建议
15	施工		弃井
16	施工	录井	

完工总结

序号	阶段	一级业务	活动
1	完工总结	钻井	
2	完工总结		钻井工程完工总结
3	完工总结	录井	
4	完工总结		综合录井总结
5	完工总结		完井地质总结
6	完工总结	测井	
7	完工总结		测井资料预处理
8	完工总结		特殊测井资料处理
9	完工总结		测井完井解释
10	完工总结		测井资料老井复查
11	完工总结		测井二次解释
12	完工总结		测井作业总结
13	完工总结	油气井测试	
	完工总结		油气井测试解释
14	完工总结		测试施工总结
15	完工总结		测试施工总结

钻后评价

序号	阶段	一级业务	活动
1	钻后评价	目标研究	
	钻后评价		预探目标钻后评价
2	钻后评价	油气藏评价	
	钻后评价		评价井钻后评价

分析化验

序号	阶段	一级业务	活动
1	分析化验	常规岩心分析	
2	分析化验		孔渗饱分析
3	分析化验		岩心伽玛测定
4	分析化验		岩心能谱测定
5	分析化验		岩心扫描及光学照相
6	分析化验		碳酸盐含量分析
7	分析化验	特殊岩心分析	
8	分析化验		覆压孔渗测定
9	分析化验		孔隙体积压缩系数测定
10	分析化验		毛管压力测定
11	分析化验		地层电阻率测定
12	分析化验		地层电阻率测定
13	分析化验		岩电与毛管压力连测
14	分析化验		油水相对渗透率测定
15	分析化验		气水相对渗透率测定
16	分析化验		油气相对渗透率测定

图 5-3　探井生命周期业务活动分布示意图

在按照资源编目进行生命周期所包含业务活动分类梳理的基础上，将每个业务活动下所包含的业务数据(数据集)统一归属到不同核心业务对象的相应生命周期阶段，表 5-3 是对勘探开发业务中的核心对象——井生命周期阶段及其包含的数据集的统计结果示意。

表 5-3　井生命周期分阶段包含数据梳理结果示意

核心对象	生命周期阶段	数据集说明
井	钻前研究	包含探井钻前评价及井位部署和开发井 ODP 研究的以井筒为作用对象的数据集；探井的钻前研究分预探目标、评价目标，对于一个井筒实例，它的井别(预探井或评价井或开发井)是确定的，预探井显示预探目标钻前评价及井位部署下的数据集，评价井显示评价目标钻前评价及井位部署下的数据集，开发井显示 DOP 研究下的数据集
	设计	包含井场调查、钻井地质设计、钻井工程设计下的所有数据集
	钻井	包含该业务下的所有数据集，探井、开发井的区别在于开发井没有试油测试，但生命周期时不区分，开发井选择该数据集时不显示数据
	录井	包含该业务下的所有数据集
	测井	包含该业务下的所有数据集
	试油	包含该业务下的所有数据集，开发井不需要此阶段，探井、探井转开发井需要
	完井	包含该业务下的所有数据集，探井不需要此阶段，开发井、探井转开发井需要

续表

核心对象	生命周期阶段	数据集说明
井	钻后评价	包含探井钻后评价和开发井油气田开发方案实施评价、油气田储量复算下的以井筒为作用对象的数据集；探井的钻后评价分预探目标、评价目标，对于一个井筒实例，它的井别(预探井或评价井或开发井)是确定的，预探井显示预探目标钻后评价下的数据集，评价井显示评价目标钻后评价下的数据集，开发井显示油气田开发方案实施评价和油气田储量复算下的数据集
	油气田生产计划与动态	包含投产准备、油气田生产计划、油气田生产动态业务下的以井(井筒或井管)为作用对象的数据集，参照资源管理系统目前编目；探井不需要此阶段，开发井、探井转开发井需要
	在生产油气田研究	包含在生产油气田油气藏研究、在生产油气田采油工艺研究、废弃方案研究业务下的以井(井筒或井管)为作用对象的所有数据集，参照资源管理系统目前编目，探井不需要此阶段，开发井、探井转开发井需要
	生产测井	包含该业务下的所有数据集，探井不需要此阶段，开发井、探井转开发井需要
	生产试井	包含该业务下的所有数据集，探井不需要此阶段，开发井、探井转开发井需要
	井下作业	包含该业务下的所有数据集，探井不需要此阶段，开发井、探井转开发井需要
	弃井	包含该业务下的所有数据集
	分析化验	探井与开发井的区别在于探井没有提高采收率实验的所有数据集和现场样品分析的部分数据集，需根据井别区分

5.2.3 活动时序关系梳理

在业务对象的生命周期及阶段梳理过程中，只是对业务数据(数据集)进行了归类，但具体每个业务活动及其产生的数据集是否在实际的勘探开发业务过程中一定会发生是无法确定的，因此，需要在业务对象生命周期阶段划分的基础上，根据每个业务活动的实际开展情况进行同一个阶段内业务活动之间在业务过程中实际发生的先后顺序关系，以及其产生的数据集之间的先后关系，从而才能更精确地进行数据齐全性和及时性的判断。

首先从勘探开发的业务流程分析入手，对勘探开发一体化业务模型中的业务活动，以核心业务对象的生命周期为边界，将涉及的所有业务活动进行业务流程的顺序进行重新组合，一个业务对象所涉及的业务活动在勘探开发一体化业务模型中可能分属于不同的业务域，在此过程中可以对所有的业务活动进行统一的梳理，避免业务活动的重复或遗漏。

在业务流程分析过程中，明确了业务对象的生命周期边界，形成了业务对象的业务活动完整集合，接下来需要从生命周期阶段划分和并行时间两个维度对业务活动进行时序分析。业务对象的相同生命周期阶段可能会同时发生多个业务活动，如井对象的钻井过程中，一般都会伴有录井、测井等业务活动，如果只从生命周期的阶段划分维度来进行数据的组织和分析，则无法细分出这些并行发生的活动之间的真实关系，从而也就无法对业务数据之间的齐全性和及时性进行明确的约定，在开始详细分析之前，需要通过由粗到细地对每个核心业务对象所涉及的业务流程进行分析，从而逐步厘清不同业务阶段中业务活动的边界范围以及相互之间的关系，尤其是不同的业务阶段之间存在的业务活动交叉引用的关系，需要在此进行还原。图 5-4 是井业务对象的业务流程分析示意图，分一级业务、二级业务、三级业务这三个级别对业务流程进行了逐步的细化。

根据业务活动逐级归类分析，接下来可以开展业务活动的时序分析工作。在业务活动时序分析中，根据实际业务活动的情况连建立活动时序轴，对于有严格时间先后关系的生命周期阶段，可以只建立一个以生命周期阶段为时间维度的时序轴，但是在大多数情况下，多个业务活动是并发进行的，如钻井、录井、测井等，这就需要建立两个维度的时间轴，纵向上以生命周期阶段时序为轴，横向上业务活动的持续时长为轴。

在表达业务活动之间的逻辑关系时，除了明确业务活动之间的父子包含关系之外，还需要确定活动之间的依赖、前置和后序等关系。父子包含关系的业务活动中，需要明确子活动在父活动发生后是否必发生，通过该规则可以计算出必须产生的业务数据。

在业务活动时序分析图中，通过实线与虚线边框来区分是否必发生活动，通过在两个轴向维度上从上到下和从左到右的方向来表达业务活动之间发生时间的先后顺序关系，矩形框的长短示意了业务活动的持续时长。具体描述见图 5-5 的图例说明信息。

通过业务活动的时序分析，可以明确每个业务活动的父子逻辑包含关系以及兄弟活动之间的前置和后序关系，所有的业务活动都可以根据以上规则在时序维度中确定出其所在的位置。这些关系都将存储在数据资源管理元数据库中，作为齐全性和及时性判断的依据。

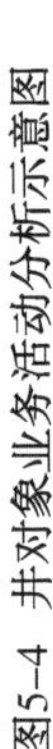

图5-4 井对象业务活动分析示意图

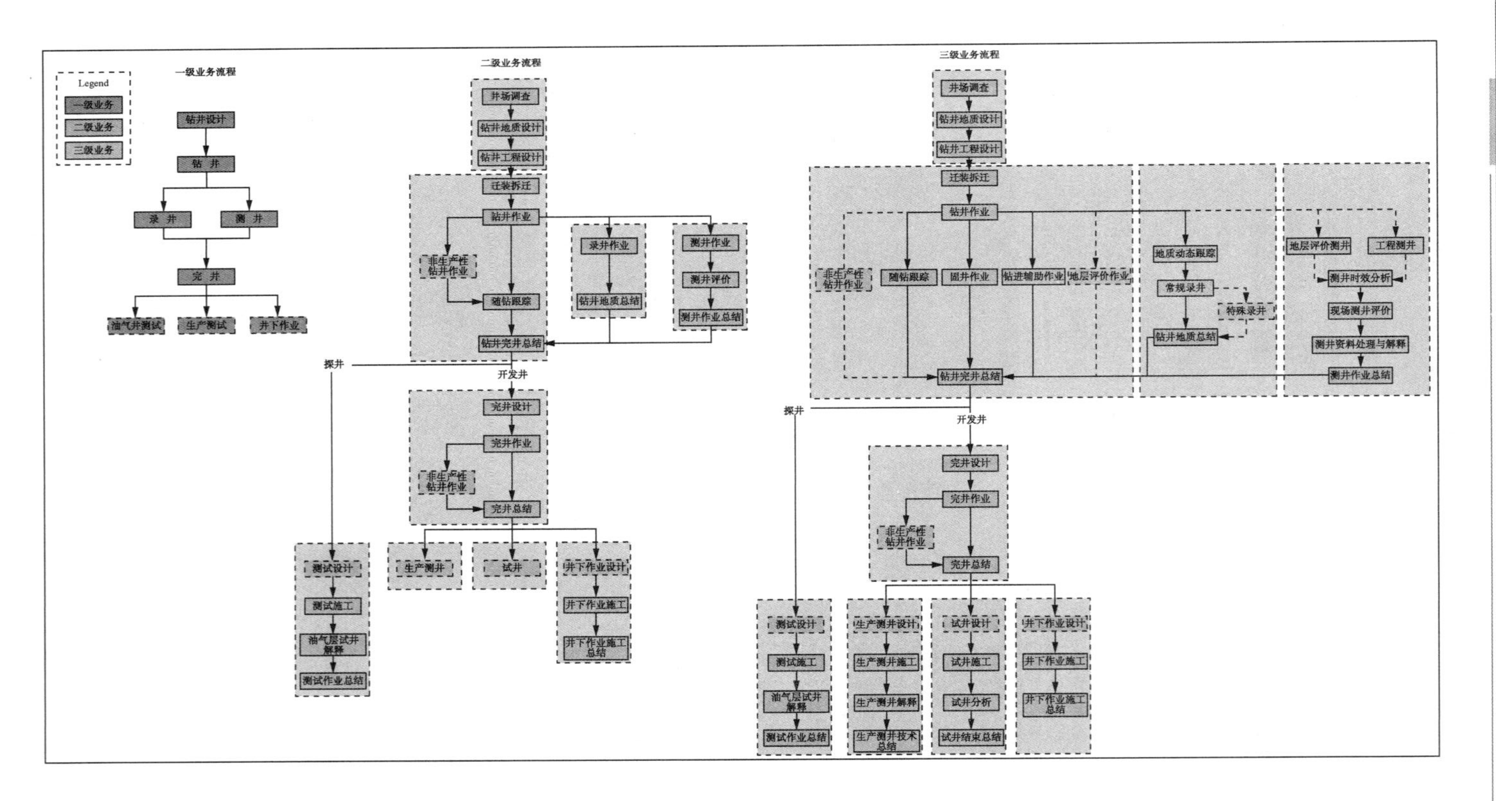

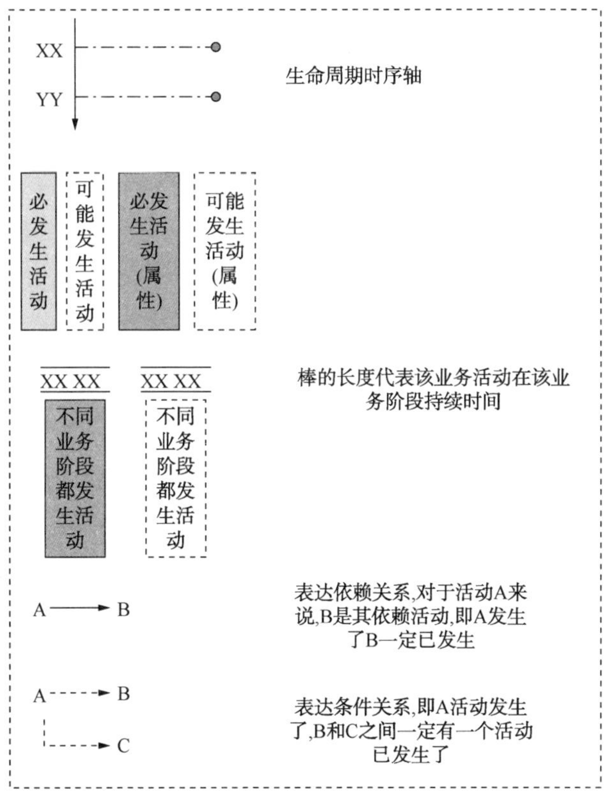

图 5-5　业务活动时序图例说明

5.3　齐全率分析技术

数据资源的齐全率是指数据资源在资源登记检查时已报的数据量与应报的数据量的比值。该指标用来衡量数据资源是否有缺失，其中已报的数据量是指针对某个业务对象的某类业务数据(数据集)在进行数据扫描登记时得到的记录数，而应报数据量则是通过活动时序关系分析成果，确定该业务数据(数据集)中应该具有的记录数。

在数据资源齐全率的统计计算过程中，应有数据量的统计是关键。应有数据量的计算除了依据业务活动的时序关系之外，还需要根据一体化业务模型中活动的输入数据和输出数据来进行，也就是说需要明确每个业务活动开展的前置条件满足，以及该活动发生后所产生的业务数据(数据集)，从而形成完整的业务数据关联关系链。

齐全性检查主要包括两部分：

(1) 判断对象处于生命周期哪个阶段；

(2) 判断对象在已发生阶段数据是否应产生。

齐全性检查依赖的元数据包括：

(1) 对象元数据；

(2) 对象生命周期编目元数据(含业务、业务活动)、数据集元数据；

(3) 业务/业务活动前置条件元数据、数据集发生顺序元数据、业务/业务活动/数据集必发生元数据；

(4) 数据产生时间元数据、发生频率元数据。

其中数据发生频率信息是在一体化业务模型的活动时序分析的基础上，定义每个类型的业务活动在实际的勘探开发业务场景中发生的次数。

甄别条件含义说明(表5-4、表5-5、表5-6)：

表5-4　甄别条件含义(一)

业务性质	说明根据业务特性可能发生次数情况	
取值	一次性	代表该业务在该业务阶段一定会发生，而且只会发生一次
	周期性	代表该业务在该业务阶段会周期性发生
	不定次(>=1)	代表该业务在该业务阶段一定会发生，而且可能是多次发生
	不定次(>=0)	代表该业务在该业务阶段不一定会发生，而且如果发生则也可能是多次发生

表5-5　甄别条件含义(二)

活动性质	说明根据活动特性可能发生次数情况	
取值	一次性	代表该活动在该业务阶段一定会发生，而且只会发生一次
	周期性	代表该活动在该业务阶段会周期性发生
	不定次(>=1)	代表该活动在该业务阶段一定会发生，而且可能是多次发生
	不定次(>=0)	代表该活动在该业务阶段不一定会发生，而且如果发生则也可能是多次发生，备注说明了是否需要对这类活动进行统计及原因

表5-6　甄别条件含义(三)

活动限定条件	与活动性质组合使用，用于说明在满足某个限定条件的情况下，活动发生的可能性
资料是否必须存在	用于描述当活动发生时，其对应业务成果资料是否必定会产生，1=1代表必定会产生

续表

资料限定条件	与资料是否必须存在组合使用，用于说明在满足某个限定条件的情况下，资料产生的可能性
前必须有活动	当前活动发生时，其前必须发生的活动名称
后必须有活动	当前活动发生时，其后必须发生的活动名称

通过对所有海洋石油勘探开发业务活动和业务数据(数据集)之间关联关系的分析，总结的齐全性规则类型包括以下四种(表5-7)：

表5-7 齐全性规则分类

序号	规则类型	具体说明	应有	数据量
1	A活动发生，一定产生至少一条B数据	钻井工程完工总结基本数据表有一条数据，钻井工程完工报告至少产生一条数据	应有	存在数据应有=已有数据量；缺失时，应有1，缺失1
2	对象的存在类型是存在的，B活动一定会发生	钻井地质设计基本数据表一口井一条	应有	1
3	根据A活动发生时间，确定B产生条数(周期性)	录井作业基本数据表中开始日期到结束日期，钻井地质作业动态表每天一条数据	应有	根据时间统计结果确定
4	A统计表存在B活动发生多少次，B活动发生多少次	年度测井工作量单井单项统计表有一条记录，测井项目组合基本数据表至少有一条记录	应有	根据统计结果确定

按照齐全性判断规则的分类，对所有业务对象生命周期内的所有业务活动和业务数据(数据集)逐一进行齐全性判断规则的定义，表5-8是部分齐全性规则清单示例。

表5-8 齐全性规则结果清单示例

序号	业务活动名称	数据集名称	是否必发生	活动规则描述	数据集规则描述
1	井场调查	工程地质调查报告	是		井场调查基本数据表有一条，该表必须一条
2	井场调查	作业风险分析报告	是		井场调查基本数据表有一条，该表必须一条
3	钻井地质设计	钻井地质设计基本数据表	是		一口井一条

续表

序号	业务活动名称	数据集名称	是否必发生	活动规则描述	数据集规则描述
4	钻井地质设计	钻井地质设计报告	是		一口井一条
5	钻井地质设计	测井项目组合设计表	是		必须有，一口井至少一条
6	钻井地质设计	靶点设计数据表	否		定向井、多底井、侧钻井、水平井都需要填写，具体数量不定
7	钻井地质设计	取心设计数据表	否		可有可无

综合以上业务活动和业务数据(数据集)的分析成果，在逻辑关系上，通过以下 E-R 关系图来表达各个层面分析成果之间的关系，这些关系将存储在数据资产管理元数据库中(图 5-6)。

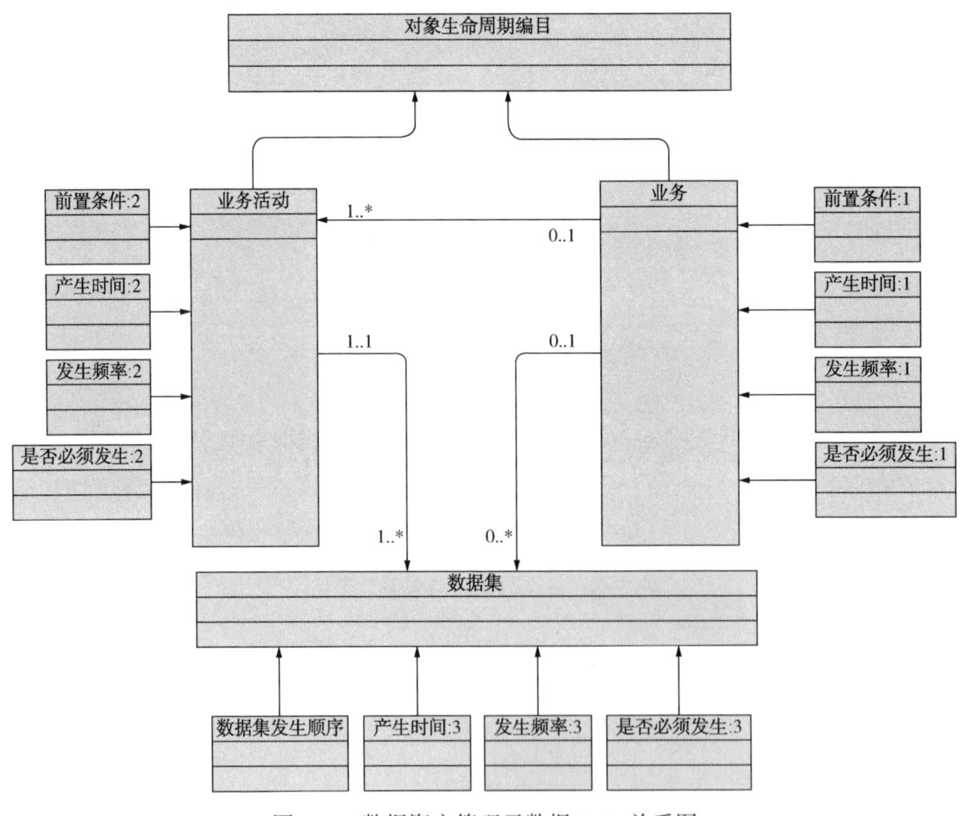

图 5-6　数据资产管理元数据 E-R 关系图

对象生命周期来源于业务，业务自身关系复杂，导致对象生命周期数据结构非常复杂，这种复杂关系从逻辑关系的角度，每个业务活动和数据集在业务对象的整个生命周期内可以通过树型数据结构来进行表达和实现，业务对象的完整生命周期数据结构可视为由多棵树型结构组成的空间数据结构。通过建立树型结构，可以采用递归的方式快速完成业务活动的父子、前置和后序等关系的追溯，从而快速得到齐全性统计结果(图 5-7)。

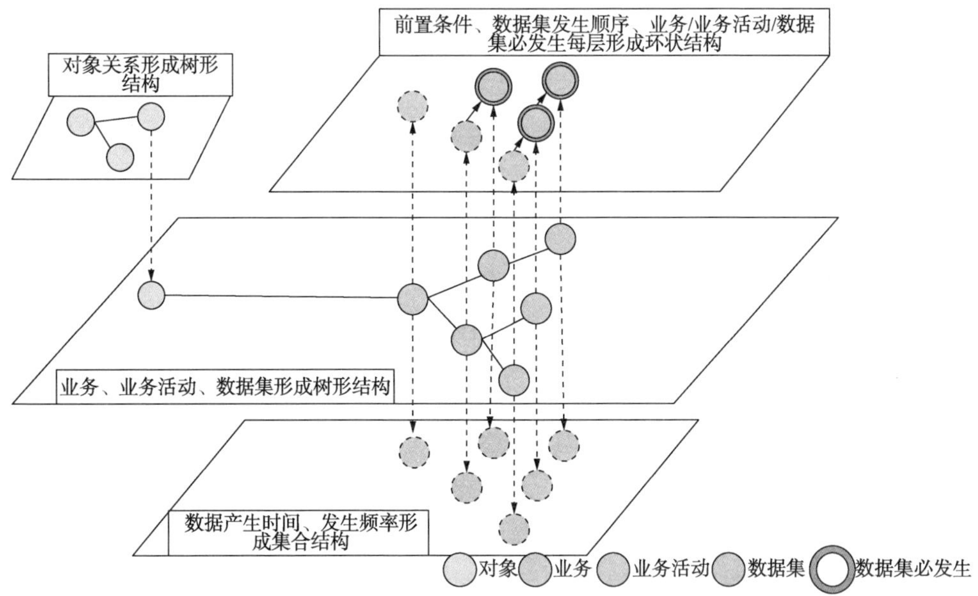

图 5-7　业务对象、业务活动、数据集在数据结构上空间关系示意图

5.4　及时率分析技术

数据及时性是指应采集的数据是否在采集规范要求的时间内采集上报，衡量数据及时性的指标是数据及时率。

数据及时率的计算公式是：在规定时间内已上报的数据量/应报数据量；

其中的在规定时间内已上报的数据量指的是录入时间与应上报时间比较，取录入时间小于等于应上报时间的数据量；应报数据量：来自齐全性的应报数据量，即某业务发生后应该上报的数据量。

及时性规则根据不同的情况分为以下三种类型(表 5-9)：

表 5-9 及时性规则

序号	规则类型	具体说明	数据量
1	利用活动表本身开始时间、INPUT_TIME	录井作业基本数据表，作业开始 1 天内上报	INPUT_TIME 小于等于作业开始时间+1 的数据量
2	利用活动表本身结束时间、INPUT_TIME	井场调查基本数据表，现场调查作业结束 7 天内上报	INPUT_TIME 小于等于结束时间+7 的数据量
3	利用活动表的结束时间、活动记录表的 INPUT_TIME	工程地质调查报告表，现场调查任务结束 7 天内上报	活动记录表的 INPUT_TIME 小于等于利用活动表结束时间+7

按照这三种及时性判断规则，结合勘探开发实际管理要求，对所有的业务活动和业务数据(数据集)进行及时性规则的定义。

数据及时性的统计依赖数据资源编目和数据齐全性规则判断数据是否应采集以及应采集数据量，实际采集数据量通过采集规范中要求的时间与数据的录入时间比较统计出在规定时间内采集的数据量。

及时性元数据的分析按照勘探开发业务应用以及历史数据的多少设定优先级，如按照井筒工程、油气田生产、分析化验、综合研究、物化探业务域顺序进行。基于采集规范中的要求采集上报时间点经过业务部门的确认后，使用历史数据进行测试，从而更高效地补充和完善及时性的元数据。

在数据的齐全性和及时性数据统计过程中，可以通过登记的实物工作量来进行辅助判断，实物工作量是指在勘探开发业务过程中，对已经发生的业务活动进行单独的统计，结合业务活动时序关系来补充完善应有数据量。

将实物工作量涉及的数据表在资源编目中进行增加，然后通过实物工作量表中该对象实例是否有数据，判断其业务是否已经发生，然后再判断其前置发生是否有数据。

无实物工作量情况下数据齐全性和及时性的检查依据为依据数据库中已存在的业务表进行检查；如果存在实物工作量的表，数据的检查增加实物工作量的检查，即实物工作量与原数据表共同参与数据齐全性的检查与统计。如钻井日报数据集原来的齐全性检查规则为：从钻井施工基本数据表取开钻完钻时间，开钻到完钻之间一天一条；有了实物工作量以后需要调整为：从探井工作量月度汇总表(只取完钻时间不为空的最近一次的记录)与钻井施工基本数据表中取该井的开钻时间与完钻时间，开钻时间与完钻时间之间一天一条。

表 5-10 是对具体的业务活动和业务数据(数据集)的及时性要求的定义示例。

表 5-10　业务数据(数据集)及时性业务要求清单示例

序号	作用对象	数据集	依赖活动	规则描述
1	油气田	油气田总体开发方案	ODP 方案编制	完成后 30 日内
2	油气田	ODP 地质油藏方案专家审查意见	ODP 方案编制	完成后 30 日内
3	油气田	油气田总体开发方案专家审查意见	ODP 方案编制	完成后 30 日内
4	油气田	油气田总体开发方案专家审查会议纪要	ODP 方案编制	完成后 30 日内
5	油气田	ODP 研究地质研究报告	ODP 方案编制	完成后 30 日内
6	油气田	ODP 研究地震解释报告	ODP 方案编制	完成后 30 日内
7	油气田	ODP 研究测井解释报告	ODP 方案编制	完成后 30 日内
8	油气田	ODP 研究试油成果报告	ODP 方案编制	完成后 30 日内
9	油气田	ODP 研究特殊岩心分析报告	ODP 方案编制	完成后 30 日内
10	油气田	ODP 研究流体分析报告	ODP 方案编制	完成后 30 日内

根据每个业务数据(数据集)在勘探开发实际业务过程中的时间要求，结合及时性规则的定义类型，对每个业务活动和业务数据(数据集)的及时性规则进行详细描述，从而形成最终的及时性判断规则，存入到数据资源管理系统的元数据库中。具体的数据及时性规则见表 5-11。

表 5-11　数据及时性规则示例

业务活动名称	数据集名称	是否必发生	数据集齐全性规则描述	数据集及时性规则描述
井下作业总结	井下作业总结报告	是	井下作业总结基本数据表有一条数据，本表至少有一条数据	作业完成后 15 天内上报，从井下作业基本数据表中查找该次作业的结束时间，然后统计数据的录入时间比作业的结束时间小于等于的数据量作为及时性的已有
井下作业总结	专项作业测试报告	否	可有可无	作业完成后 15 天内上报，从井下作业基本数据表中查找该次作业的结束时间，然后统计数据的录入时间比作业的结束时间小于等于的数据量作为及时性的已有
油气田单井计量	油气井计量日数据表	否	井管类型是生产井管的至少有一条	次日 9：00 前；日报日期与数据的录入时间比较，取日报日期+1 的 0 点<=录入时间<=日报日期+1 的 9 点

5.5 规范率分析技术

数据资源的规范率是指入库数据的质量符合业务规则的比例，规范数据的数据量是通过对入库数据进行相应的数据质量检查来计量的。

从勘探开发一体化数据中心建设的角度，数据质检不仅需要对采集库进行检查，也需要对整个数据中心管理范围内的所有数据库进行检查，因此，在数据质检的架构设计上，采用模型驱动的方式，通过元模型的定义来管理一体化数据中心所有数据库中数据的质量检查规则，从而形成通用的数据质量检查机制，保证数据中心的数据准确性与规范性。

在一体化数据中心的不同阶段，都需要应用到质量检查机制(图 5-8)，具体包括：

(1) 在采集过程中，使用质检规则进行检查，避免不规范数据入库；

(2) 在迁移过程中，使用质检规则对迁移数据进行检查，确保进入采集总库的数据是规范有效的；

(3) 通过对采集总库数据进行质检扫描，将不规范数据退回采集源点重新修改。

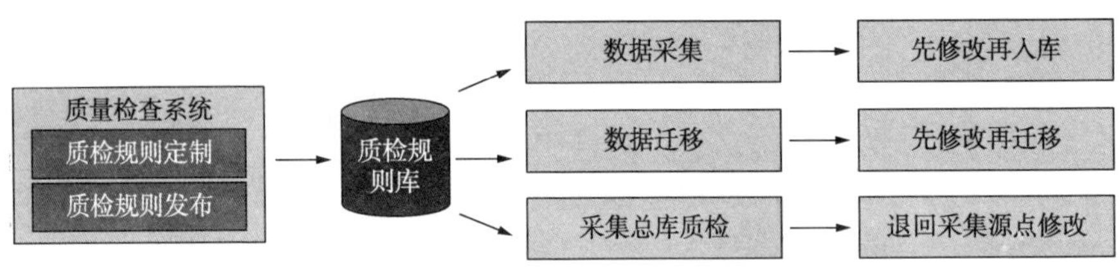

图 5-8 质量检查系统在一体化数据中心不同阶段的应用过程

数据质检与一体化数据中心的其他子系统具有紧密联系(图 5-9)，为保障质检功能的一致性和通用性，需遵循以下规则：

(1) 采用统一的模型驱动思想和元数据体系实现系统的相互驱动与联动，并使系统能够适应业务与应用的变化和发展。

(2) 在统一的平台架构下进行开发实现，特别是需要采用统一的用户认证服务，开发统一的权限控制体系，建立一体化的应用环境。

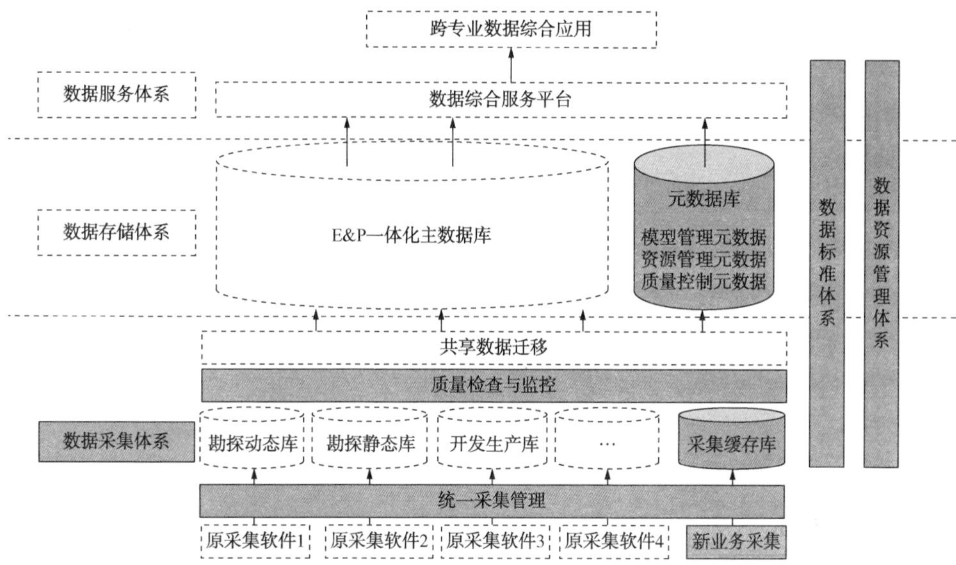

图 5-9　数据质检在一体化数据中心总体架构中的划分

(3) 保持统一的界面风格和操作方式。

因此，从减少工作量，提升系统的可维护性，健壮性，可扩展性及保持各子系统的界面风格统一等角度出发，在涉及多源数据访问、元数据访问、任务调度、缓存框架、安全管理、日志管理、邮件发送等功能时，质量监控子系统复用互联互通子系统已经实现的相关组件，不再重复设计和实现，而是将重点放到核心的业务逻辑上，如规则和任务的管理、结果的统计展现等。

5.5.1　技术原则及功能划分

数据质量监控遵循一体化数据中心整体的模型驱动设计理念，使用上图中的物理模型元数据以自动生成质检规则 SQL 语句，使用元数据描述质检规则与质检任务，以方便维护与其他子系统的数据交换。

(1) 基于 MVC(Model View Controller，模型-视图-控制器)的分层设计原则。在数据质量监控子系统中，对每个模块采用 MVC 分层次设计的原则，此模式通过对复杂度的简化，使程序结构更加直观。软件系统通过对自身基本部分分离的同时也赋予了各个基本部分应有的功能。

(2) 视图层，即 JSP 层，负责接收系统的输入输出并展示页面。

(3) 控制层，即 Action 层，负责分发跳转，控制权限、控制会话等等。

(4) 模型层，即 Service 层，处理业务逻辑，完成整个质检系统数据操作任务。

Service 层与 Action 层之间以及 Action 层与 DAO 层之间均采用工厂模式调用，降低了耦合度，并为以后的修改和维护提供了简易的途径，MVC 模式使用 Struts2 实现。

质检技术功能分层图如图 5-10，功能分层如下：

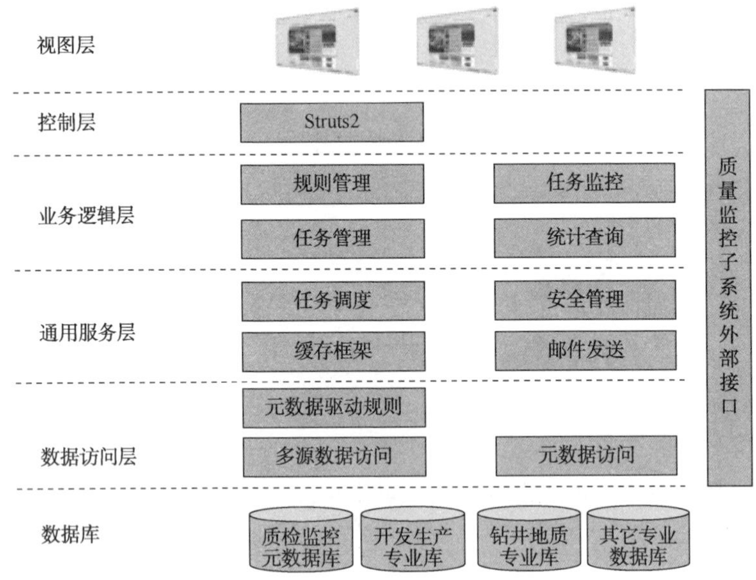

图 5-10　质检技术功能分层图

(1) 视图层：即 JSP 页面，复杂系统的接收系统的输入输出并展示。

(2) 控制层：即 Action 层，负责分发跳转，控制权限、控制会话等。

(3) 业务逻辑层：即 Service 层，处理业务逻辑，完成整个质检系统的数据操作任务。

(4) 通用服务层：即 A2 各子系统的通用组件，包括多源数据访问、元数据访问、任务调度、缓存框架、安全管理、日志管理、邮件发送等。

(5) 数据访问层：即 DAO 层，负责处理数据库的访问请求。

5.5.2　规范性规则分类

质检系统根据勘探开发一体化业务模型的成果，通过定义数据库层面的规则约束来进行数据质量的检查，具体的质检规则类型见表 5-12。

表 5-12 质检规则类型

类型	序号	细分	数据库是否可以检查	备注
非空	1	入库规范要求非空	√	通过非空约束检查
	2	关联检查非空	×	通过规则约束检查
空值	3	关联检查必须为空	×	通过规则约束检查
值域	4	数值区间	√	通过规则约束检查
	5	规范值列表	√	通过规则约束检查
类型	6	日期类型	√	通过数据类型控制
	7	数值	√	通过数据类型控制
一致性	8	数据依赖其他表	√	通过外键约束检查
	9	业务主键唯一	√	通过唯一约束检查
常识	10	两个字段大小比较	√	通过检查约束检查
	11	多个数据项计算检查	√	通过检查约束检查

规则 1：入库规范要求非空，是指在业务需求上要求该字段不能为空，比如井数据中的“井号”字段必须要填写后才能入库，该类型的规则通过数据库的非空约束来实现。

规则 2：关联检查非空，是指当该记录满足一定条件时，该字段必须有值，如当一个井筒不是主井筒时，其“父井筒”字段必须非空，该类型规则需要通过软件代码实现。

规则 3：关联检查必须为空，是指当该记录满足一定条件时，该字段必须为空，如当一个构造类型是盆地时，其“父构造”字段必须为空，该类型规则需要通过软件代码实现。

规则 4：数值区间，是指在业务上指定要求该字段的取值必须在一定的范围内，如甲烷百分含量数据，在业务逻辑上不允许超过 100%，因此其取值范围只能在 0~100 范围内，该类型规则可以通过数据库的取值范围约束来实现。

规则 5：规范值列表，是指为了保证入库数据的规范性，对字段的取值有一个明确的规定，一般是通过建立一个附录代码表来实现，如油质类型只能在凝析油、轻质油、中质油、重质油、超重质油中选择一个进行填写，该规则类型可以通过数据库的外键约束来实现。

规则 6：日期数据类型，是指规定字段填入的数据类型必须是日期型，如开钻日期等，该类型的规则可以通过数据库的数据类型定义来实现。

规则7：数值数据类型，是指规定字段填入的数据类型必须是数值型的，同时需要指定数值的长度和小数位数，如有效厚度等，该规则类型可以通过数据库的数据类型和精度定义来实现。

规则8：数据依赖型一致性检查，是指在数据存储设计时该字段的内容来自其他数据表，在填写时必须保持该字段内容与来源表的内容一致，如固井作业时必须明确是针对哪一次钻井作业进行的，并且其内容必须与钻井作业中的内容保持一致，该规则类型可以通过数据库的外键约束来实现。

规则9：业务主键唯一，是指某条记录所表达的业务含义在勘探开发业务过程中必须能明确且唯一表达，一般是通过一个或多个字段联合，如开钻程序信息必须同时明确在业务上是针对哪一口井以及是哪一次钻井作业活动，从而确保在业务逻辑上不存在歧义，该类型规则可以通过数据库的唯一性约束来实现。

规则10：两个字段比较，是指在同一条记录中的两个不同字段在业务上存在一定的约束关系，如井段顶深和井段底深两个字段在数值上井段底深一定不能小于井段顶深，否则违法业务逻辑，该规则类型需要通过软件代码来实现。

规则11：多个数据项计算检查，是指在同一条记录内多个字段之间存在一定的业务逻辑约束，如气测数据中的所有含量字段之和不能超过100%，该类规则需要通过软件代码来实现。

另外，虽然大部分质检规则都可以通过数据库自身的约束来实现，但是在数据库中创建过多的约束，会影响数据的新增、修改效率；另外对于这种业务数据的录入，一行记录并不一定是一个录入人进行录入的，有时需要多人合作完成，这样对于数据库中直接建立约束来控制数据质量来说是不适合的，那样会造成数据不完整时无法提交，所以建立事后检查的质量检查软件是有必要的。

5.5.3 规范性规则制定方法

根据质检规则的类型和含义，将一体化业务模型(采集总库)中的所有相关字段逐一进行质检规则的分类和定义，形成完整的质检规则集合，作为元数据的一部分存储在元模型中。

质检规则定义完成后，根据质检类型的不同，形成不同的规则检查代码(大部分可以通过定义数据库层面的约束规则来实现，少部分需要通过定义详细的代码来实现)。

6 数据应用技术

勘探开发一体化数据中心解决了数据的源头采集、集中管理、统一共享。在此基础上应用信息技术深入挖掘数据价值，为石油勘探开发业务人员提供方便、使用的数据应用，提升数据的应用价值。

本章对数据应用技术进行了介绍，主要包括标准接口技术、数据服务引擎技术、综合检索技术、数据综合统计分析技术、大数据分析技术、知识抽提与分析技术、数据应用及安全管控技术等。

6.1 数据应用技术原理

数据应用技术体系基于统一的元模型体系，建立模型驱动架构(MDA)，并在此基础上进行软件开发，一方面实现系统的相互驱动与联动，另一方面使系统能够适应业务与应用的变化和发展。

数据应用技术需遵循如下原则：

(1) 模型驱动

根据数据中心建设过程中统一的业务梳理及建模规则建立的业务模型、逻辑模型、物理模型，具有结构统一、元数据丰富、逐层递进抽象的特点。数据服务需要基于这三层模型，采用模型驱动原则来建设，模型驱动原则具有以下特点：

1) 通过“专业域、业务、业务流程、业务活动”四个层次逐细化，建立业务模型，获取业务的最基本的单元(活动)。

2) 通过对业务活动进行标准化，建立业务单元，对业务活动的相关环境、数据进行标准化定义。

3) 利用标准化的业务单元的组合，可以建立新的业务流程，实现业务分析的可持续性，避免将来重复性地开展业务分析。

4) 利用标准化的业务单元中对数据的定义，可自动建立数据模型的标准化定义，实现真正从业务模型到数据模型的“驱动”。

(2) 开放协作

数据应用是跨源的，不同类型的数据源均按照统一的数据接口对外提供数据服务，且数据服务的接口相对开放，使调用方能根据需要进行二次开发。

(3) 灵活多样

数据服务方式应包含主流的数据支持模式，如数据投影服务、ETL 数据交换服务、第三方软件服务、API(Application Programming Interface，应用程序接口)或 SDK(Software Development Kit，软件开发工具包)等二次开发服务。数据服务接口类型应包含 WebSevice、RESTful、SDK 类库等服务类型。

(4) 持续发展

数据中心对外提供数据服务时需发布标准统一的服务接口，以保证数据服务的独立、稳定。以元数据标准为核心奠定标准管理体系，实现对模型的维护与扩展，使数据模型可以跟随业务和应用需求的发展而持续发展。

图 6-1 是数据应用技术体系技术架构图，分为 5 层：

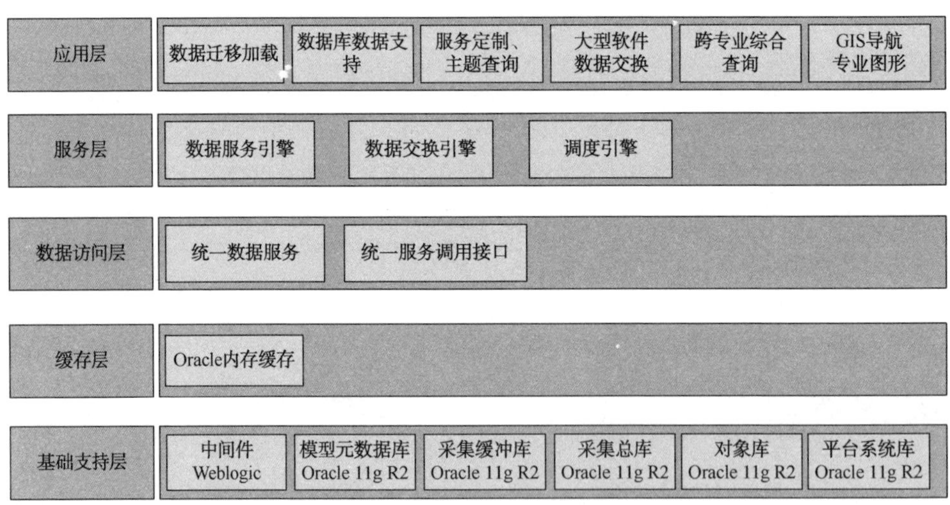

图 6-1　数据服务技术分层图

(1) 基础支持层：为系统正常运行提供基础支撑。应用服务容器由 Weblogic 提供支持，数据库由 Oracle 11g R2 提供支持。

(2) 数据访问层：采用标准接口技术进行数据应用的接口开发，对相关业务应用提供标准的数据支持。

(3) 缓存层：采用 Oracle 自身缓存表机制缓存数据，把常用数据缓存到内存中。

(4) 服务层：提供数据服务驱动引擎、数据交换引擎、调度引擎为数据服务平台应用及数据服务接口提供相关服务。

(5) 应用层：实现勘探开发业务的跨专业数据共享、综合数据查询、数据搜索、异构数据交换、对应用系统和软件数据支持等功能，同时建立大数据分析平台及知识管理平台，为任务人员提供各式各样的数据应用支持。

数据应用技术体系以组件化的方式进行功能开发，以服务化的方式提供数据服务，通过组件和服务的搭配组合完成上层应用的开发。

6.2 标准接口技术

在数据服务建设中，通过 RESTful 接口、SDK 类库和主题库投影等三种方式对外提供服务，实现对应用系统的支持。RESTful 接口为第三方应用提供对数据中心跨平台跨语言的访问，也为数据中心的云化部署提供支持；SDK 类库面向二次开发，基于数据中心的软件开发工具包，不但实现 JAVA API 类库的支持，而且增加 .NET 类库的支持，实现对 .NET 架构应用的开发支持；主题库投影实现对数据中心数据直接投影推送。丰富的数据服务模式，为后续云计算技术的应用、应用集成的开展打下了技术基础。

6.2.1 RESTful 接口

RESTful 是一种针对网络应用的设计和开发方式，是改良的 SOA(Service-Oriented Architecture，面向服务架构)接口方式，效率较高，可以降低开发的复杂性，提高系统的可伸缩性。

把定制的数据服务对外发布成了 RESTful 数据服务接口(图 6-2)，外部应用系统经过授权后通过 RESTful 接口获取数据中心的数据。接口支持跨平台部署，可以基于现有部署环境快速移植到云端基础设施，实现云端部署应用。

6.2.2 SDK 类库

SDK 类库是基于面向对象逻辑模型进行封装，为二次开发提供的软件开发工具包，它是一种面向对象的接口方式，支持传统的面向对象开发，并提供 Java

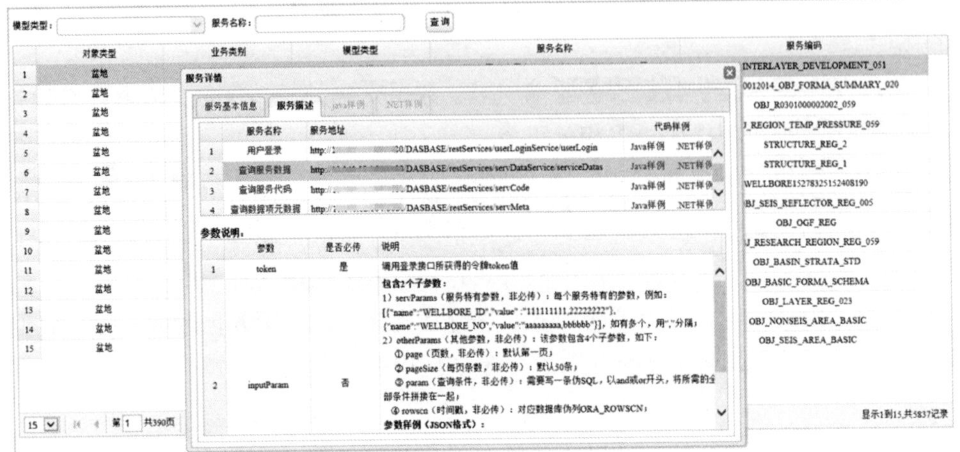

图 6-2　RESTful 接口说明界面

和 . Net 两个版本。

通过 SDK 类库管理工具(图 6-3)，实现了二次开发包的管理、升级和发布功能。通过数据服务驱动引擎完成开发包的升级，通过 SDK 管理工具发布升级后的开发包。同时实现自动生成类库 API 手册功能，供开发人员下载使用。

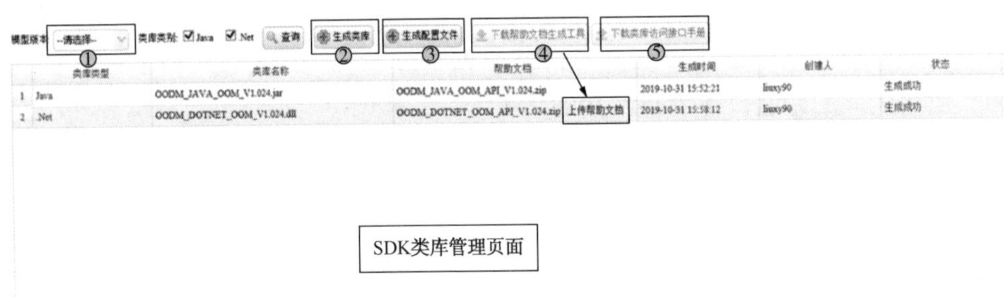

图 6-3　SDK 类库管理

(1) . NET 类库使用举例

方法：根据对象 Instance_S 值查询对象实例

类：ObjSession

方法：T findObjById<T>(Type entityClass, string Instance_S) where T : class, ooe_data

entityClass：对象类

Instance_S：对象实例 Instance_S 值

例子：

oop_well_statusaa = sessionObj. findObjById<oop_well_status>(typeof(oop_well_status), "04542A798EBB4F7B82530832EB43BADF");

（2）JAVA 类库使用举例

方法：根据对象 instance_s 值查询对象实例

类：ObjSession

方法：<T extendsooe_data> T findObjById(Class<T> entityClass,String instanceS)

entityClass：对象类

instance_s：对象实例 instance_s 值

例子：

oop_well_statusaa = sessionObj. findObjById（op_well_status. class, "04542A798EBB4F7B82530832EB43BADF");

6.2.3 主题库投影

主题库投影是基于勘探开发一体化模型，通过 HTML5 技术实现可视化地定制和投影主题库，实现对第三方应用系统数据支持和推送。

通过建立主题库数据集市，并提供主题库投影工具，实现对主题库的结构定义，保证主题库与数据中心结构的一致性，实现主题库所需数据的按需推送和成果数据的实时回存。同时，HTML5 技术跨平台性和图形化能力，提升了软件的易用性。

6.3 引擎驱动技术

数据服务引擎是数据服务及应用的核心，是基于勘探开发一体化模型的元数据驱动体系的具体实现，是业务模型、逻辑模型、物理模型间转换所需要的翻译、解释和处理功能的发动机。数据服务引擎基于模型驱动技术的理念实现，能灵活地为各功能模块提供数据访问支持，提高了业务的扩展性和适应性，能够满足数据中心建设持续发展的需要。

整个数据服务引擎从整体上分为服务逻辑层参数封装、服务参数转换、通用服务 SQL 生成、服务元数据组织及存储四部分(图 6-4)。

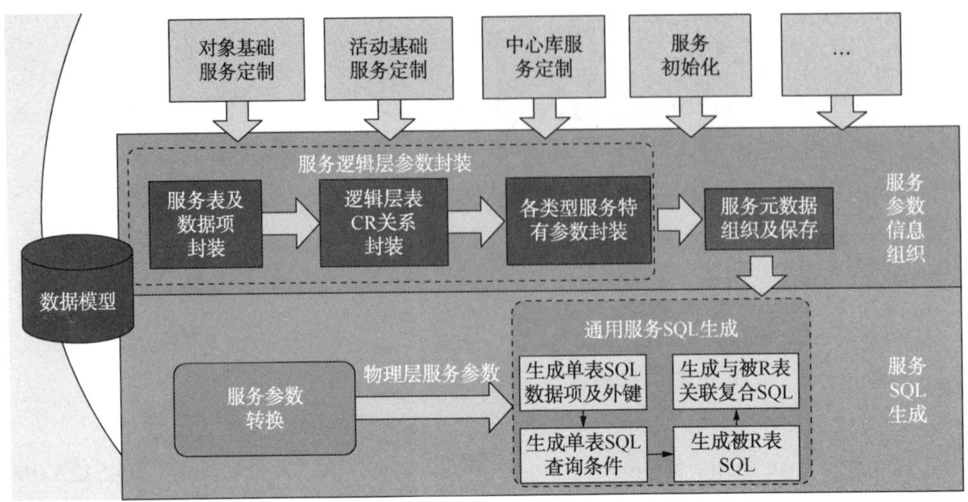

图 6-4　逻辑模型映射步骤

6.3.1　服务逻辑层封装

数据模型逻辑层以对象和活动为线索，对勘探开发数据进行整合，充分表达了数据的业务场景和数据关系，对勘探开发实际业务进行客观表达，通过对象活动将勘探开发数据按照不同的业务角度进行展示和业务场景表达，真正实现了对数据的稳定存储、数据业务逻辑整合、按业务场景分发数据的要求。

以模型驱动方式，通过对逻辑层的封装，实现模型的可持续维护，轻而易举满足业务拓展。

6.3.2　服务物理层封装

物理层通用 SQL 生成模块由一个 SQL 递归生成算法来完成，基本思路是先构造本表的查询 SQL 的数据项、外键、查询条件部分，然后对本表引用(R)的每个表递归调用本模块，将每个引用表的 SQL 与本表 SQL 进行关联，最终生成完整的服务 SQL。

对于各种类型的服务定制(图 6-5)，都要经过如下几步进行处理：

(1) 根据模型元数据及定制业务需求，从逻辑层构造服务参数；

(2) 访问模型投影元数据，将逻辑层的服务参数转换成物理层的服务参数；

(3) 将物理层的服务参数传入物理层通用 SQL 生成模块，生成服务的查询 SQL；

(4) 将生成的服务 SQL 及服务数据项、定制过程选择的表关联关系等服务元数据信息进行组织，保存到服务模型相关元数据表中。

通过物理层封装，最终由服务平台服务定制模块完成功能实现。

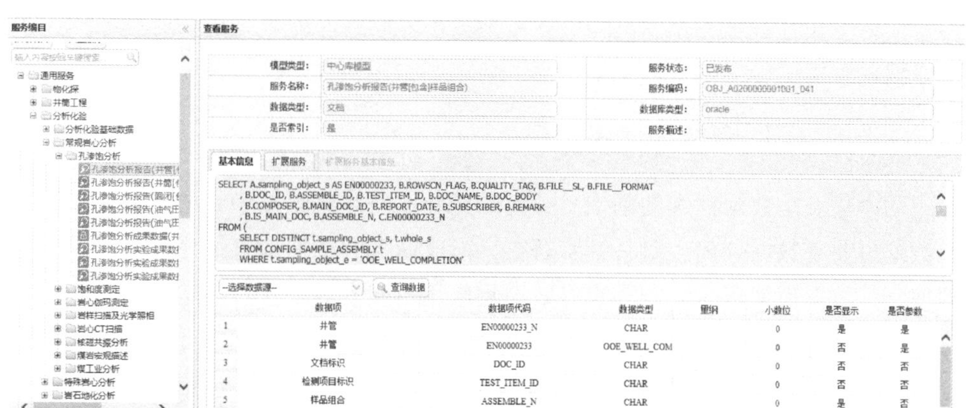

图 6-5　服务定制界面

6.4　综合检索技术

通过石油专业词库的中文分词器与数据中心的搜索引擎相结合，同时将元数据与业务数据分离，对关键字解析，确定搜索范围，准确有效地响应用户搜索需求。数据搜索流程，如图 6-6 所示。

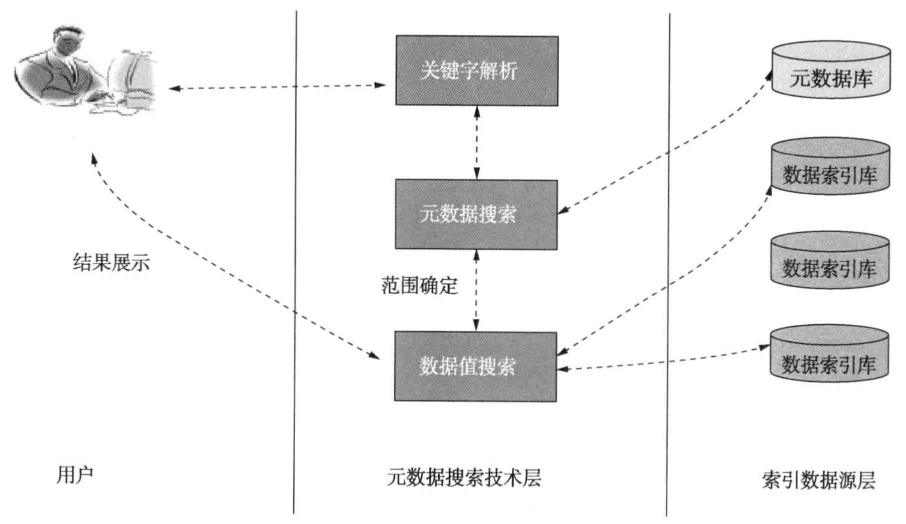

图 6-6　数据搜索流程图

综合搜索分为模糊搜索和精准搜索两种方式，根据搜索需求采用不同的关键词匹配技术和分词技术，搜索的结果展示采用类似百度的推荐排序制度，以满足不同的搜索场景。

6.4.1 石油专业词库建设

词库建设是数据检索的基础。针对勘探开发一体化数据中心的数据特点，将元数据与业务数据分离，对关键字解析，形成庞大的数据检索词库。在进行元数据搜索、数据值搜索时，能准确有效地响应用户搜索需求。

以勘探开发一体化模型元数据为基础，建立检索词库，包含拓展词库（图6-7）、同义词库（图6-8）和停顿词库（图6-9）。在应用过程中，对拓展词库启动智能分词技术，更好地符合业务需求；同义词库在勘探开发业务场景中能更好地对区块、油气田、井、井筒和井管等对象进行分词；停顿词库让计算机能够达到更好的自然语言处理效果，帮助计算机理解复杂的中文语言。

拓展词管理　同义词管理　停顿词管理

关键词：自定义的词库　查询　批量删除　添加词库

	分词	类别	操作
1	碳硫铁分析报告(圆闭[包含]井筒[包含]样品组合)	拓展词	编辑　删除
2	原油粘温曲线测定报告(圆闭[包含]井筒[包含]样品组合)	拓展词	编辑　删除
3	气水相对渗透率测定报告(圆闭[包含]井筒[包含]样品组合)	拓展词	编辑　删除
4	油气田核实产量月数据表_气	拓展词	编辑　删除
5	油气田核实产量月数据表气	拓展词	编辑　删除
6	岩石生物标志物色谱质谱分析数据体(井筒[包含]流体样品)	拓展词	编辑　删除
7	岩石生物标志物色谱质谱分析数据体井筒包含流体	拓展词	编辑　删除
8	岩石饱和烃色谱分析数据体井筒包含流体	拓展词	编辑　删除
9	岩石饱和烃色谱分析数据体(井筒[包含]流体样品)	拓展词	编辑　删除
10	岩石芳烃色质分析数据体井筒包含流体	拓展词	编辑　删除
11	岩石芳烃色质分析数据体(井筒[包含]流体样品)	拓展词	编辑　删除
12	岩石正构烷烃色谱质谱分析数据体(井筒[包含]流体样品)	拓展词	编辑　删除

图6-7　拓展词库管理界面

		分词	类别	操作
1	□	WS1-6-4,乌石1-6-4	同义词	编辑 删除
2	□	WS1-6-5,乌石1-6-5	同义词	编辑 删除
3	□	WS1-6-6,乌石1-6-6	同义词	编辑 删除
4	□	WS1-6-7,乌石1-6-7	同义词	编辑 删除
5	□	乌石1-6-7,WS1-6-7	同义词	编辑 删除
6	□	乌石1-6-4,WS1-6-4	同义词	编辑 删除
7	□	乌石1-6-6,WS1-6-6	同义词	编辑 删除
8	□	乌石1-6-5,WS1-6-5	同义词	编辑 删除
9	□	YC21-2,崖城21-2	同义词	编辑 删除
10	□	YC21-2-2,崖城21-2-2	同义词	编辑 删除
11	□	YC21-2-1,崖城21-2-1	同义词	编辑 删除
12	□	崖城21-2,YC21-2-2	同义词	编辑 删除
13	□	崖城21-2,YC21-2-1	同义词	编辑 删除
14	□	乐东10-1-13,LD10-1-13	同义词	编辑 删除
15	□	乌石22-9N,WS22-9N	同义词	编辑 删除
16	□	乌石22-9N-1,WS22-9N-1	同义词	编辑 删除

图 6-8　同义词库管理界面

		分词	类别	操作
1	□	了	停顿词	编辑 删除
2	□	的	停顿词	编辑 删除
3	□	之	停顿词	编辑 删除
4	□	得	停顿词	编辑 删除
5	□	哎	停顿词	编辑 删除
6	□	啊	停顿词	编辑 删除

图 6-9　停顿词库管理界面

6.4.2　综合检索引擎建设

综合检索引擎技术路线图如图 6-10。

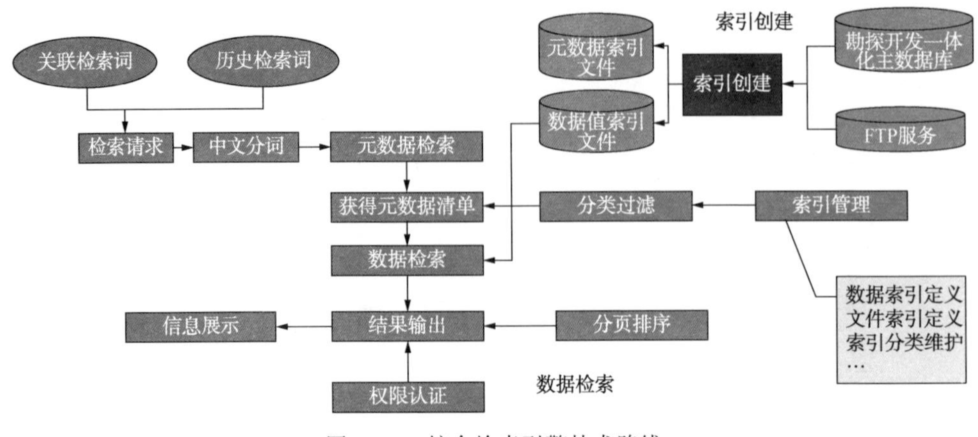

图 6-10　综合检索引擎技术路线

6.5　数据综合统计分析技术

在油气勘探开发生产的各个环节都需要对数据进行收集、整理、分析和统计，尤其在做区域规律分析时，需要花费大量的时间。

数据综合统计需求可分为两种：基础资料统计和专业数据分析整理。基础资料统计可包括油田取资料统计、分析化验工作量统计、测井资料统计、录井项目统计、取心统计、测试统计和测压取样统计等，通过这种基础资料统计表，研究人员就可以根据资料情况开展相应的研究工作。专业数据分析整理主要是指科研人员在进行科研生产分析时，原始的数据不满足分析的需求，需要进行加工整理才能进行下一步的分析工作。比如在做烃源岩评价的时候，需要把既做了热解实验分析又做碳硫的实验分析的数据相同深度的数据拼在一起才可以进行烃源岩评价。

6.5.1　模型驱动的数据透视

立足勘探开发动静态数据管理的应用现状，针对业务痛点和难点，基于勘探开发一体化模型，应用模型驱动的多维数据立方体技术，以地下地质体或设备设施为对象，聚合各类专业数据及业务关联，形成数据网状结构，夯实勘探开发大数据分析应用的数据基础，实现地学数据的可视化分析、勘探开发任意指标快速统计和智能搜索等应用。

（1）基于勘探开发一体化数据模型，以先进的信息化手段扩展了面向对象的目标业务模型和数据模型，实现了勘探开发动静态数据模型的一体化，采用模型驱动的软件模式(图 6-11)，轻易满足业务的拓展。

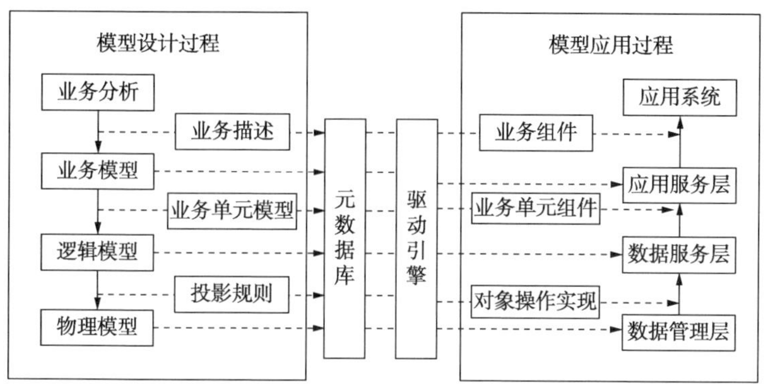

图 6-11 模型驱动方式示意图

(2) 以数据中心为主数据源，结合其他来源的勘探开发数据，在此基础上，对勘探开发相关的结构化和非结构化数据按照主题进行抽取和集成，包括来自不同数据源的数据去重、格式标准化处理等。对于汇交自不同数据源的基础数据，为了满足不同的应用需求，按照不同的应用主题进行重新组织和计算转换等，完成勘探开发数据的预处理。

(3) 根据不同的应用需求，采用分类、聚类和关联规则等分析算法，进行数据的评估、预测等。通过对地质、钻井、测井、录井、试油等数据之间的内在业务关联进行分析和预测，结合 GIS(Geographic Information System，地理信息系统)和可视化手段，构建起勘探开发业务内部的关联关系网络，建立勘探开发多维数据立方体(图 6-12)，为数据的深度挖掘奠定了坚实的数据基础。

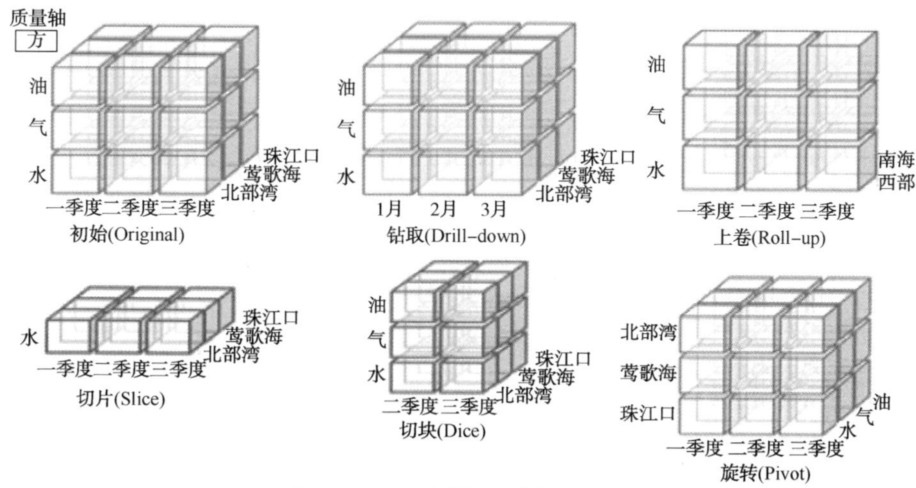

图 6-12 三维数据立方体示意图

6.5.2 数据通用统计分析

6.5.2.1 数据通用统计分析原则

目前烟囱式建设的系统，独立部署，应用分离，很难协同，应用功能存在重复建设、重复投入的问题。各个专业应用系统都涉及综合统计、分析挖掘、实时预警和智能预测等功能应用(图 6-13)，这需要利用一些经典算法和可视化手段来实现。

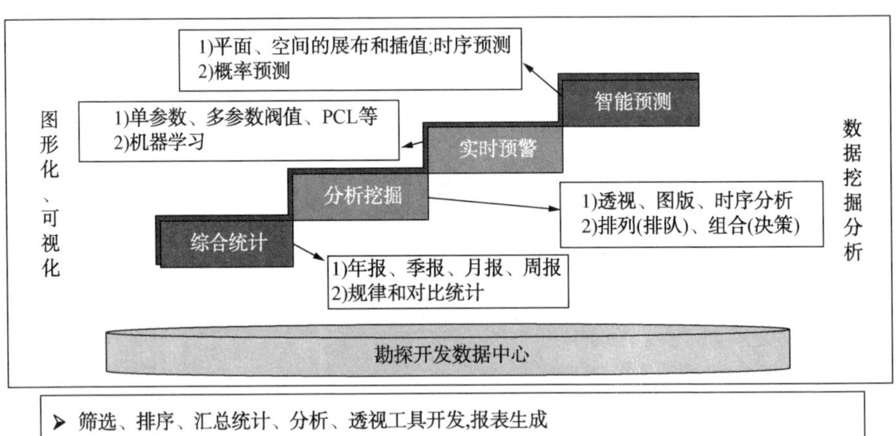

图 6-13　数据通用分析层次图

数据分析常用的方法主要有回归分析、聚类分析、判别分析、主成分与因子分析、决策树、机器学习等。

(1) 回归分析

回归分析是确定两种或两种以上变量间相互依赖的定量关系的一种统计分析方法。回归分析按照涉及变量的多少，分为一元回归和多元回归分析；按照因变量的多少，可分为简单回归分析和多重回归分析；按照自变量和因变量之间的关系类型，可分为线性回归分析和非线性回归分析。

(2) 决策树

决策树是从一组无次序、无规则的事例中分析推理出分类规则。决策树是一种树形结构，其中每个内部节点表示一个属性上的测试，每个分支代表一个测试输出，每个叶节点代表一种类别，由于这种决策分支画成图形很像一棵树的枝干，故称决策树。在机器学习中，决策树是一个预测模型，代表的是对象属性与对象值之间的一种映射关系。目前应用比较广泛的决策树分类算法为 ID3 和 C4.5 算法。

6.5.2.2 数据通用统计分析实现

基础数据服务组件从一定程度上解决了不同专业应用系统中繁杂的数据关系、系统开发人员需要重复进行设计开发的问题。在组件模型的支持下，复用组件库中的一个或多个组件，通过组合手段高效率、高质量地构造应用软件系统。组件开发模式具有可复用、可定制，以及适应性和可维护性高等优点。从一定程度上缓解了企业对高质量、短周期、低成本的企业信息系统的需求与当前企业信息系统开发实施周期长、成本难以控制之间的矛盾，达到系统结构清晰、容易维护、使用寿命延长的效果。

近年来，随着云计算、容器虚拟化以及集成了开发、测试、部署和运营为一体的 DevOps(Development 和 Operations 的组合词)等技术的兴起和发展。很多大公司(如谷歌、亚马逊等)采用微服务架构来解决企业级应用系统的规模和复杂度不断增加、系统变得更加笨重和庞大、系统的开发和部署越来越困难的问题。微服务是系统架构上的一种设计风格，主旨是将一个原本独立的系统拆分成多个小型服务，这些小型服务都在各自独立的进程中运行，服务之间通过 HTTP/HTTPS 协议或者 RPC(Remote Procedure Call，远程过程调用)协议进行通信协作。每一个微服务都围绕着系统中耦合度较高的业务功能进行构建，并且每个微服务都维护着自身的数据存储、业务开发、自动化测试案例以及独立部署机制。由于有了轻量级的通信协作基础，微服务可以使用不同的语言来编写。微服务架构的主要特点是组件化、松耦合、自治、去中心化，体现在以下几个方面。

(1) 小：体现每个微服务粒度要小，而每个服务是针对一个单一职责的业务能力的封装，专注做好一件事情。

(2) 独：每个服务都独立开发、部署、自动化测试、自动化部署，每个服务能够独立被部署并运行在一个进程内，可有效避免一个服务的修改引起整个系统的重新部署。这种运行和部署方式能够赋予系统灵活的代码组织和发布节奏，使得快速交付和应对变化成为可能。

(3) 轻：相比于复杂单体应用更为简洁轻量化，每个微服务因为独立部署，可以跨语言编写，服务架构更为灵活。

(4) 松：高内聚低耦合性，不同模块间依赖低，相互关联小。

通过微服务实现企业级应用系统功能组件化、组件共享和组件动态扩展的目标。通过将业务功能分解到各个离散的微服务中实现对系统功能组件的解耦。基于该框架，业务系统的开发被分解成若干微服务的开发，开发人员只需要关注微服务内部业务功能的逻辑实现，微服务之间的注册、发现和远程调用由微服务框架完成。基于微服务的应用框架实现企业级应用系统功能组件服务化，实现组件分离、共享、动态扩展的目标，其中关键部分是应用框架的设计、微服务的动态注册及透明化的服务通信。

通过提炼各专业应用系统中公共基础组件(井身结构、综合录井、测井解释、生产管住、生产曲线和系统管理等)，公共基础组件由各业务系统自行建设转变为统筹建设，通过微服务进行共享调用(图 6-14)，使得服务间开发自由、独立部署、易于维护，更好地满足企业发展需求。

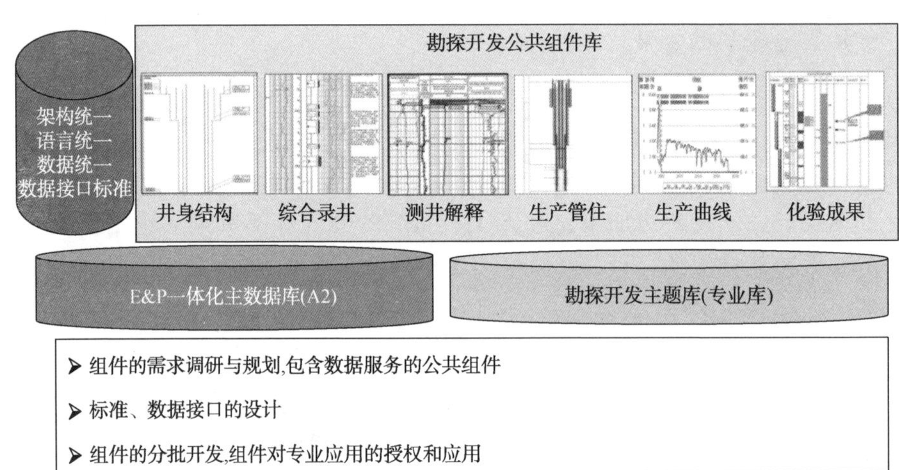

图 6-14　组件库示意图

6.6　大数据分析技术

大数据分析是基于一体化数据中心对各类数据进行综合分析和挖掘，如从单井的钻前预测等典型应用场景出发，分析挖掘勘探开发数据之间的内在关联关系，建立起数据分析和挖掘架构，通过 GIS 和可视化手段，为各级业务人员和管理人员提供方便直观的数据分析工具，提高数据分析的工作效率和准确率。针对具体的勘探开发业务应用需求，分主题对数据进行重新组织，按照适合数据挖掘和统计分析的多维度方式进行数据的存储和管理。

6.6.1 技术路线

海洋石油大数据的总体架构(图 6-15)的底层数据源以数据中心为主，结合其他来源的勘探开发数据，在此基础上，对勘探开发相关的结构化和非结构化数据按照主题进行抽取和集成，包括来自不同数据源的数据去重、格式标准化处理等。对于汇交自不同数据源的基础数据，为了满足不同的应用需求，需要按照不同的应用主题进行重新组织和计算转换等，形成勘探开发大数据平台，数据挖掘和机器学习即是在大数据平台的基础上，根据不同的应用目的，采用分类、聚类和关联规则等分析算法，进行数据的评估、预测等。通过对地质、钻井、测井、录井、试油等数据之间的内在业务关联进行分析和预测，结合 GIS 和可视化手段，构建起勘探开发业务内部的关联关系网络，同时也根据应用主题需求，搭建不同的勘探开发大数据应用和分析系统。

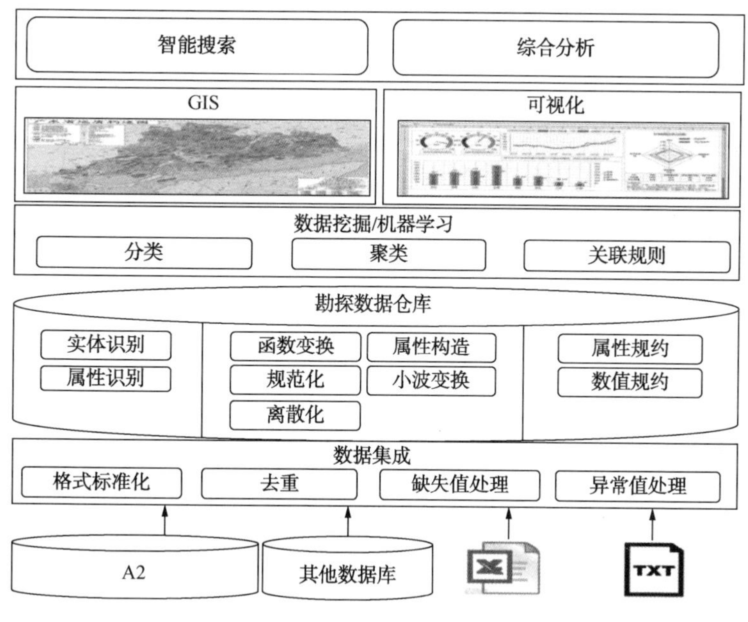

图 6-15 海洋石油大数据架构图

结合当前大数据技术的发展趋势，海洋石油大数据的技术选型和逻辑架构如图 6-16 所示。

采用的技术架构主要基于以下方面的因素考虑：

(1) 总体采用有超强扩展能力的 Python(计算机程序设计语言)体系作为技术选型，着眼于数据挖掘和机器学习等大数据应用需求；

(2) 模块化编码和集成，同时可以"黏合"采用不同开发语言的功能模块；

(3) GIS 采用成熟开源的架构，融合 Python 底层数据处理和转换能力，便于石油行业既定格式的数据和文件应用。

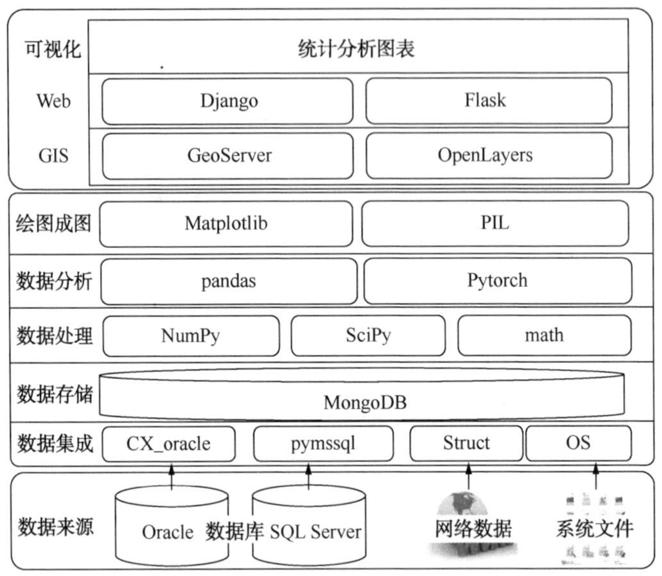

图 6-16　石油大数据分析平台技术架构示意图

石油大数据建设的目的是通过建立和扩展数据中心元模型机制，搭建底层数据立方体框架，为未来各种基于大数据的分析应用打下数据和技术基础，技术流程如图 6-17。

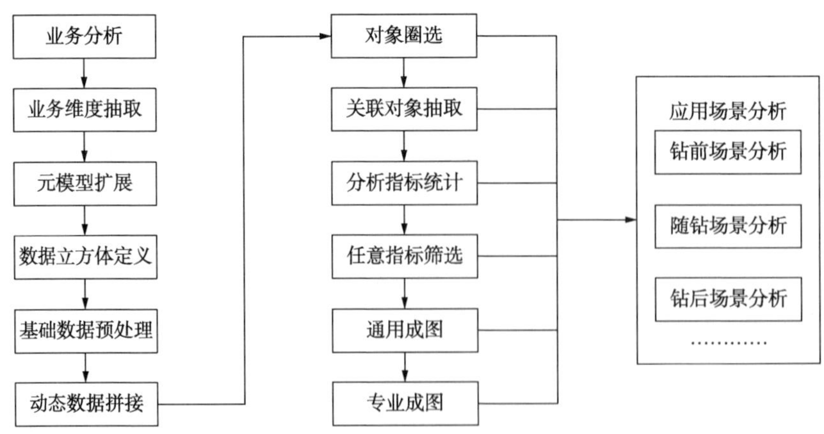

图 6-17　石油大数据建设实施路线示意图

首先需要在业务层面进行分析，从业务角度来看，勘探开发关注的地质对象主要包括：构造、圈闭、工区、层位、油气藏、井筒等；从工程角度，主要关注的对象包括井眼、深度段等，为了能将勘探开发各类数据串联起来，需要抽取出具有通用特征的共同对象。通过对勘探开发业务的全面分析，结合对数据中心管理范围的仔细研究，确定在地质上选用层位作为关联对象，在工程上以井眼尺寸作为关联对象。

在数据层面，基于已经确定的数据关联对象维度，对数据中心原有的元模型进行扩展和完善，对所有相关的数据类型进行地层层位和井眼尺寸不同维度的定义和配置，建立起各类数据之间的不同维度的横向联系。通过这两个对象，可以将绝大多数的数据类型进行串联起来，结合数据中心原有的按石油专业进行的数据划分维度，可以很好地建立起石油数据的纵横多个维度的数据立方体。

定义好数据立方体之后，对于数据中心的部分数据以及其他外部来源的数据，需要进行预处理后才能很好地支持前端业务应用需求，如井斜数据的预处理、地层层位的预处理、测井曲线预处理、实验数据的预处理、大图像的预处理等，通过这些预处理工作，形成符合大数据平台要求的数据，为后续的数据统计分析提供基础，也可以提高数据的查询应用效率。

在模型驱动的基础上，结合多维度的数据组织和关联，让数据的动态组织和拼接成为可能。通过建立底层的数据拼接机制，可以最大限度地满足前端变化多样的应用场景要求。

结合 GIS 功能，为用户提供灵活的圈选功能，用户可以在 GIS 上通过圆或多边形来圈选感兴趣的对象，系统同时将与选中对象相关或相似对象进行搜索，包括同圈闭的井、相似圈闭以及井轨迹经过圈选范围的对象等，为用户提供尽可能多的信息来辅助分析和研究。

在动态数据拼接的基础上，对用户关心的业务指标进行动态抽取，精确定位用户所指向的数据类型，同时提供用户对数据中心管理范围内的任意指标进行值域范围的过滤和筛选，辅助用户判断指标的合理性。

对于搜索和查询的结果，除了提供常规的列表展示方式之外，实现更直观的可视化方式对结果进行展示，包括对任意指标进行通用图形展示功能，以及对特定石油指标进行绘制的专业图件。

6.6.2 关键分项技术

石油企业的勘探开发数据与通用的社交、金融等数据有较大的区别：社交和金融等数据的特点是用户群体和数据量特别大，但数据类型相对单一；石油企业勘探开发业务的数据类型特别多，且随着技术的发展还在不断变化，用户群相对而言则比较固定，量也比较小。因此，石油企业的大数据应用更希望是对数据深层次的挖掘和建立不同类型数据之间的关联。

在石油企业大数据平台的建设过程中，需要重点解决以下几个方面的技术问题。

(1) 元模型扩展

数据中心建立起了模型驱动的数据管理体系，可以方便地进行模型的扩展与部署，通过业务模型、逻辑模型和物理模型三个层次的划分和管理，可以实现业务的扩展直达物理模型底层，但数据中心的元模型主要是针对数据管理层面，这种划分是按照专业的纵向维度来进行的，对于业务数据之间的其他维度则没有涉及，这是业务人员更习惯和更希望实现的日常工作方式。

除了常规的按专业进行数据查询外，从综合业务应用的角度，研究人员更需要从业务的维度对数据进行关联查询和应用。这就需要在数据中心元模型的基础上，扩展出勘探开发数据之间的横向业务关联关系。

难点在于对石油勘探开发所有业务进行业务分析，抽取出具有代表性的业务指标来作为地质和工程两个业务维度的横向关联指标。

(2) 数据立方体抽取

空间 OLAP(Online Analytical Processing，联机分析处理)是一种崭新的决策支持工具，它可以提供上卷、下钻、切片、切块等查询分析功能，是空间数据仓库不可缺少的数据挖掘工具。实现空间 OLAP 操作功能的前提是对空间数据立方体的数据建模，即解决空间数据与非空间数据在空间数据仓库中的集成问题。

数据立方体(图 6-18)是通过多个维度来对数据进行建模和观察，在数据仓库中，数据立方体可以是 n 维的。数据立方体由维和事实组成，维是想要记录的透视或实体，每个维都可以有一个与之相关联的表即维表，用来进一步描述维，维表可以由用户或专家设定，也可以根据数据分布自动产生或调整。通常多维数据模型围绕中心主题组织，主题是用事实表来表示的，事实是用来进行数值度量的。事实表包括事实的名称或度量，以及每个相关维表的码(外键)。

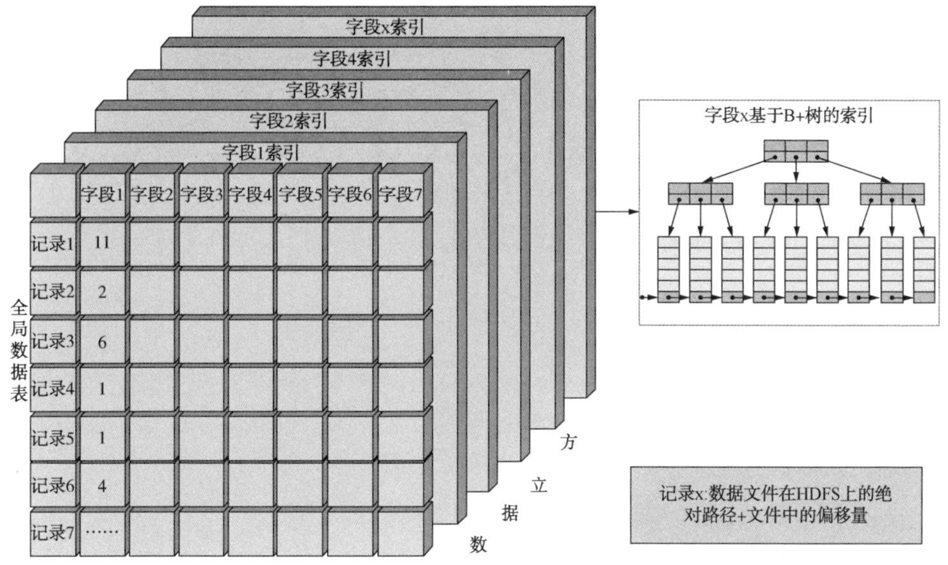

图 6-18 数据立方体示意图

给定维的集合，可以对给定各维的每个可能的子集产生一个方体，结果将会形成一个方体的格(图 6-19)，每个方体在不同的汇总级显示 group by 数据，方体的格称作数据立方体。放在最底层汇总的叫基本方体，0 维方体放在最顶层汇总，叫作顶点方体。

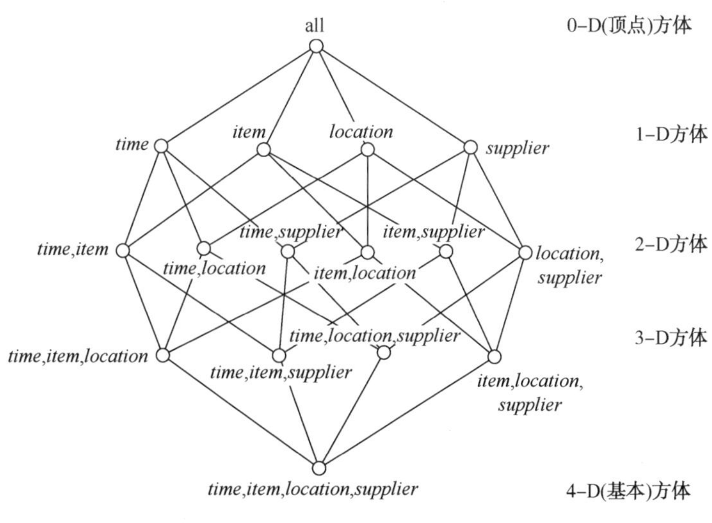

图 6-19 方体的格示意图

(3) 数据切片

切片是指在某个或某些维上选定一个属性成员，然后在某两个维上取一定区间的属性成员或全部属性成员。即确定多维数据立方体(维1，维2，……，维 n，变量)中的两个维：维 i 和维 j，再在这两个维上取某一区间或任意维成员，然后在其余的维都取一个维成员，得到多维数组在维 i 和维 j 上的一个二维子集，称这个二维子集为多维数组在维 i 和维 j 上的一个切片，表示为(维 i，维 j，变量)。

石油数据同一个维可以具有不同的层次，比如构造单元，其本身可以分为一级构造、二级构造、三级圈闭、四级圈闭等等，通过概念分层来定义一个映射序列，将低层概念集映射到较高层、更一般的概念，从而可以更方便灵活地形成不同层次的汇总统计结果。

以北部湾盆地(图6-20)为例，下分多个不同层次级别。

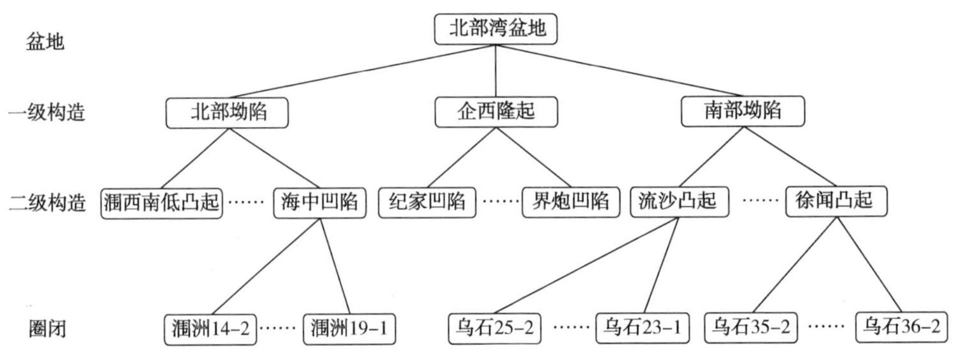

图6-20　北部湾盆地维度概念分层示意图

通过数据立方体中维度及其划分，可以实现在数据仓库中经常使用的上卷(roll-up)或下钻(drill-down)操作。上卷即是通过某个维度的概念分层向上攀升或通过维规约在数据立方体上进行聚集。下钻是上卷的逆操作，由不太详细的数据钻取到下层更详细的信息，下钻通过沿某个维度的概念分层向下或引入附加的维来实现。

在确定业务抽取维度之后，对数据中心的所有数据表和字段进行重新定义和配置，包括数据中心已经定义了的业务对象。总体上是以深度为匹配基准，将所有的业务数据按照抽取的业务维度进行分析和定义，与原始的元模型管理方式一起形成纵横关联的多维勘探开发数据立方体。

（4）动态数据拼接

业务应用需求是不可控的，数据管理不能限定业务应用的需求，因此，作为大数据分析的基础平台，需要从技术层面来提供灵活方便的数据组织和抽取手段来满足不同层次的应用需求。基于已经定义了的勘探开发纵向和横向多个维度的数据关联关系，需要动态满足最终业务应用的数据组织和抽取需求。

主要难点包括以下几个方面：

一是支持业务应用抽取任意数量的字段信息，基于元模型定义，需要实现前端应用任意多个字段的抽取，从而节省网络流量并提高数据响应效率；

二是支持业务对象引用场景的还原，在数据中心管理体系中，所有的对象和活动均赋予了唯一标识符，对象和活动在被引用时均通过该唯一标识符进行关联，在前端应用过程中，业务人员不需要在意该唯一标识符的存在，通过对元模型中对象信息的扩展，可将所有对象和活动的引用场景还原为真实的对象和活动，让业务人员无感地进行数据应用；

三是支持附录代码和外键引用的替换，在数据中心的各级模型中，为了标准和规范数据入口，对部分信息需要进行严格的规范和定义，即形成相应的附录代码表来作为数据录入和应用的标准，通过扩展数据中心元模型，可提供灵活的附录代码和外键引用的替换，展现给业务应用人员以熟悉和规范业务数据。

（5）数据智能搜索

搜索引擎的主要工作是分析和建立不同地质体或井及相关属性之间的关联关系，基于对勘探开发各类数据相关性的分析成果，结合 GIS 提供的对象筛选和定位手段，底层通过 Python 和 GIS 技术实现数据关联关系的组织和传递，并以合理方式进行可视化展示。

智能搜索与通用的搜索之间的区别主要是通过建立底层数据之间的关联关系，形成搜索目标的完整相关性。勘探数据之间的关联关系分为两种：

1）已知关系　分应用场景进行逐个分析和建立，在大数据平台层面进行相应维度的数据组织。

2）未知或隐含关系通过统计分析或机器学习的方式进行相关性的预测　通过对勘探典型应用场景的分析建立关联关系，首先建立起各种对象和数据类型之间已知的关联关系，对于隐含的关联关系，通过频繁项集和关联规则等数据挖掘和机器学习算法，给出推荐的相关搜索目标（表 6-1）。

表 6-1 关联关系分析示意

场景	固有关联关系建立	隐含关联关系推荐
构造岩性解释	岩心常规分析->岩心描述->岩心图片->测井解释->测井曲线->地质分层->地震层位	钻时->气测->沉积相
地质分析	……	……
储层反演	……	……
测井评价	……	……
地质建模	……	……
井位部署	……	……

(6) 数据可视化

数据分析的最直观手段就是通过数据可视化来实现，数据的可视化可以分为两大类：一类是通用型的数据可视化图件，如折线图、柱状图、散点图、饼图等等；另一类是石油行业的专业图件的可视化，如 C-M 图、粒度分析图、天然气碳同位素指纹对比等。

第一类通用可视化图件实现的难点在于对任意字段可视化成图，需要实现数据范围的动态标定、异常点的处理、量纲的转换等，这些都需要根据实际的数据情况来进行处理。

第二类石油专业图件实现的难点在于专业算法和规则的实现，以及临时数据来源的同化处理等。

6.7 知识抽提与分析技术

石油行业作为技术、资金密集型的行业，在信息化的投入与建设中一直走在前沿，多年的生产、经营发展过程中借助信息化技术积累了大量的数据、成果和知识，同时也沉淀了丰富的经验教训、管理和技术的应用亮点，形成了企业的巨大财富，但这些知识成果大多数保存在研究和决策人员的脑海中，未能得到有效的总结和提炼，更谈不上深度应用。同时由于各地区管理水平、技术应用能力的不平衡，同类问题经常重复发生，缺乏借鉴和传承。因此亟待建立统一的知识管理存储体系和应用标准，统一管控勘探开发各专业知识成果，将其应用到研究和决策中。

基于知识的多样性和知识数据结构的不确定性，采用 MongoDB 数据库存储各专业研究和决策的公式方法、经验教训、区域规律、专家认识等。采用

Hadoop 和 Spark 技术对在线数据、近线数据、离线数据进行快速分析和处理，建立各专业的知识应用模型以便有效挖掘知识价值(图 6-21)。

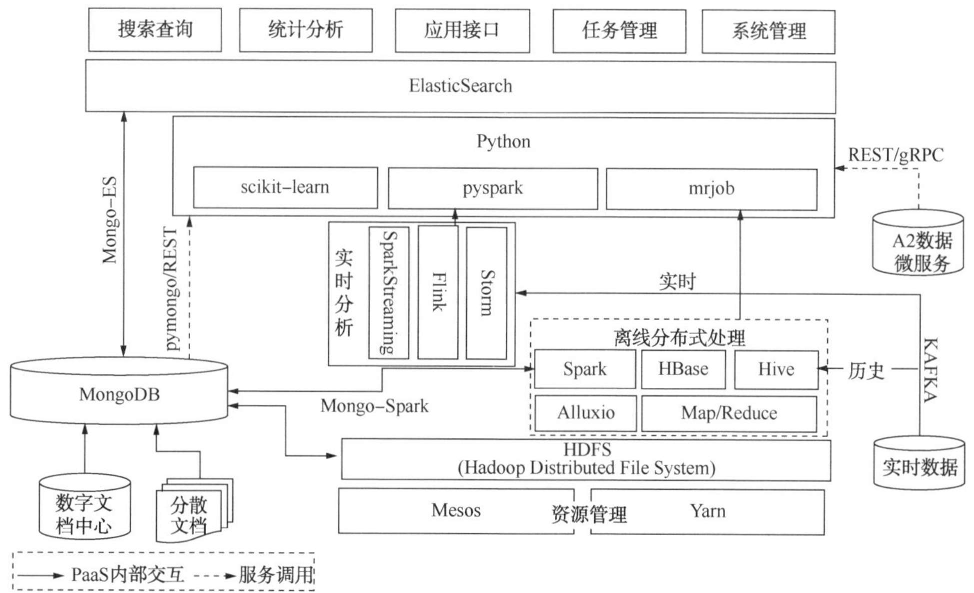

图 6-21 知识管理与应用技术架构

6.8 数据应用安全管控技术

数据安全是企业数据管理的生命线。数据应用安全管控技术主要包括应用安全技术、数据安全技术两大类(图 6-22)。在保证应用和数据的安全性、防止网络攻击等方面起到重要作用。

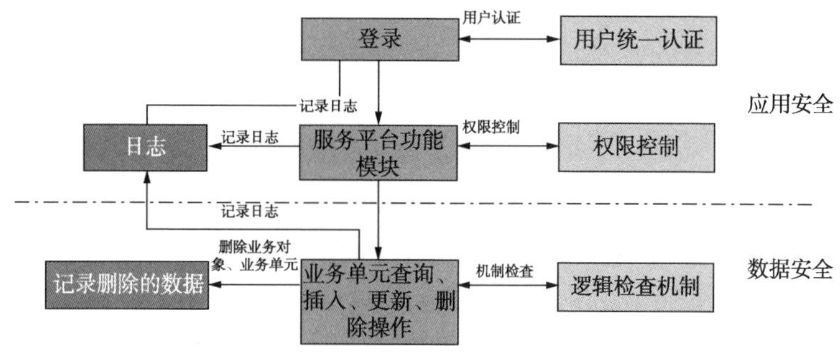

图 6-22 数据应用安全策略框架图

实现原理：用户通过认证中心的认证，获取管理员配置的用户权限，对获取的服务 SQL 进行权限过滤后的重新组装(加上权限控制的 SQL 条件)，调用组装后的 SQL 服务，返回调用结果(图 6-23)。

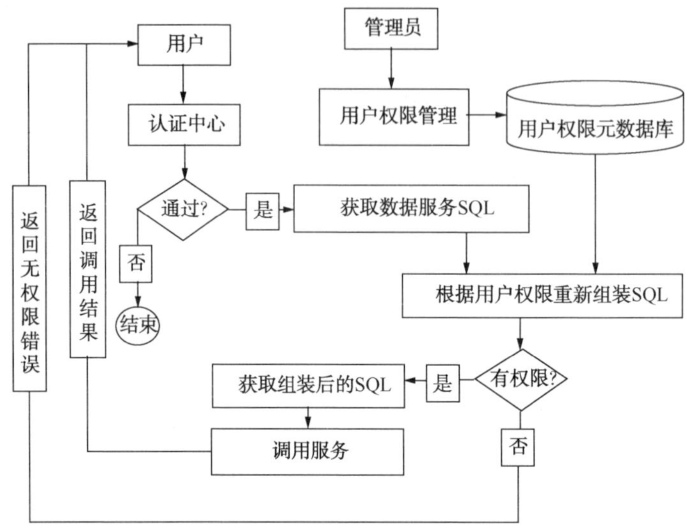

图 6-23　安全策略流程图

6.8.1　应用安全管控

应用安全管控主要包含以下五个方面：

(1) 统一的用户认证和权限控制。

(2) 对登录用户操作行为进行监控。

(3) 对用户访问流量进行监控，进行下载流量控制，防止恶意下载。

(4) 统一的数据源管理。

(5) 对常见的 WEB 应用安全问题进行防范。例如：

- 防止会话标识未更新；
- 对敏感数据(如用户名/密码，SQL 语句等)进行加密传输；
- 对反复登录实行限制措施，防止暴力攻击；
- 防止 SQL 注入攻击；
- 限制重复提交，防止恶意刷新攻击；
- 防止可预测的登录凭证；
- 防止跨站点请求伪造，按角色对页面访问进行授权控制。

6.8.2 数据安全管控

数据安全管控主要包含以下四个方面：

(1) 通过功能授权对不同用户组的菜单进行授权，对不同用户数据访问的模块进行设置。

(2) 通过数据集授权、对象实例授权、对象库授权实现对不同用户组业务授权。

(3) 通过数据签名、关键操作审批等技术实现对重要数据进行安全管理。

(4) 通过统一 AD(Active Directory，活动目录)域认证方式登录，对用户、用户电脑和平台进行统一认证。

7 海洋石油数据中心建设实践

中海油勘探开发一体化数据中心通过统一数据标准体系、统一源头采集体系、统一数据存储体系、统一数据资源管理体系、统一数据服务体系，形成了数据“一次采集、全局共享”集中和科学管理的局面，解决了跨专业之间的数据交互共享，对各个专业数据库的存量数据进行清洗和迁移，对历史数据进行大量的补充完善工作，形成了一定规模的勘探开发数据资产，建立并逐步健全数据考核等相关管理体系和长效机制。

本章主要围绕数据中心建设的关键技术，介绍海洋石油数据中心建设实践的成果，包括数据模型建设成果、数据迁移整合成果、数据质量管控成果和数据应用成果等。

7.1 数据模型建设成果

通过借鉴国内外主流的勘探开发数据模型的设计经验，结合海洋石油勘探开发业务标准和规范，针对海洋石油的业务覆盖范围和业务特点，对海洋石油勘探开发业务中的物化探、井筒工程、开发生产、分析化验以及综合研究等五个主要业务域进行了深入的梳理和分析，采用面向对象的设计方法，以 POSC 的 Epicentre 为基础，进行逻辑模型的设计与实现。对于业务模型和逻辑模型，指定相应的投影规则进行物理模型的投影，形成了统一的海油石油勘探开发一体化数据库和数据模型。

7.1.1 业务模型

海油石油勘探开发一体化数据模型充分借鉴先进的模型思想，以提高数据查询效率为原则，继承并发展了 Epicentre、PPDM 的管理理念，从模型结构设计上进行借鉴，在业务数据内容上进行优化，创新了业务单元分析的工作流程、逻辑模型优化步骤以及工作方法，结合中海油勘探开发业务实际建立了海洋石油勘探开发一体化数据模型。

在海洋石油勘探开发一体化数据模型设计过程中，自顶向下对勘探开发业务中的物化探、井筒工程、开发生产、分析化验以及综合研究等五个主要业务域按照生命周期进行逐一的细分与梳理，逐级划分出业务域、一级业务、二级业务、三级业务、四级业务以及业务活动。

海洋石油勘探开发一体化数据模型共包含五大业务域(表 7-1)及公共部分，49 个一级业务，81 个二级业务、50 个三级业务，525 个业务活动。

表 7-1　五大业务域及其包含的一级业务划分

业务域	一级业务
物化探	物化探计划、地震勘探、非地震勘探、物化探工作量统计汇总
井筒工程	钻井设计、井坐标管理、钻井、完井、录井、测井、油气井测试、生产测试、井下作业、统计汇总
分析化验	分析化验基础数据、常规岩心分析、特殊岩心分析、岩石地化分析、油气地化分析、岩矿分析、同位素分析、岩石力学分析、古生物分析、油气水分析、流体 PVT 分析、钻完井及修井液分析、提高采收率实验、现场样品分析
综合研究	规划与计划、矿区管理、区域研究、目标研究、油气藏评价、储量研究及管理、开发前期研究、油气田开发建设、在生产油气田油气藏研究、在生产油气田采油工艺研究、废弃方案研究、综合科研专项研究
油气田生产	油气田生产计划、油气田生产动态、油气田生产报告编制

每个业务域下面的一级业务可按照其作用对象的生命周期逐一进行下级业务的细分(图 7-1)。

每个最小级别的业务在实际的业务生产实际中都包含多个具体的业务活动。针对每个业务活动，通过采用“6W”模型来进行业务活动的描述，从而厘清每个业务活动所涵盖的业务边界以及数据范围(图 7-2)。“6W”模型，即某个活动是由谁(Who)发起的、在什么时间(When)发起的、在哪里(Where)发起的、为什么(Why)要发起这个活动、在这个活动中都涉及哪些(Which)对象、这些对象的特性是什么(What)。

“6W”模型从多个角度对每个业务活动的各个层面进行了界定，也包含了业务活动的相关业务环境，从而形成了边界清晰不交叉的活动节点，所有这些节点输入输出数据流就形成了完整的业务数据范围。

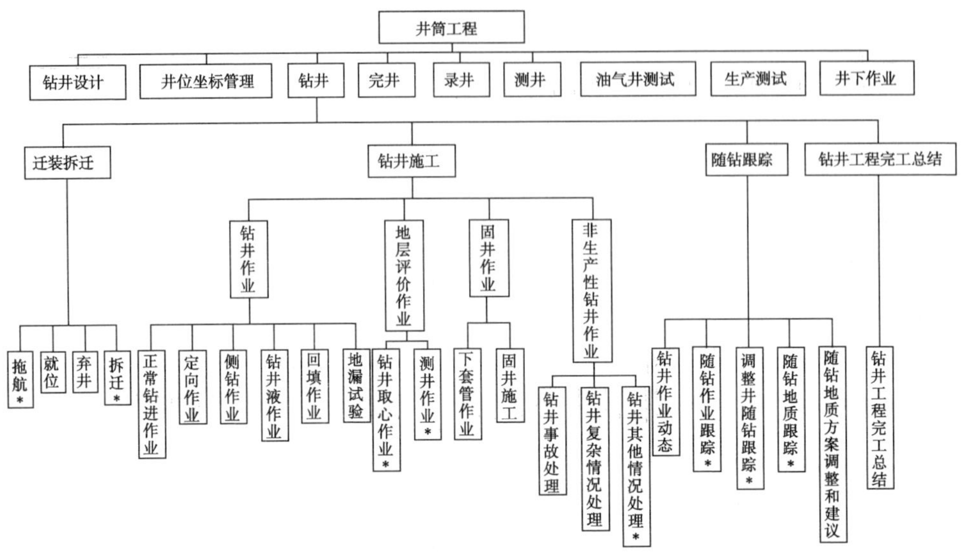

图 7-1　井筒工程业务域中的钻井业务细分示例

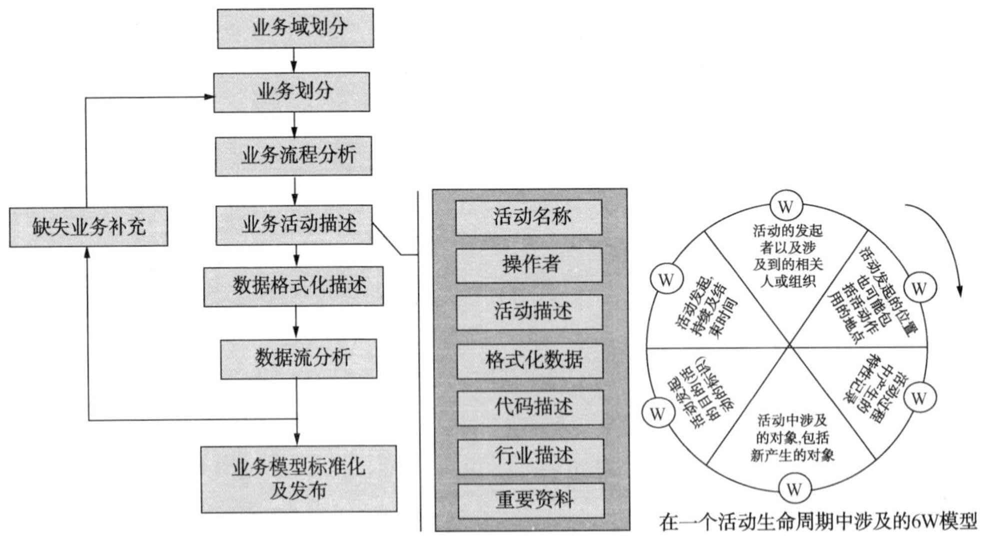

图 7-2　业务划分及业务活动分析方法示意图

每个业务活动都可能有一个或多个输入输出数据流，通过对这些数据流的分析，形成每个业务活动所需或所产生的数据集，每个数据集代表一个独立的业务活动数据成果，由多个数据项组成(表 7-2)。海洋石油勘探开发一体化数据模型的五大业务域共包含 1943 个数据集，22210 个数据项。

表 7-2 业务活动描述实例

序号	业务域	一级业务	二级业务	三级业务	业务活动	数据集	数据项
1	物化探	4	8	16	35	273	2845
2	井筒工程	10	25	21	165	507	5687
3	分析化验	14	2		115	320	3280
4	综合研究	12	42	13	185	694	8525
5	油气田生产	3	4		25	94	1361
6	公共部分	6				55	512
合计		**49**	**81**	**50**	**525**	**1943**	**22210**

海洋石油勘探开发一体化数据模型中的每个业务活动都是围绕具体的作用对象产生的。作用对象是指业务活动在实际过程中所针对的勘探开发业务对象，如物探工区、油气田、井等。一个业务活动有且仅有一个作用对象。通过对海洋石油勘探开发业务中的主要生产活动中的对象进行梳理和分析，确定了包括盆地、区域、矿区、构造单元、圈闭、地震工区、非地震工区、物探船、线束、地震反射界面、地层、开发层位、油气藏、油气田、井、井筒、井管、钻井平台、岩石样品、岩屑样品、岩心样品、样品组合、壁心样品、流体样品、露头样品、特殊样品、生产单元、生产段、生产平台、管线、储量计算单元、油气处理单元、油气计量单元、资源量计算单元、生产统计单元、组织机构等在内的业务对象。从勘探开发业务含义上对所有的业务对象及其相互之间的关联关系进行了梳理和定义。所有的业务数据通过这些业务对象串联起来(图 7-3)。

7.1.2 逻辑模型

海洋石油勘探开发一体化数据的逻辑模型是以 POSC 的 Epicentre 为基础，参考国际国内的一体化数据模型成果，将一体化业务模型按照面向对象的方法，进行业务含义的表达。

逻辑模型是基于业务模型分析成果，按照面向对象的设计方法和规范标准，对业务模型中的业务单元进行重构，形成贴近现实环境逻辑关系的数据模型(图 7-4)。

盆地
区域
非地震工区
工区
地震工区
构造单元
结束
物探船
圈闭
地震反射井面
地层
开发▲控
油气田
组织机构
生产统计单元
科研项目
组织机构与盆地、构造单元、地震工区、地震工区、圈闭、物探船、钻井平台、油气田、生产平台、油气处理单元、管线、井的管理关系,图中未画出;生产统计单元与所有对象都可能有关系,未画出。
生产平台
油气处理单元
资源量计算单元
油气藏
储量计算单位
油气计量单元
▲仓
▲▲
井
钻进平台
井筒
井管
生产段
岩心
岩心
岩屑
露头
流体样品
岩石样品

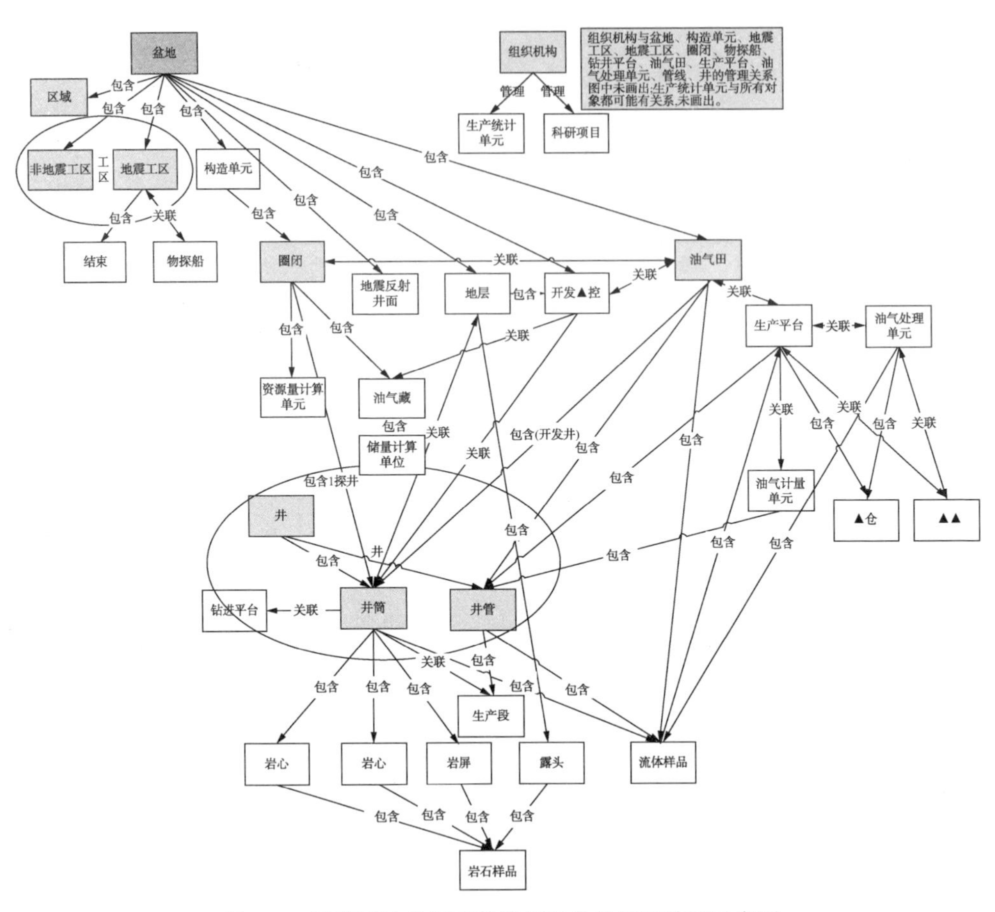

图 7-3　海洋石油勘探开发作用对象及相互关系示意图

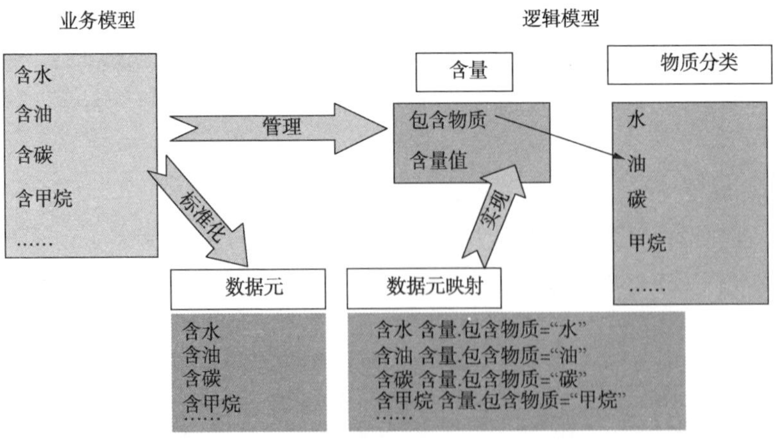

图 7-4　业务模型到逻辑模型的转化示意图

7.1.2.1 逻辑模型业务分类

传统的数据模型设计是按照勘探开发业务流程分专业来进行数据的分类和组织的，这种数据的组织方式受到具体业务部门和岗位职责变动的影响，稳定性较差。勘探开发一体化逻辑模型则是按照真实世界中勘探开发业务数据的生命周期来进行业务划分和数据组织的(图 7-5)。

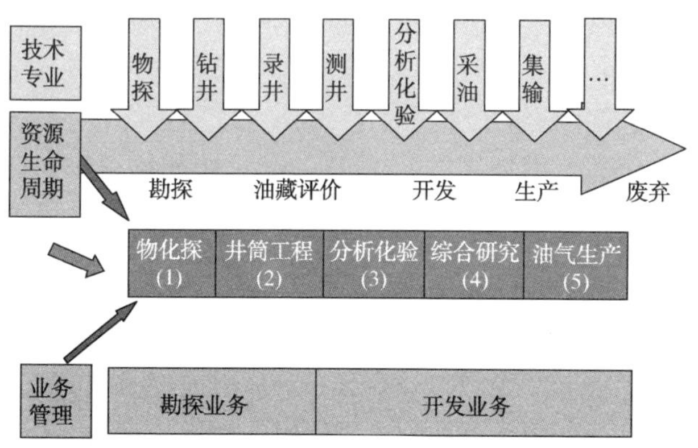

图 7-5 逻辑模型数据生命周期管理模式示意图

Epicentre 数据模型对业务流程进行了面向对象的抽象划分(表 7-3)，对象有公司、业务流程、井、资源、设施、资产，活动有勘测、试验服务、操作井与设施、油气贸易等。业务按照对象或活动的生命周期进行细分：井分为初步设计、详细设计、制定工作方案、建井、维修、废弃；提供试验服务分为准备、分析、评价等。

表 7-3 Epicentre 业务分类示意表

业务分类	业务子类
公司管理 B	关系管理 B01
	制定规划 B02
	计划管理 B03
业务流程管理 D	业务流程方案维护 D01
	部署业务流程方案 D02
	业务流程业绩评价 D03
井 E	制定初步井设计 E01
	制定详细井设计 E02
	制定井的工作方案 E03
	建井 E04
	修改井 E05
	废弃井 E06

续表

业务分类	业务子类
勘测 F	区域勘测设计 F01
	采集区域勘测数据 F02
	处理区域勘测数据 F03

Epicentre 采用该方式进行业务域划分便于以面向对象的方式整体理解，但是这种业务划分方式也有缺点：抽象的描述方式不便于理解，不能全部按此划分方式开展业务流程和数据流程的分析等。

勘探开发一体化逻辑模型在继承 Epicentre 总体架构设计思想的前提下，结合海洋石油勘探开发业务的自身特点，对 Epicentre 进行了优化和完善，使之更加贴近于海洋石油勘探开发业务的实际情况。

7.1.2.2 逻辑模型数据类型

海洋石油勘探开发一体化逻辑模型包含多种数据类型(表 7-4)，除了基本的数值型、字符型和日期型之外，还包括一些在基本类型基础上通过相应规则封装后形成的复杂的聚合类型。

表 7-4 一体化逻辑模型数据类型列表

分类	数据类型	含 义
基本类型	REAL	实数
	INTEGER	整数
	STRING	字符串
	BOOLEAN	布尔型，取值为 TRUE 或 FALSE
	LOGICAL	逻辑型，取值为 TRUE、FALSE 或 UNKNOWN
	BINARY	二进制型
	AGGREGATE	聚集类型
	ENTITY	实体类型，用来建立实体之间的关系
	DEFINED	自定义数据类型，为了使数据类型的含义更加明确时使用自定义数据类型，如使用 ndt_name 比使用 string[40]的含义就明确得多
	ENUMERATION	枚举类型
扩展类型	COMPLEX	复数
	RATIONAL	有理数
	RATIO	比率
	MONEY	货币

续表

分类	数据类型	含　义
时间类型	DATE	日期
	TIME	时间
	TIMESTAMP	时间戳
	YEARMONTHINTERVAL	时间段
量值类型	DAYTIMEINTERVAL	时间段
	QUANTITY	量值
	ANYQUANTITY	任意量值
	ANGLE	平面角度
空间类型	LOCATION	位置
	POINT	点
	LINE	线
	SURFACE	面
	VOLUME	体
	SAMPLE	样品
	ELEMENT	元素

7.1.2.3 逻辑模型设计

勘探开发一体化逻辑模型是在业务模型的基础上，对业务模型中的业务单元按照面向对象的方法进行重新构建后得到的，如图 7-6 所示。

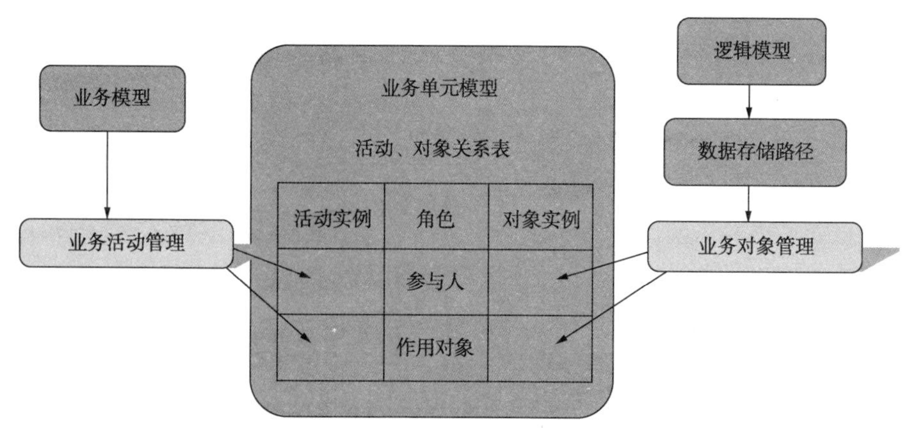

图 7-6　业务模型与逻辑模型转化关系示意图

在业务模型中，一个基本的业务单元保留着一个业务活动的产生场景，包括该业务活动产生的时间、地点、参与的对象以及产生的数据等信息，这种数据组织模式可以方便地还原业务活动的场景，但是对于一体化逻辑模型而言，更关注的是数据管理体系的稳定性和可扩展性，由于业务单元与业务活动场景的紧密关联，这也带来了业务单元随着业务活动的变化而变得不稳定，同时，相同的业务活动在不同的组织机构下可能具有不同的业务数据产生。这些都给数据管理带来了挑战。

海洋石油勘探开发一体化逻辑模型采用面向对象的方法，从实际业务活动中剥离出以活动、对象、特性(或属性)为基础的数据信息，这种三角关系可以稳定地表达不同业务场景下的数据信息，同时也可以非常方便地对这三者进行扩展(图7-7)。

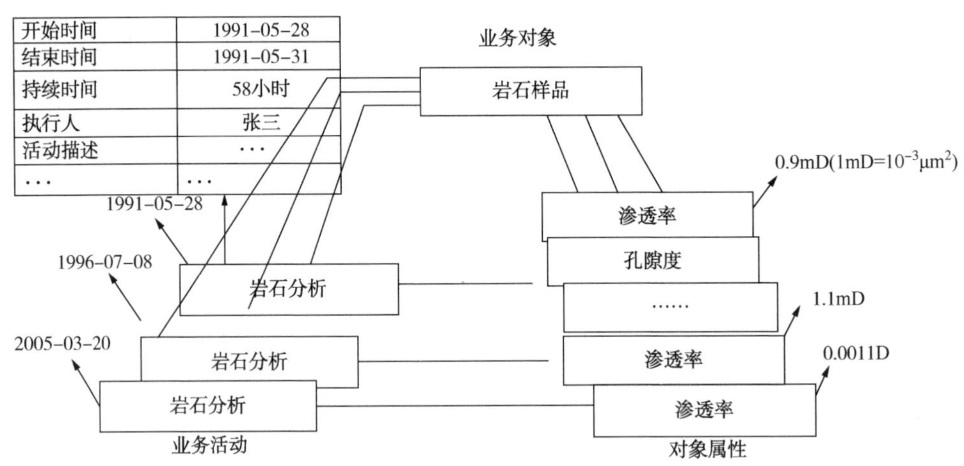

图7-7　业务单元转化实例示意图

(1) 高层模型

高层模型描述了实体分类、实体间固有关系、数据描述体系、代码管理体系、活动以及相互之间的关系，是Epicentre模型的基础(图7-8)。

顶层(勘探开发数据e_and_p_data)中加入产生和入库场景属性保证了所有数据都能很好地管理产生和入库场景。

数据集属性的加入，使所有的数据都可以被一个和多个数据集管理，为面向主题或项目应用研究的数据组织打下了基础。

文档内容和绘图元素属性的加入，为数据、文档、图形的一体化管理打下了基础。

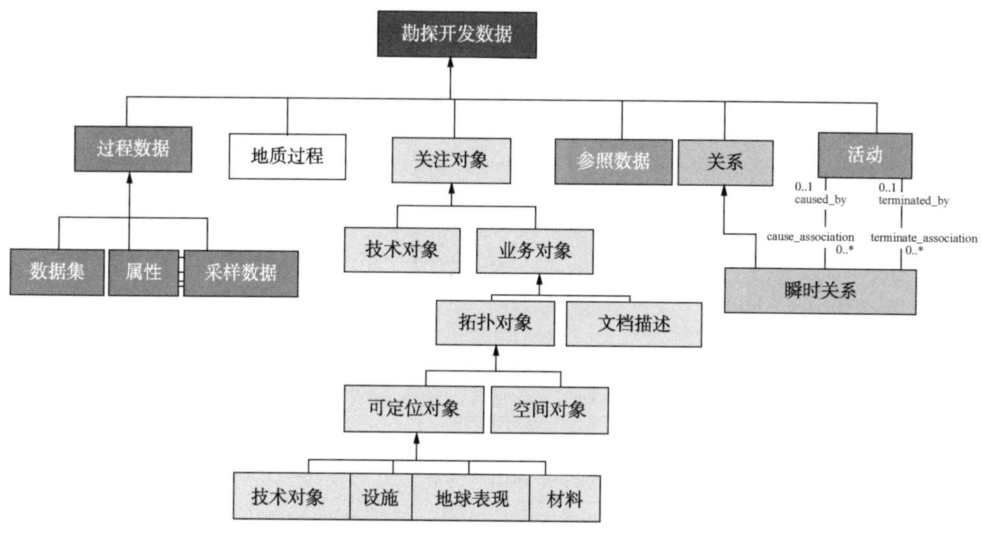

图 7-8　勘探开发高层模型关系示意图

高层模型中的大部分对象是作为抽象对象存在的，用来管理其子类共同拥有的公共信息，在实际的物理库投影时按照不同的投影规则，这些公共信息将通过复制的方式投影到其子类中。

(2) 活动模型

活动模型清晰地描述了数据运用的场景，对数据的质量控制、数据的组织、数据的版本控制、历史数据的管理及回放提供了模型基础，是勘探开发模型标准中采用的重要模型。

在现实生活中，绝大多数的数据都是通过活动来产生或获得的，每个活动都是针对具体的某一个或多个对象实施，同时产生或改变对象的具体特性(或属性)数据(表 7-5)。因此，在勘探开发一体化逻辑模型中，活动、对象、特性是最基本的数据组织方式。

表 7-5　活动 Activity 的显示属性表

属性名称	类型	含义
Identifier	StringElement	活动标识
Description	StringElement	对活动的描述
instance_create_date	TimestampElement	实例创建时间
instance_creator	StringElement	活动的发起者
last_updated	TimestampElement	活动的最后更新时间

续表

属性名称	类型	含义
last_updated_by	StringElement	活动的更新者
Source	StringElement	该活动数据的提供方
activity_context	IntanceElement	描述活动的环境信息
Containg_activity	InstanceElement	所包含的子活动
Cost	MoneyElement	活动所花的费用
start_time	TimestampElement	活动开始的时间
Duration	QuantityElement	活动持续的时间
end_time	TimestampElement	活动结束时间
Kind	InstanceElement	活动的类型
ref_existence_kind	InstanceElement	活动正在进行或计划中
ref_transient_period	InstanceElement	活动的周期
naming_system	InstanceElement	活动命名所遵循的规则的定义机构

（3）文档/图形模型

文档/图形管理模型用来实现对实体相关文档、图形资料管理，勘探开发一体化逻辑模型中的任何实体都可以有相关的文档/图形资料。文档/图形管理模型为实体相关文档/图形管理提供了统一的解决方案（图 7-9、图 7-10）。

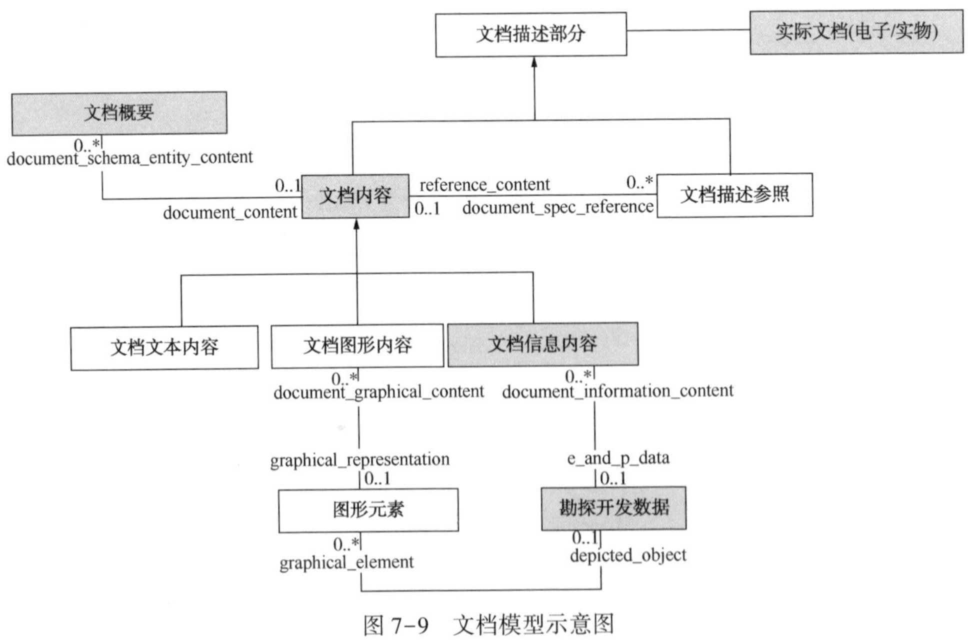

图 7-9　文档模型示意图

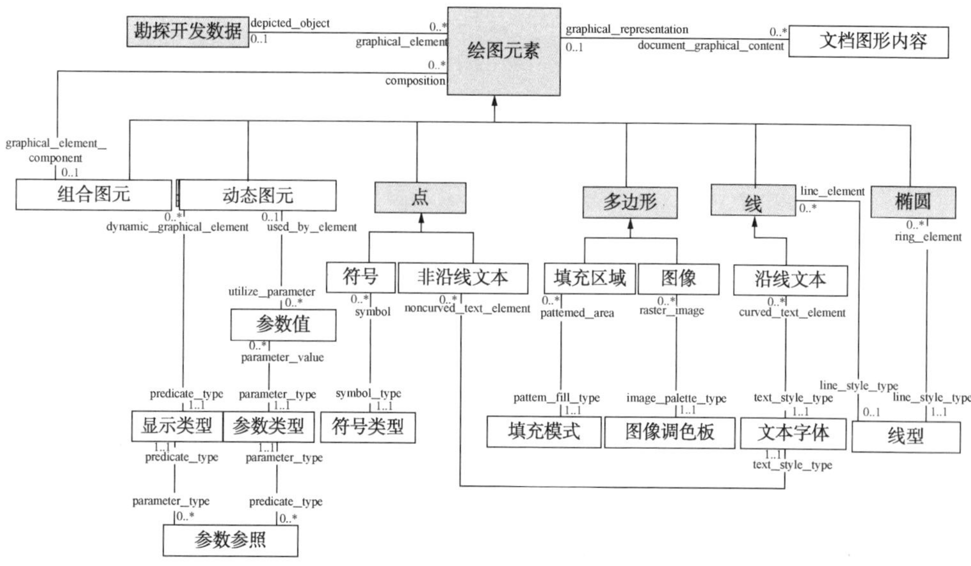

图 7-10 图形模型示意图

(4) 地质模型

地质体是勘探开发业务中的重要研究对象，贯穿整个勘探开发业务的生命周期(图 7-11)。

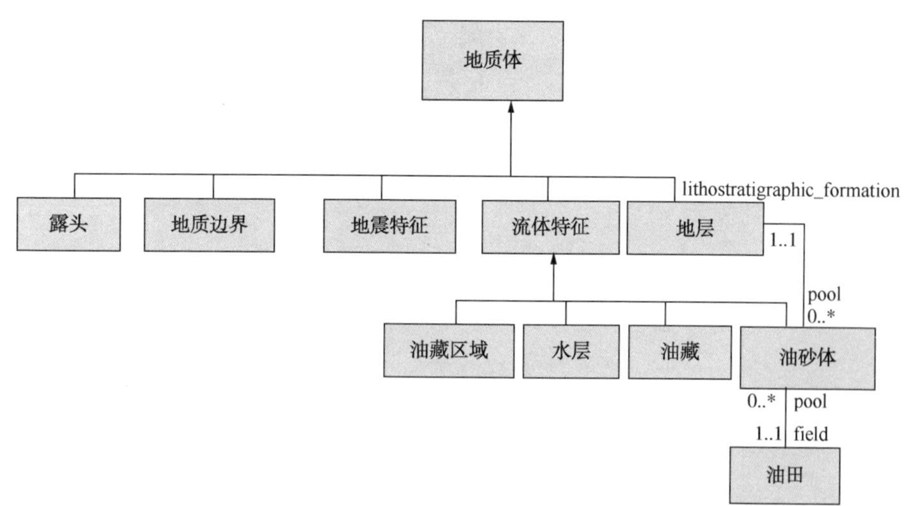

图 7-11 地质体模型示意图

- 通过实体 Geologic_feature_process_assn 表达地质体与地质过程之间的关系。
- 通过实体 Geologic_age_classification 描述地质体与地质年代之间的关系。

- 通过实体 wellbore_pick 描述井筒段与地层之间的关系。
- 通过实体 wellbore_geologic_target 描述井筒钻遇的地层及顺序。
- 实体 Rock_feature 的属性 unique_within 描述了地层之间的嵌套关系。

(5) 生产单元模型

实体 pfnu_group_allocation 表达了生产单元参与一个生产单元组的关系，这种参与关系与时间有关系。

这种表达方式使对生产方式的管理非常灵活，如一个开发方案中可能把某个层系或者某个井归入其中，而后经过开发效果分析在某个时间又把它撤出来，而能够清楚地看出这个开发方案的历史(图 7-12)。

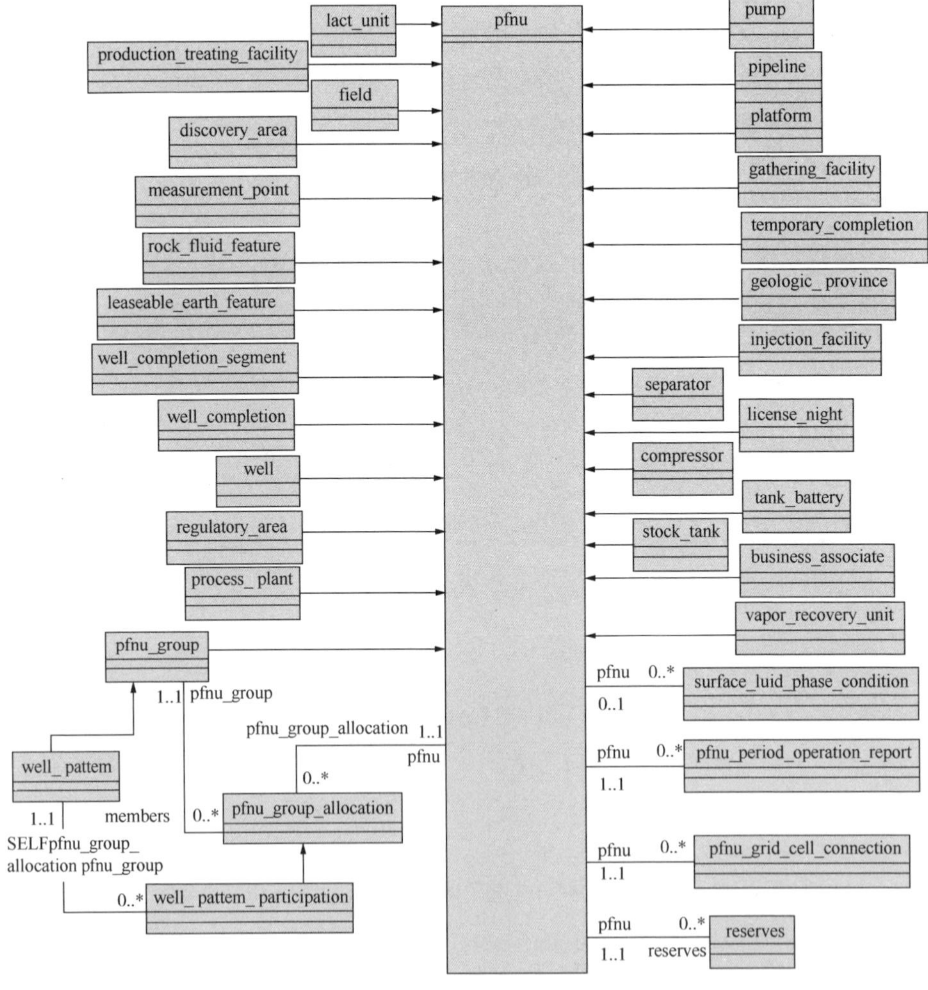

图 7-12　生产单元模型示意图

从最原始的油气生成对象 rock_fluid_feature，到采油设施 Well、完井 Well_completion、井组 Well_pattern，再到油气集输设施 stock_tank、compressor、separator、pipeline、pump、gathering_faciltity 等，从 license_right、business_associate 等合同相关的对象到 leaseable_earth_feature、regulatory_area、geologic_province 等管理相关的对象都列入生产流程网络单元。

生产流程网络单元通过其端口 Pfnu_port 相互连接，构成一个彼此相通的网络。通过在端口安装各种设施，可对流经端口处的流体产量进行计量、采样。

在管理方面，可以将各单元按技术、管理等主题组成一个单元组 PFNU_group，可对一个单元形成报告阶段 pfnu_period_report，还可用实体 Reserves 描述一个单元的储量。

（6）设施模型

设施也是勘探开发一体化模型管理中非常重要的一个对象，井、井筒、完井、生产单元组、井筒设备等都是设施。

通过设施分类可以把设施归于不同的类别，通过实体“FACILITY_CONNECTION”表达设施的连接关系，通过实体“FACILITY_COMPOSITION”表达设施的组成关系，通过实体“material installation” 表达物质与设施的安装关系(图 7-13)。

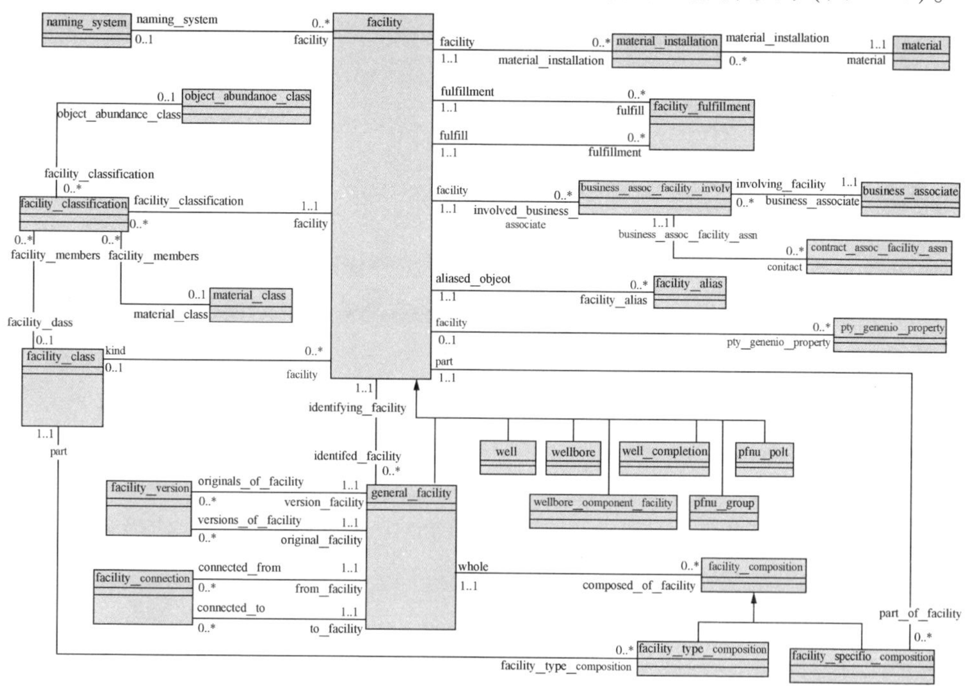

图 7-13 设施模型示意图

(7) 坐标转换

坐标转换(Coordinate Transformations)定义了方法、参数类型和参数值用于从一个坐标系统到另一个坐标系统的位置的转换。海油石油勘探开发一体化逻辑模型中的坐标系统和坐标转换模型，解决了对不同的坐标系统的适应性问题，并能实现多种坐标系统之间的转换(图 7-14)。

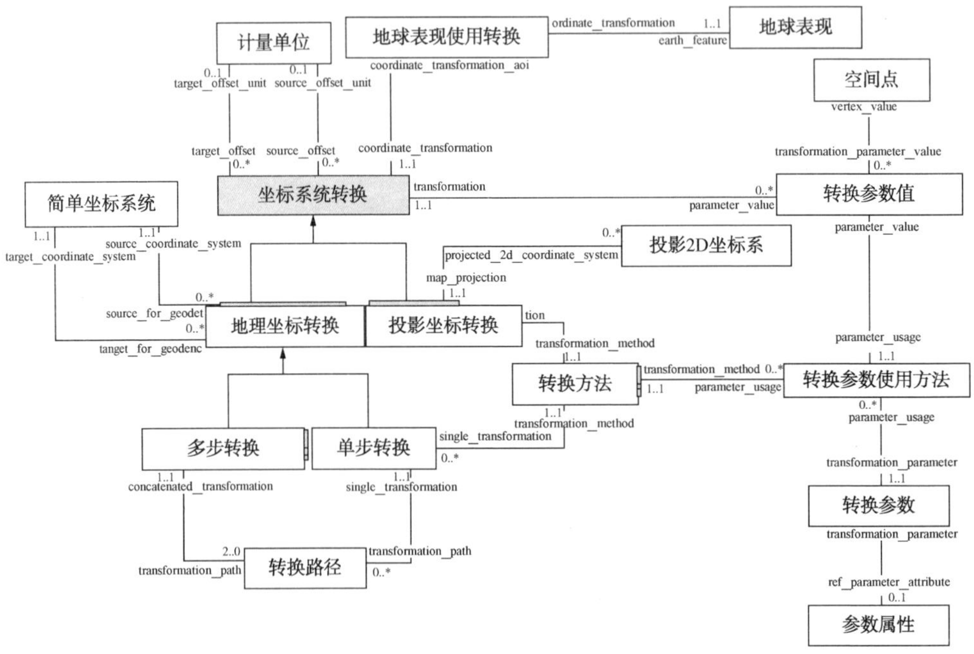

图 7-14　坐标系转换模型示意图

坐标系统模型是 POSC 模型中对坐标体系完整描述的模型。在模型中，任何坐标数据都与特定的坐标系统相关；各种特定的坐标系统间通过定义转换方法、参数类型以及具体参数值实现转换。

非空间坐标系统(普通坐标系统)的引入，为体数据的管理提供了统一的解决方案(如测井曲线、地震数据体、毛管压力曲线等)。

(8) 量纲转换

海洋石油勘探开发一体化逻辑模型参照 POSC 量纲管理模型，使设计的模型能够适应不同的量纲体系并能相互转换(图 7-15)。

量纲转换通用换算公式:

$$y=(A+Bx)/(C+Dx)$$

该公式定义了如下属性:

first_unit　原单位，对应于 x 的单位名称
second_unit　目标单位，对应于 y 的单位名称
factor_a　参数 A
factor_b　参数 B
factor_c　参数 C
factor_d　参数 D

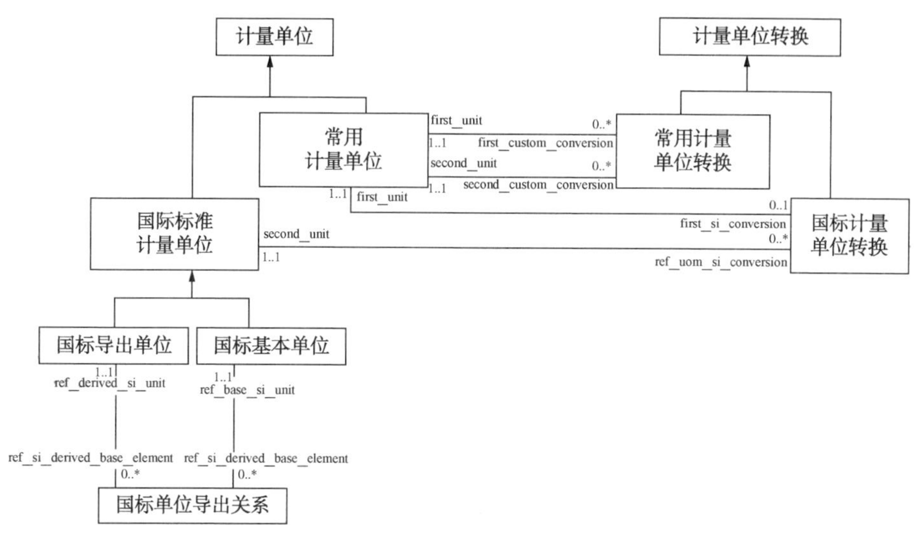

图 7-15　量纲转换模型示意图

海洋石油勘探开发一体化逻辑模型通过对五大业务域中业务单位中涉及的所有量纲进行了梳理和分析，并按照勘探开发业务实际对量纲进行了分类，相同的量纲单位也根据实际的业务场景进行了细分(量值类型)，所谓量值类型是指在具体的业务活动场景中，某一类量纲单位(如长度)只可能在一定范围内进行量纲之间的相互转化，如井筒施工中的套管(或油管)长度只需要在米、厘米、英尺、英寸之间进行转换，而不需要在千米、英里等大尺寸的量纲单位间进行转换。通过细分的量值类型，可以大大减少量纲转换之间的公式个数，也提高了转换的效率。

7.1.3　物理模型

对于采集模型，可以通过业务模型的业务单元定义，直接投影得到采集库物理模型。而对于一体化数据模型，则需要按照逻辑模型的结构，通过定义不同的投影规则来得到，其中包括对于抽象实体，采用复制的方式将其向下投影到其子

节点中，对于逻辑模型中的部分叶子节点，不需要转化为实际的物理表，则将向上合并到其父节点中进行物理投影(图 7-16)。

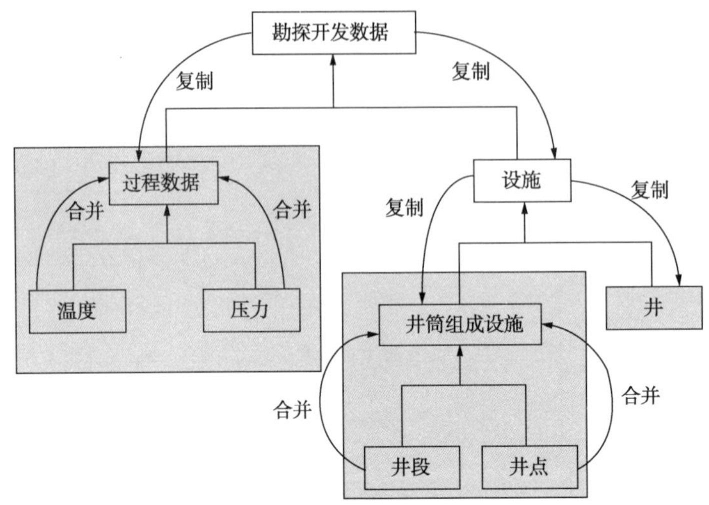

图 7-16　逻辑模型投影规则示意图

7.1.3.1　实体关系

对勘探开发五大业务域所有业务活动包含的数据集进行了规范整理，根据相互之间的业务关系形成了数据库实体关系(E-R)图(图 7-17)。

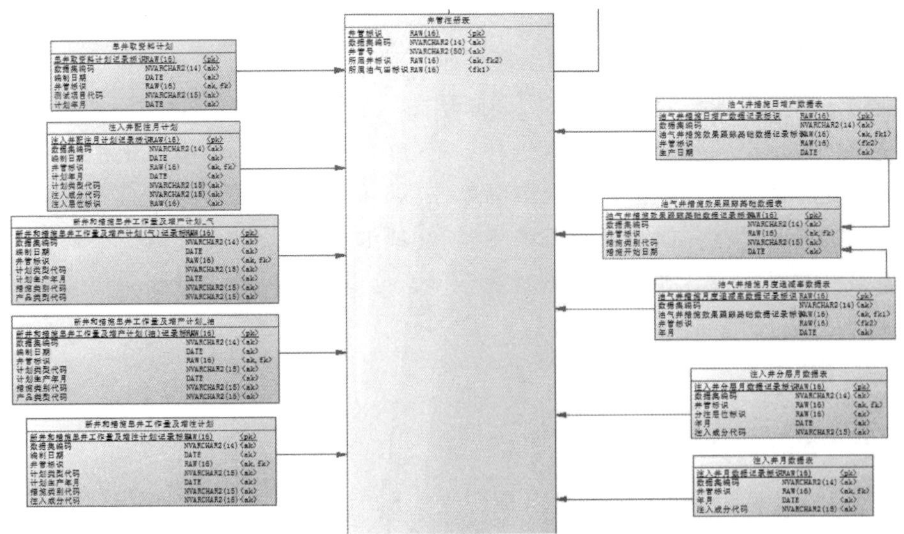

图 7-17　模型部分 E-R 示意图

7.1.3.2 数据字典

业务及业务活动是从勘探开发业务的角度，对所涉及的业务流和数据流进行了定义。从数据模型设计和数据管理的角度，还需要对其中的数据进行标准化定义，从而形成统一规范、来源唯一的一体化数据模型。

对于每个数据集中的数据项从数据项命名、数据类型、精度、主键、外键、业务唯一键、量纲、值域、计算公式等方面进行了标准的定义和规范，形成了完整的数据字典。

通过业务模型中的业务单元进行抽取、映射后得到一体化物理模型。

7.1.3.3 附录代码

对于具有明确业务填写范围的枚举型分类信息(即规范值)，定义和规范了统一的编码规则，每个分类级别采用三位数字按顺序号(附录代码)进行表示，不足三位的前面补充"0"，同时通过父附录代码来表达分类之间的层级约束关系(表 7-6)。

表 7-6 勘探开发一体化数据模型附录代码示例

一级分类	二级分类	三级分类	四级分类	五级分类	六级分类	附录值代码	父附录值代码	备注
油井						001		
	油流井					001001	001	
	油层井					001002	001	
	油显示井					001003	001	
气井						002		
	气流井					002001	002	
	气层井					002002	002	
	气显示井					002003	002	
油气井						003		
	油气流井					003001	003	
	油气层井					003002	003	
	油气显示井					003003	003	
无显示井						004		

7.1.4 模型管理

海洋石油勘探开发一体化模型通过元模型来对业务模型、逻辑模型和物理模型进行统一的管理(图 7-18)，所有的模型维护和管理工作通过模型管理系统进行操作，这样在不同层次模型需要进行变更时，可以保证所有模型的业务一致性和数据一致性，同时通过模型维护记录来追溯形成完整的模型变更历史。

对业务模型标准，逻辑模型标准，物理模型标准以及标准间的转换关系等元数据制定了统一的标准和一致的存储规则，定义了业务模型的 10 个数据表结构、15 个表关系，逻辑模型的 14 个数据表结构、12 个表关系，物理模型 7 个表结构、8 个表关系，它们之间投影的 7 个表结构、10 个表关系。准备了相关表的数据，为数据服务平台的开发提供了元数据支持。

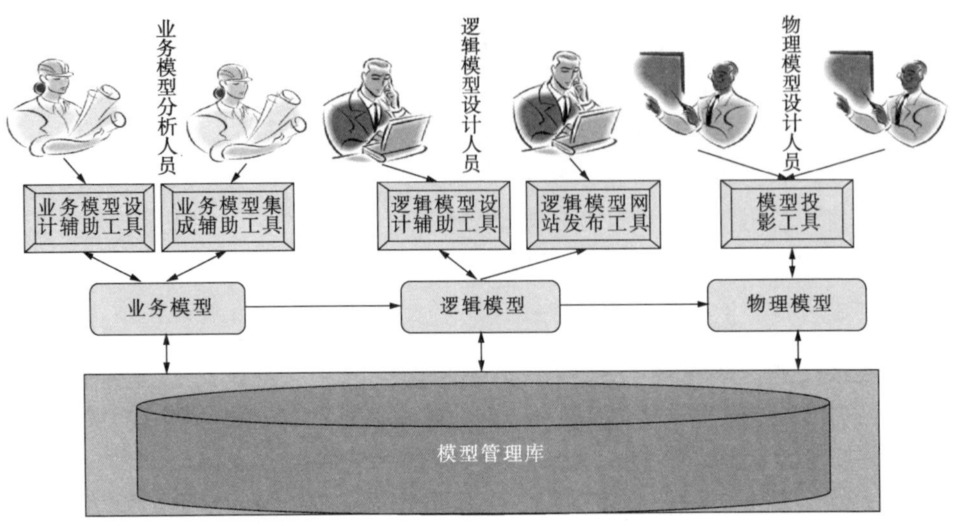

图 7-18　模型管理系统架构示意图

为了更好地管理业务模型、逻辑模型和物理模型，通过抽取对于在此过程中产生的各个层面数据模型的元数据，形成统一的元模型，并建立统一的模型管理系统来进行后期的维护与管理(图 7-19)。

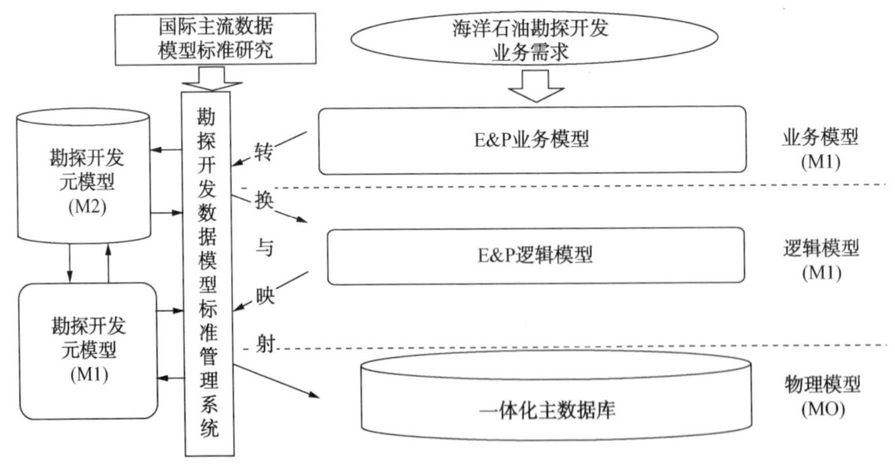

图 7-19　海洋石油一体化数据模型架构示意图

7.2 数据迁移和整合成果

通过采用数据源头确定技术、主数据映射技术、多源数据映射技术、数据清洗技术、迁移工具开发、无人值守作业调度技术、增量数据一致性管控技术等多源数据迁移整合技术，对原有专业库的历史数据进行迁移和整合，并保证新产生的增量业务数据的一致性。

7.2.1 迁移准备工作

通过现有数据资源进行梳理，盘点数据资源情况，并讨论确定迁移范围，之后依据一体化采集总库与各个专业库建立的映射关系，其中包括同构数据表迁移、异构数据表迁移，生成迁移模板，并通过数据服务平台的“迁移视图导入”功能导入生成迁移视图，确定迁移范围的迁移试图数据量见表 7-7。

表 7-7 数据清洗迁移数量

序号	业务域	来源库	迁移表数	迁移视图数
1	井筒工程	钻完井数据库	23	34
		钻井地质库	3	6
		开发生产数据库	20	26
		勘探动、静态数据库	13	21
2	油气田生产	开发生产数据库	45	83
3	分析化验	开发生产数据库	25	107
		分析化验库	68	129

7.2.2 对象标准化

根据数据清洗策略，对数据资源涉及的相关对象及对象关系进行标准化整理，盘点现有的井、井筒、井管、生产段、油气田、开发层位等对象资源及其之间的关联关系，并讨论规范其标准名称和相关信息(表 7-8)，确保对象及其相关资料的完整、统一。

表 7-8　关键对象标准化后的数据量

序号	对象名称	数据量/条	序号	对象名称	数据量/条
1	井	880	11	处理单元	13
2	井筒	1019	12	计量单元	33
3	井管	489	13	开发层位	218
4	生产段	1328	14	年代地层	75
5	油气田	32	15	罐仓	52
6	盆地	7	16	管线	74
7	构造	115	17	流体样品	104604
8	圈闭	922	18	岩石样品	185292
9	生产平台	34	19	岩心	3195
10	钻井平台	35	20	岩屑	8410

7.2.3　数据清洗

数据清洗是应用数据资源管理系统的质检管理功能，对迁移过程中的不规范数据进行检查及过滤，并将不规范的数据进行清洗。从以下三个方面进行了检查规则的定义：

(1) 数据的准确性　数据模型中对数据的类型、数据范围、新数据与历史数据一致性进行检查。

(2) 数据的齐全性　对勘探开发对象生命周期各阶段形成的数据按照数据资源编目检查。

(3) 数据的规范性　数据模型中对数据的逻辑关联性(包括表内、表间等)、数据完整性进行检查。

7.2.4　数据迁移

历史数据迁移是通过数据服务平台数据迁移功能，把清洗后的数据迁移至勘探开发一体化采集总库(图 7-20)。

对井筒工程业务域和油气田生产业务域相关数据进行试迁移工作，对迁移流程的可行性、迁移工具的易用性及数据的规范性进行验证。在对数据梳理与清洗基础上，将 197 张表 1000 余万条历史数据迁移至一体化采集总库。

数据的迁移包括导入专业库映射成果、生成迁移视图、迁移任务定义、迁移任务监控、错误修订和迁移台账记录等，其流程如图 7-21。

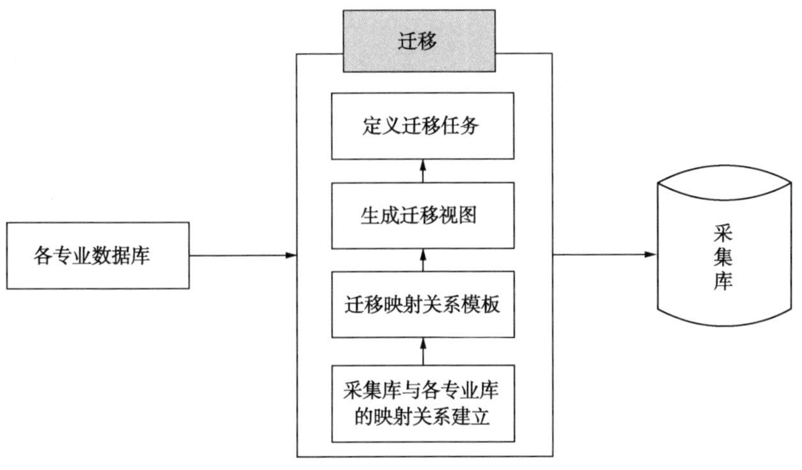

图 7-20 数据迁移流程图

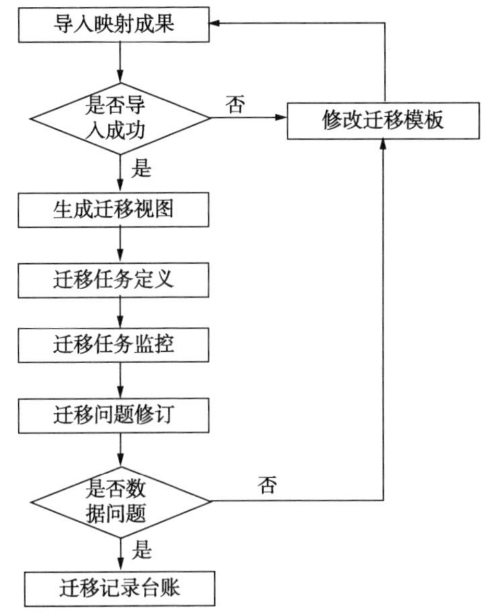

图 7-21 历史数据迁移流程图

(1) 导入专业库映射成果

结合专业库映射梳理工作，通过数据服务平台 ETL 工具导入映射成果，生成迁移视图。监控迁移视图生成结果，对于导入不成功的视图，分析问题原因，对映射成果进行调整和修订，重新导入，直至导入成功。

(2) 迁移任务定义

基于已生成的迁移视图，定义迁移任务。根据数据迁移不同需求，迁移任务定义提供一次性迁移和周期性迁移功能。一次性迁移指迁移内容执行一次后，任务即停止运行；周期性迁移是指迁移任务根据不同时间周期循环执行，周期可以按分、时、天、周进行定义。

(3) 迁移任务监控

监控迁移任务完成情况，查看是否有迁移失败的数据，迁移日志中记录了数据迁移失败的问题描述。根据描述信息对迁移失败的数据进行问题纠正；查看迁移效率，根据单条数据迁移效率可以了解运行情况，如果迁移效率过低，需要从数据集映射、物理表优化、网络情况等方面进行分析。

(4) 迁移台账记录

登记迁移任务的迁移情况、问题整改情况等信息，保证工作留痕，以便提高迁移工作的效率和质量。迁移台账模板是用来登记迁移的数据集内容、数据内容、问题记录等，用来对迁移工作的留痕，以便指导迁移实施工作的顺利开展。

7.2.5 专业库数据集成

通过对现有地震、测井、录井等专业数据库统一规范的基础上，运用 OracleGoldenGate 数据同步工具实现专业数据库共享数据向一体化采集总库的正常抽取(图 7-22)。

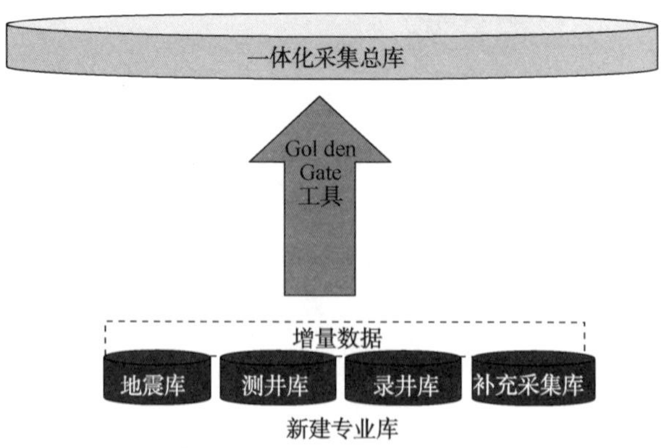

图 7-22 专业库数据迁移示意图

(1) 抽取内容梳理

按照一体化数据库管理内容，确定相关专业库需要抽取的数据范围。

（2）OracleGoldenGate 数据同步软件部署

根据确定的数据抽取范围，在相关专业库、采集总库进行 OracleGoldenGate 同步软件的部署，配置相关的进程文件。

（3）运行监控

对数据同步进程进行监控，处理异常问题，保障数据同步的正常运行。

7.2.6 逻辑模型映射成果

根据映射步骤，首先开展逻辑模型映射工作，完成井筒工程、油气田生产、分析化验、综合研究和物化探五大业务域的逻辑模型映射工作，共计约 2312 个映射组、68927 个数据项，涉及实体 350 余个（表 7-9）。

表 7-9 逻辑模型映射工作量清单

序号	业务域	表数/张	涉及实体/个	映射组/个	映射字段数/个
1	井筒工程	231	144	766	22666
2	油气田生产	138	110	472	12610
3	分析化验	105	79	371	11982
4	物化探	58	34	111	3412
5	综合研究	190	150	592	18257
	合计	**722**	**—**	**2312**	**68927**

完成逻辑模型映射后，利用逻辑模型映射检查工具遍历映射过程中所涉及实体的必填属性是否赋值、属性是否缺失，然后组织相应的业务组专家、逻辑模型组专家评审逻辑模型映射成果，检查业务单元映射关系型是否缺失，所用实体是否准确等。在逻辑模型映射和评审过程中，通过逻辑模型实体的关系也可以验证业务模型数据结构是否合理、作用对象是否准确、唯一键设置是否合理等问题。因此逻辑模型映射工作也是业务模型规范性的一种验证手段。完成评审工作以后，通过数据迁移工具，自动生成加载视图，定制相应的加载任务，实现对象库数据的加载。

7.2.7 对象库数据加载

7.2.7.1 加载流程

数据加载是通过数据服务平台数据迁移功能，依据逻辑模型映射成果，将采集总库数据加载至勘探开发一体化对象库，其流程如图 7-23。

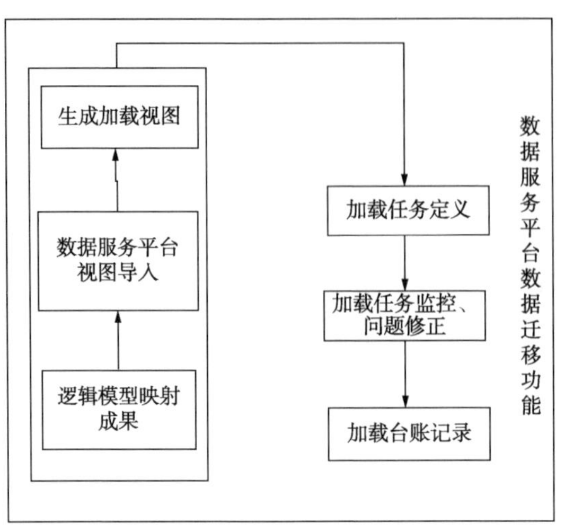

图 7-23 对象库数据加载流程图

7.2.7.2 加载成果

将一体化采集总库的数据加载至一体化对象库，涉及井筒工程、油气田生产、分析化验、综合研究和物化探等五个业务域。共加载数据表 345 张，覆盖 1610 个视图，迁移成功 26212515 条数据，涉及 334 个实体(表 7-10)。

表 7-10 一体化对象库加载工作量清单

序号	业务域	加载有数据表/个	加载实体/个	加载视图/个	加载数据量/条	成功率
1	井筒工程	104	120	410	2204639	99.5%
2	油气田生产	142	70	369	20586516	100%
3	分析化验	87	68	308	3339638	100%
4	物化探	12	14	22	731	100%
	综合研究	97	132	501	80991	99.7%
	合计	**345**	**334**	**1610**	**26212515**	

7.3 数据质量管控成果

通过从不同维度对勘探开发一体化数据中心管理的数据资产进行了管理，并建立了配套的管理规则和系统功能，为勘探开发的管理层、信息工作管理者以及一体化数据中心管理员提供了相应的工具和手段来实时统计、及时发布数据资源情况，方便监控和督促数据中心数据资产的建设和管理。

7.3.1 资产编目梳理成果

针对一体化数据中心梳理的八个核心对象(探井、开发井、油气田、圈闭、区域、组织机构、地震工区、非地震工区)，数据资产管理系统建立起了每个核心对象的生命周期，相应的数据资产都可以按照对象的生命周期进行展示，方便业务人员按照其习惯快速定位到所需的数据，核心对象的生命周期及其包含的数据层级清单如图 7-24 所示。

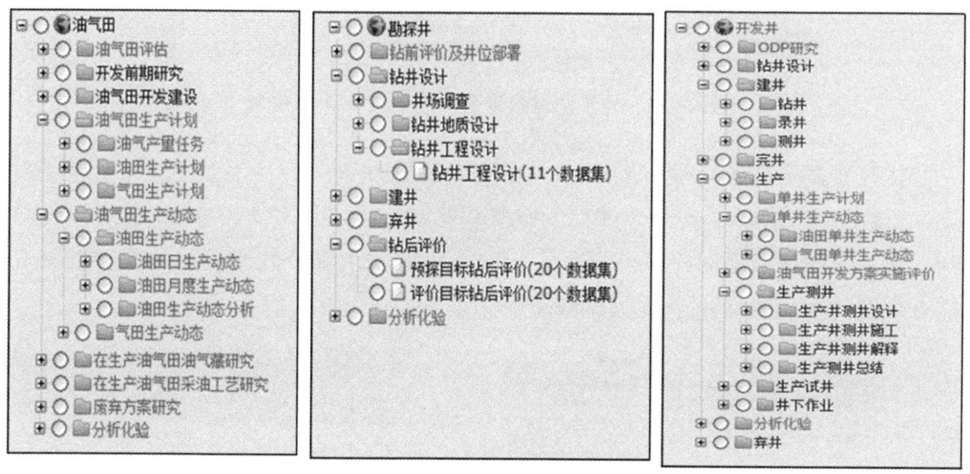

图 7-24 核心对象生命周期编目示意图

基于勘探开发一体化数据中心建立的业务模型，梳理出每个核心对象的完整生命周期，用户选择特定的核心对象实例之后，数据资产管理系统根据数据资产元数据中定义的生命周期阶段划分成果，对每个生命周期阶段包含的业务活动以及其下的所有数据服务(数据集)的数据量进行扫描统计，用户可以穿透进行具体的数据查看与下载(图 7-25)。

7.3.2 齐全率计算规则梳理

齐全率是用来判断每类资料(包括结构化数据表和非结构化文档资料等)是否符合实际业务活动的发生情况，如某口井已经完钻(即完钻活动数据已经入库)，按照活动时序关系，该井的录井、测井等资料应该已经产生，如果已经入库则认为资料齐全，如果还没入库，则需要结合及时性规则来判断资料是否已经超出提交的最后时间期限，如果是，则为缺失状态，否则不计入缺失统计数据。

I油田(油气田)生命周期

- 油气田评估
- 开发前期研究
- 开发建设
- 生产计划
- 生产动态
- 生产研究
- 废弃方案研究
- 分析化验

序号	业务活动	服务名称	数据类型	数据量
2	油气田计量单元日生产	油气田计量单元日数据(油气田[关联]生产平台[关联]油气计量单元)	结构化	9436
3	油气田日生产	油气田日产量数据(油气田)	结构化	5547
4	油气田日生产	油气田分层日产量数据(油气田)	结构化	97170
5	油气田日生产	油气田日注入数据(油气田)	结构化	9050
6	油气田日生产	油气田分层日注入数据(油气田)	结构化	63651
7	油气田日生产	油气田核实日生产数据_油(油气田)	结构化	9618
8	油气田日生产	油气田核实日生产数据_气(油气田)	结构化	3207
9	油气集输日状态	处理单元日接收数据_油(油气田[关联]生产平台[关联]油气处理单元)	结构化	46964
10	油气集输日状态	处理单元日接收数据_气(油气田[关联]生产平台[关联]油气处理单元)	结构化	38394
11	油气集输日状态	处理单元日生产数据_油(油气田[关联]生产平台[关联]油气处理单元)	结构化	32064
13	油气集输日状态	处理单元日销售数据_油(油气田[关联]生产平台[关联]油气处理单元)	结构化	35690
14	油气集输日状态	处理单元日销售数据_气(油气田[关联]生产平台[关联]油气处理单元)	结构化	8218
16	油气集输日状态	生产单元罐仓库存数据(油气田[关联]生产平台[关联]油气处理单元[包含]罐仓)	结构化	74742
17	油气集输日状态	海管日状态数据_油(油气田[关联]生产平台[关联]油气处理单元[关联]管线)	结构化	10022
18	油气集输日状态	海管日状态数据_油(油气田[关联]生产平台[关联]管线)	结构化	31947
20	油气田月度数据汇总	油气田核实产量月数据_油(油气田)	结构化	237
21	油气田月度数据汇总	油气田核实产量月数据_气(油气田)	结构化	79
22	油气田月度数据汇总	油气田月时率统计数据(油气田)	结构化	545

第 1 页,共 1 页　每页 100 行　显示 1 - 41条，共 41 条

图 7-25　油气田对象生命周期数据统计示意图

按照数据资产齐全性规则要求，数据资产管理系统对所有数据集(不包括对象注册数据集)进行了齐全性规则的定义(图 7-26)，共定义了 2957 条齐全性规则，其中既包括活动时序判断规则，也包括根据实物统计数据获取的齐全性补充检查规则，从而确保每个数据集都能被覆盖。

序号	作用对象名称	数据集名称	规则描述	目标数据库	操作
29	开发井	三采井产出物分析成果数...	本表数据不是每个井都必须产生	采集总库	✎ | ✖
30	开发井	分析化验项目信息表	一次活动，本表一条	采集总库	✎ | ✖
31	开发井	注聚产出水质分析报告	分析化验项目信息表与项目样品关系表关联查询，且检测项目名称代码为注聚产出水质分析的，样品有一...	采集总库	✎ | ✖
32	开发井	硫化氢分析成果数据表	本表数据不是每个井都必须产生	采集总库	✎ | ✖
33	开发井	天然气组分分析图	分析化验项目信息表与项目样品关系表关联查询，且检测项目名称代码为天然气组分分析的，样品有一条...	采集总库	✎ | ✖
34	开发井	分析化验项目信息表	一次活动，本表一条	采集总库	✎ | ✖
35	开发井	黑油PVT检测报告	分析化验项目信息表与项目样品关系表关联查询，且检测项目名称代码为黑油PVT分析的，样品有一条，该...	采集总库	✎ | ✖
36	开发井	PVT分析(黑油)地层温度下...	分析化验项目信息表与项目样品关系表关联查询，且检测项目名称代码为黑油PVT分析的，样品有一条，该...	采集总库	✎ | ✖
37	开发井	PVT分析(黑油)井流物组分...	PVT分析(黑油)地层流体单次脱气实验记录数据表有一条，该表至少一条	采集总库	✎ | ✖
38	开发井	PVT分析(黑油)地层流体单...	分析化验项目信息表与项目样品关系表关联查询，且检测项目名称代码为黑油PVT分析的，样品有一条，该...	采集总库	✎ | ✖
39	开发井	PVT分析(黑油)油藏流体热...	分析化验项目信息表与项目样品关系表关联查询，且检测项目名称代码为黑油PVT分析的，样品有一条，该...	采集总库	✎ | ✖
40	开发井	PVT分析(黑油)油藏流体饱...	分析化验项目信息表与项目样品关系表关联查询，且检测项目名称代码为黑油PVT分析的，样品有一条，该...	采集总库	✎ | ✖
41	开发井	PVT分析(黑油)油藏流体压...	分析化验项目信息表与项目样品关系表关联查询，且检测项目名称代码为黑油PVT分析的，样品有一条，该...	采集总库	✎ | ✖
42	开发井	PVT分析(黑油)恒质膨胀压...	分析化验项目信息表与项目样品关系表关联查询，且检测项目名称代码为黑油PVT分析的，样品有一条，该...	采集总库	✎ | ✖
43	开发井	PVT分析(黑油)地层流体多...	分析化验项目信息表与项目样品关系表关联查询，且检测项目名称代码为黑油PVT分析的，样品有一条，该...	采集总库	✎ | ✖
44	开发井	PVT分析(黑油)地层流体多...	PVT分析(黑油)地层流体多次脱气实验记录数据表有一条，该表至少一条	采集总库	✎ | ✖
45	开发井	PVT分析(黑油)油藏流体分...	分析化验项目信息表与项目样品关系表关联查询，且检测项目名称代码为黑油PVT分析的，样品有一条，该...	采集总库	✎ | ✖
46	开发井	PVT分析(黑油)一级分离器...	PVT分析(黑油)油藏流体分离实验记录数据表有一条，该表至少一条	采集总库	✎ | ✖
47	开发井	易挥发油PVT检测报告	分析化验项目信息表与项目样品关系表关联查询，且检测项目名称代码为易挥发油PVT分析的，样品有一条...	采集总库	✎ | ✖
48	开发井	PVT分析(易挥发油)地层温...	分析化验项目信息表与项目样品关系表关联查询，且检测项目名称代码为易挥发油PVT分析的，样品有一条...	采集总库	✎ | ✖
49	开发井	PVT分析(易挥发油)井流物...	PVT分析(易挥发油)地层流体单次脱气实验记录数据表有一条，该表至少一条	采集总库	✎ | ✖
50	开发井	PVT分析(易挥发油)地层流...	分析化验项目信息表与项目样品关系表关联查询，且检测项目名称代码为易挥发油PVT分析的，样品有一条...	采集总库	✎ | ✖
51	开发井	PVT分析(易挥发油)油藏流...	分析化验项目信息表与项目样品关系表关联查询，且检测项目名称代码为易挥发油PVT分析的，样品有一条...	采集总库	✎ | ✖
52	开发井	PVT分析(易挥发油)油藏流...	分析化验项目信息表与项目样品关系表关联查询，且检测项目名称代码为易挥发油PVT分析的，样品有一条...	采集总库	✎ | ✖
53	开发井	PVT分析(易挥发油)油藏流...	分析化验项目信息表与项目样品关系表关联查询，且检测项目名称代码为易挥发油PVT分析的，样品有一条...	采集总库	✎ | ✖
54	开发井	PVT分析(易挥发油)油藏流...	分析化验项目信息表与项目样品关系表关联查询，且检测项目名称代码为易挥发油PVT分析的，样品有一条...	采集总库	✎ | ✖
55	开发井	PVT分析(易挥发油)衰竭实...	分析化验项目信息表与项目样品关系表关联查询，且检测项目名称代码为易挥发油PVT分析的，样品有一条...	采集总库	✎ | ✖
56	开发井	PVT分析(易挥发油)衰竭实...	分析化验项目信息表与项目样品关系表关联查询，且检测项目名称代码为易挥发油PVT分析的，样品有一条...	采集总库	✎ | ✖
57	开发井	分析化验项目信息表	一次活动，本表一条	采集总库	✎ | ✖
58	开发井	凝析气PVT检测报告	分析化验项目信息表与项目样品关系表关联查询，且检测项目名称代码为凝析气PVT分析的，样品有一条，...	采集总库	✎ | ✖
59	开发井	PVT分析(凝析气)井流物组...	PVT分析(凝析气)地层流体单次脱气实验记录数据表有一条，该表至少一条	采集总库	✎ | ✖

[首页] [上一页] [下一页] [尾页] 每页显示行数：60 当前第 1 页 GO 共2957条记录 总页数：50

图 7-26　数据集齐全检查性规则示意图

7.3.3 及时率计算规则梳理

及时性是指根据齐全性检查规则，某类资料需要在特定的时间范围内入库，如果超出系统及时性约定的最后时间期限而还没有入库，则认为该资料不及时，并且在齐全性检查规则里判断为缺失。并不是所有的数据集都需要定义及时性规则，如对于靶点变更数据，该数据集是在定向作业活动下，但是在进行定向作业的过程中，并不一定会产生靶点变更的数据，因此作为活动的非必产生数据集是不需要定义及时性检查规则。

根据数据资产管理系统及时性要求，对具有时效要求的数据集进行及时性规则的定义，总共定义了1584条及时性检查规则(图7-27)。也可根据勘探开发业务的实际情况(如业务时效性管理规则的扩展、调整等)变化对及时性规则进行维护(包括修改、新增、删除等)。

序号	作用对象名称	数据集名称	规则描述	目标数据库	操作
509	开发井	注入剖面测井解释报告	测井施工完成后7天内	采集总库	
510	开发井	产出剖面测井解释成果表	测井施工完成后7天内	采集总库	
511	开发井	产出剖面测井解释数据体	测井施工完成后7天内	采集总库	
512	开发井	产出剖面测井解释成果图	测井施工完成后7天内	采集总库	
513	开发井	产出剖面测井解释报告	测井施工完成后7天内	采集总库	
514	开发井	饱和度测井解释成果表	测井施工完成后7天内	采集总库	
515	开发井	饱和度测井解释数据体	测井施工完成后7天内	采集总库	
516	开发井	注聚井日状态数据表	次日9：00前	采集总库	
517	开发井	热采井注入状态数据表	次日9：00前	采集总库	
518	开发井	热采焖井状态数据表	次日9：00前	采集总库	
519	开发井	热采井生产状态数据表	次日9：00前	采集总库	
520	开发井	单井关停原因记录	次日9：00前	采集总库	
521	开发井	单井大事记录	次日9：00前	采集总库	
522	开发井	油气井见水基础数据表	油井见水后1工作日内	采集总库	
523	开发井	气井日产分配系数变更数...	每次发生变更后1工作日内	采集总库	
524	开发井	单井日产分配分层系数变...	每次发生变更后2工作日内	采集总库	
525	开发井	油气井措施效果跟踪基础...	措施完成后1工作日内	采集总库	
526	开发井	油气井措施月度递减率数...	本月25日前	采集总库	
527	开发井	注入井措施效果跟踪基础...	措施完成后1工作日内	采集总库	
528	开发井	生产测井作业基本数据表	测井施工完成后8小时内	采集总库	
529	开发井	生产测井项目组合数据表	测井施工完成后9小时内	采集总库	
530	开发井	注入剖面测井原始数据体	测井施工完成后8小时内	采集总库	
531	开发井	注入剖面测井图	测井施工完成后8小时内	采集总库	
532	开发井	注入剖面测井仪器组合配...	测井施工完成后8小时内	采集总库	
533	开发井	注入剖面测井仪器配置表	测井施工完成后8小时内	采集总库	
534	开发井	注入剖面测井施工记录报告	测井施工完成后8小时内	采集总库	
535	开发井	生产测井项目组合数据表	测井施工完成后8小时内	采集总库	
536	开发井	产出剖面测井原始数据体	测井施工完成后8小时内	采集总库	
537	开发井	产出剖面测井图	测井施工完成后8小时内	采集总库	
538	开发井	产出剖面测井仪器组合配...	测井施工完成后8小时内	采集总库	
539	开发井	产出剖面测井仪器配置表	测井施工完成后8小时内	采集总库	
540	开发井	产出剖面测井施工记录报告	测井施工完成后8小时内	采集总库	

[首页] [上一页] [下一页] [尾页] 每页显示行数：60 当前第 9 页 GO 共1584条记录 总页数：27

图7-27 数据集及时性检查规则示意图

7.3.4 规范率计算规则梳理

规范性是指检查实际入库数据项是否符合实际的业务规则，主要是用来确保入库数据的可用性。数据资产管理系统通过对业务上具有明确的数据质量要求的数据项，从11类质检规则角度进行考量，逐项进行分析和定义，如果入库数据不符合质量检查规则，则在数据采集时提醒数据采集人员进行修改，否则不允许入库，或者定期对已经入库的数据进行全面的质量检查，从而保证入库数据准确。

针对一体化数据中的采集总库包含的数据集范围进行了质检规则的编制，覆盖了海洋石油勘探开发的五大业务域及公共业务对象，共定制 2300 多条质检规则。

由于质检系统可以跨数据库运行，其运行过程和规则管理相对独立，下面对其具体功能进行详细描述。

7.3.4.1 质检规则定制

质检规则的定制过程并不是一劳永逸的，数据管理人员需要搜集补充质量检查规则，对于某些已经不符合实际情况或者不需要进行检查的数据的规则置为无效或修改使其符合要求。另外，还需要根据业务的变化和扩展来对质检规则进行补充完善(图 7-28)。

图 7-28　质检规则定制维护示意图

(1) 规则的新增

提供两种方式：一种为第一次初始化数据库的检查规则时，支持批量的导入功能；另一种是提供方便的定制界面满足日常对少量规则的增加，总体上支持大部分规则的自动生成，对于比较复杂的规则也支持用户手写规则。

(2) 规则的修改

规则修改后，原来已经检查过的数据不再重新进行检查，但是对于之前检查出来的错误数据进行复查时按照修改后的规则执行。另外，在规则置为无效时，如果有任务已经引用了该规则，质检系统将提醒修改人。当用户强行置为无效后，下次在任务执行时，该规则不会执行，在定制任务时也不会出现在规则列表中。

(3) 规则的删除

在规则删除时，如果有任务已经引用了该规则，质检系统将提醒删除人。当用户强行删除时系统只是做逻辑删除标识，并不从物理上进行删除。

(4) 规则分类

由于数据中心不同层次的数据库都可以调用数据质量检查，因此通过定义来源数据库来对质检规则进行分类管理和维护。

(5) 规则维护日志

规则增删改要记录日志，通过建立规则维护日志，在规则发生变化时能够追踪和追溯规则的变化历史。

7.3.4.2 质检规则发布

一体化数据中心管辖范围内的所有业务专业数据库和一体化采集总库都可以在质检系统中定制各自的质检规则。采集软件可以通过接口访问质检规则，数据源点采集软件需要进行质量的初步检查，检查规则来源于质检系统。质检系统通过公共访问接口方式对外提供规则访问接口，采集软件只需要根据自己的需求调用访问接口、传递相应的参数即可访问到需要的规则。规则支持导出，将查询展示出来的规则导出为 Excel。

7.3.4.3 质检任务定制

在完成了数据质量检查规则的定义和维护之后，质检系统将可以根据业务的需要，来灵活定制质检任务及执行策略(图 7-29)。

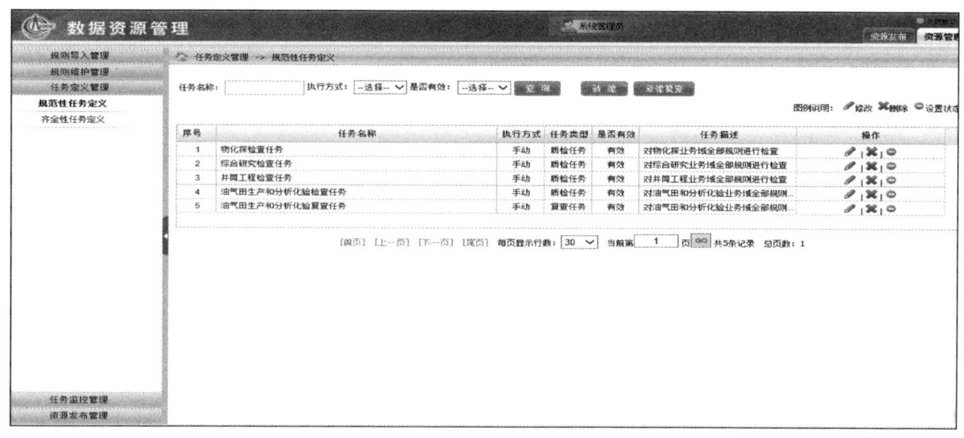

图 7-29 质检任务执行策略定义示意图

根据用户定义的质检任务信息，系统将要执行的任务（包括复查任务）加载到任务队列中，供系统调用或者管理员手动执行，任务的执行即循环执行一个任务包含的所有规则的检查，每条规则执行完成后，会将错误结果进行保存。

任务能够根据任务信息进行自由调度与执行。配置为自动执行的任务，系统会根据定制的时间自动调用执行；需要管理员手动执行的任务，系统提供一个手动执行入口，供管理员手动触发执行。对于已执行的任务能够清晰地查看任务的执行状态。

（1）任务队列的初始化

任务队列的初始化安排在每天凌晨执行：把前一天的任务队列中已经执行完成的任务出队，正在执行的任务保留；对于新一天需要执行的任务，按照任务的执行频率与时间判断入队。对于自动执行和手动执行的任务安排进入两个队列中或者放到一个队列中，并标识其执行方式。

（2）任务的执行

1）在任务队列中的质检任务：执行方式为自动执行的，根据执行时间自动执行；执行方式为手动执行的，用户可以手动启动任务的执行。另外对于自动执行的任务也可以由管理员手动来启动执行。

2）对于将要执行但还未开始执行的自动任务，管理员可以通过手动触发来启动任务。

3）数据复查任务只针对之前检查出来的错误数据进行复查。

4）任务执行策略将把异常的任务根据定制策略进行异常处理并终止该任务的执行。

5）任务执行结果包括两部分：一是任务自身执行的信息，即任务日志；二是任务所包含的质检规则执行的错误结果信息，即检查结果信息。

（3）任务执行情况查看

系统默认展示当天执行的任务，用户可以对当天的任务进行手动执行操作，也可以查看历史的任务执行情况，选择要查询的检查日期即可查看历史任务的执行情况。

7.3.4.4 质检结果统计

质检系统能够按时间统计展示出每个专业库及一体化采集总库的数据规范率趋势并分析出现问题的原因，以及每个采集单位的数据规范情况。按照统计时间对每个部门截至目前上报的所有数据及检查出的错误进行统计、展示，从而了解每个部门的数据规范情况。另外需要按照专业库进行统计分析、展示出每个专业库的数据规范趋势。

7.3.4.5 任务执行监控

根据质检任务的执行策略，对数据质检任务的执行情况进行随时监控(图7-30)。

图 7-30 质检任务状态监控示意图

通过数据质检任务监控功能，可以随时对质检任务的执行进行调整，如终止或手动执行等。任务的终止一般发生在发现质检系统的运行出现异常或者某条具体的质检规则出现逻辑错误，或者在操作系统需要维护而对质检任务进行终止等，任务的终止对于已经执行的质检任务结果不会有任何影响，一旦质检任务恢复，系统将从还未执行完的质检规则处继续执行。质检任务的手动执行一般是为了特定的目的(如需求提前获取质检结果等)对按照执行策略还没开始执行的任务进行手动执行。所有的任务执行过程都将记录在执行日志中，可随时进行查阅。

7.3.4.6 质检结果发布

对于质检任务的执行结果，系统提供质检结果分类汇总统计图表供用户查看，如图7-31所示。质检结果首先按照不同的数据库(包括专业数据库和一体化采集总库等)进行汇总，同时按照11种质检规则的类型进行分类汇总。

对于质检过程中出现的所有不规范数据，用户可以进一步穿透到实际的错误数据记录，即该不规范数据所在的数据集(或数据表)，以及其不符合的具体质检规则类型和定义，用户可以将所有的不规范数据打包下载，也可以在系统中点击具体的错误数据项，逐条确认。图7-32是不规范数据的展示界面示意图。

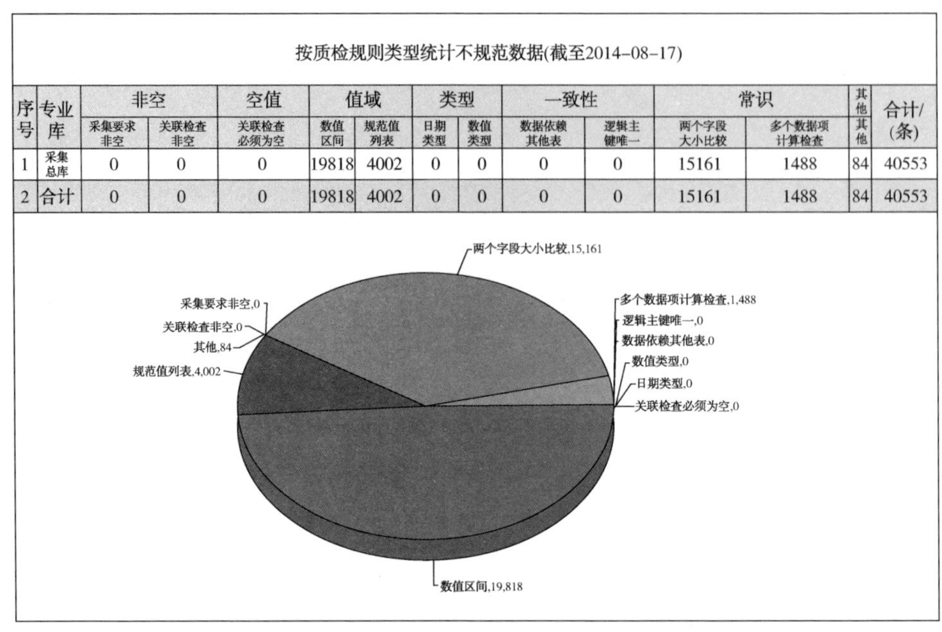

按质检规则类型统计不规范数据(截至2014-08-17)

序号	专业库	非空		空值	值域		类型		一致性		常识		其他	合计/(条)
		采集要求非空	关联检查非空	关联检查必须为空	数值区间	规范值列表	日期类型	数值类型	数据依赖其他表	逻辑主键唯一	两个字段大小比较	多个数据项计算检查	其他	
1	采集总库	0	0	0	19818	4002	0	0	0	0	15161	1488	84	40553
2	合计	0	0	0	19818	4002	0	0	0	0	15161	1488	84	40553

图 7-31 质检结果统计示意图

质检发布

归属地：湛江分公司　目标库：采集总库　采集软件：通用采集　数据范围：全部　数据集/表名称：　查询

	归属地	目标库	采集软件	数据集/表名称	错误数据项	规范率(%)
1	湛江分公司	采集总库	通用采集	PVT分析(黑油)地层流体多次脱气实验记录数据表	1129	96.1987
2	湛江分公司	采集总库	通用采集	包裹体分析测温记录数据表	327	99.9032
3	湛江分公司	采集总库	通用采集	饱和度测井解释成果表	3	99.974
4	湛江分公司	采集总库	通用采集	靶心信息表	1	99.9997
5	湛江分公司	采集总库	通用采集	产出剖面测井解释成果表	6	99.9107
6	湛江分公司	采集总库	通用采集	产能测试数据表	175	99.8363
7	湛江分公司	采集总库	通用采集	常规压汞法毛管压力测定成果数据表	37	99.9602
8	湛江分公司	采集总库	通用采集	常规压汞法毛管压力测定统计数据表	3	99.9879
9	湛江分公司	采集总库	通用采集	储层厚度和物性数据表	84	99.5275
10	湛江分公司	采集总库	通用采集	处理单元日接收数据表_气	58	99.9964
11	湛江分公司	采集总库	通用采集	处理单元日接收数据表_油	591	99.9536
12	湛江分公司	采集总库	通用采集	处理单元日销售数据表_气	2	99.9999
13	湛江分公司	采集总库	通用采集	单井大事记录	2	99.9825
14	湛江分公司	采集总库	通用采集	定向测斜数据表	793	99.9263
15	湛江分公司	采集总库	通用采集	分层配注测试成果表	46	99.5865
16	湛江分公司	采集总库	通用采集	分析化验项目信息表	20	99.9964
17	湛江分公司	采集总库	通用采集	干酪根显微组分分析成果数据表	100	99.8564
18	湛江分公司	采集总库	通用采集	干酪根有机元素记录数据表	42	99.7843
19	湛江分公司	采集总库	通用采集	隔板法毛管压力测定记录数据表	49	99.9261
20	湛江分公司	采集总库	通用采集	固井作业分级数据表	48	99.9392
21	湛江分公司	采集总库	通用采集	固井作业数据表	5	99.9944
22	湛江分公司	采集总库	通用采集	管线日状态数据表_气	12250	99.6052
23	湛江分公司	采集总库	通用采集	管线日状态数据表_油	3332	99.7855
24	湛江分公司	采集总库	通用采集	机采泵变更数据表	5	99.9051

30　第 1 页,共5页　　第1~30条记录,共132条记录

图 7-32 不规范数据展示示意图

通过不规范数据的展示，可以了解整个数据中心的数据质量情况和管理粒度，从而更好地指导下一步的工作安排。

通过查看每个专业库的数据质量、每个部门的数据采集上报质量以及每个专业库质检规则的梳理上报数量，可以了解每个专业库数据的质量情况与管理粒度。

7.3.5 数据资源发布

基于一体化数据中心资产编目、齐全性、及时性、规范性等建设成果，数据资源管理系统可以定时对数据中心的所有数据资源进行扫描统计，对扫描结果从不同维度进行汇总展示，方便不同层面的用户(包括业务管理层用户、信息管理层用户、数据中心管理员等)及时了解和督促整个数据中心数据资源的建设工作。

(1) 整体资源状况

在整个数据中心资源管理的角度，对一段时间范围内的数据资源整体情况进行查看，其中包括对象数量(如盆地、井、油气田等实例数量)，已入库资源齐全率、及时率和规范率，以及按五大业务域维度统计资源齐全率、及时率和规范率(图 7-33)。

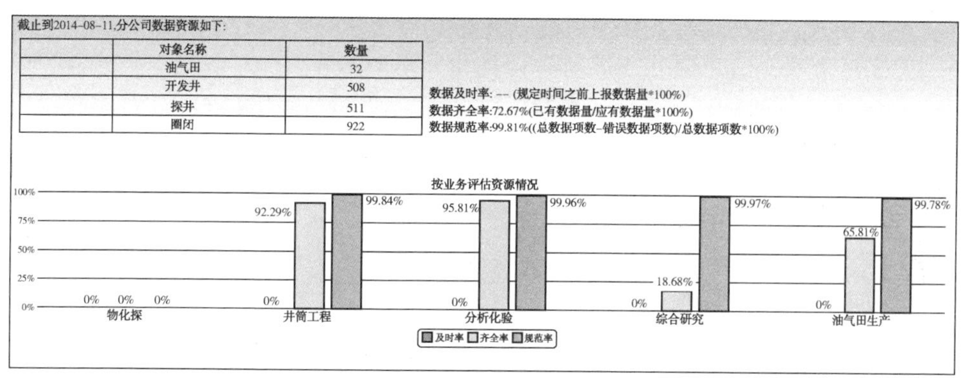

图 7-33 数据中心整体资产状况统计示意图

(2) 按对象统计

按对象统计数据资源的建设情况是指用户可以通过对某类对象(8 个核心对象类型之一)来对数据中心该类对象的所有资产情况进行汇总统计，也可以穿透到某个具体的对象实例(如某口开发井)来针对性地对该对象实例整个生命周期的资产建设情况进行汇总统计。

选择具体一口井实例对象，系统显示该单一对象实例的数据资源展示界面(图 7-34)，从业务对象角度，以对象实例为基准按对象生命周期来浏览每个生命周期阶段对应数据集齐全率、及时率和规范率；系统以该井生命周期的形式对该井的所有数据集的三率情况进行细分展示，用户可以更明确地了解该井的资产建设情况，从而更好地监督和完善数据资产的补充建设。

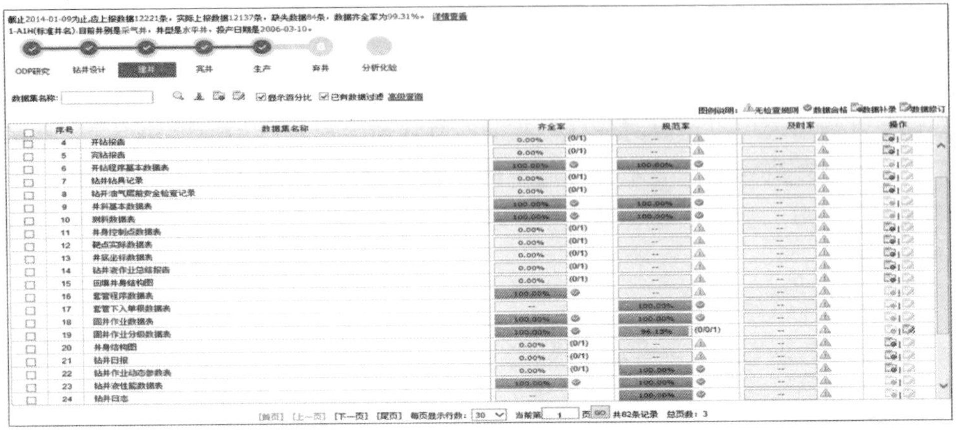

截止2014-01-09为止,应上报数据12221条，实际上报数据12137条，缺失数据84条，数据齐全率为99.31%。 详情查看
1-A1H(标准井名):目前井别是采气井，井型是水平井，投产日期是2006-03-10。
ODP研究 钻井设计 建井 完井 生产 弃井 分析化验
数据集名称: 显示百分比 已有数据过滤 高级查询
图例说明: 无检查规则 数据合格 数据补录 数据修订

序号	数据集名称	齐全率	规范率	及时率
4	开钻报告	0.00% (0/1)	--	--
5	完钻报告	0.00% (0/1)	--	--
6	开钻程序基本数据表	100.00%	100.00%	--
7	钻井钻具记录	0.00% (0/1)	--	--
8	钻井油气层前安全检查记录	0.00% (0/1)	--	--
9	井斜基本数据表	100.00%	100.00%	--
10	测斜数据表	100.00%	100.00%	--
11	井身控制点数据表	0.00% (0/1)	--	--
12	靶点实际数据表	0.00% (0/1)	--	--
13	井深坐标数据表	0.00% (0/1)	--	--
14	钻井液作业总结报告	0.00% (0/1)	--	--
15	固井井身结构图	0.00% (0/1)	--	--
16	套管程序数据表	100.00%	--	--
17	套管下入单根数据表	--	100.00%	--
18	固井作业数据表	100.00%	100.00%	--
19	固井作业分级数据表	100.00%	96.13% (0/0/1)	--
20	井身结构图	0.00% (0/1)	--	--
21	钻井日报	0.00% (0/1)	--	--
22	钻井作业动态参数表	0.00% (0/1)	100.00%	--
23	钻井液性能数据表	100.00%	100.00%	--
24	钻井日志	--	100.00%	--

[首页] [上一页] [下一页] [尾页] 每页显示行数: 30 当前第 1 页 GO 共82条记录 总页数: 3

图 7-34 统计对象实例(某口开发井)的资源情况

(3) 按业务统计

数据资产管理系统还可以根据一体化业务模型的分类，对数据中心的资产进行分业务统计，即从五大业务域角度，以业务、业务活动为基准统计对应数据集的齐全率、及时率和规范率；浏览具体数据集包含对象实例齐全性、及时性和规范性。图 7-35 是对“井筒工程”业务域资源情况发布示意图。

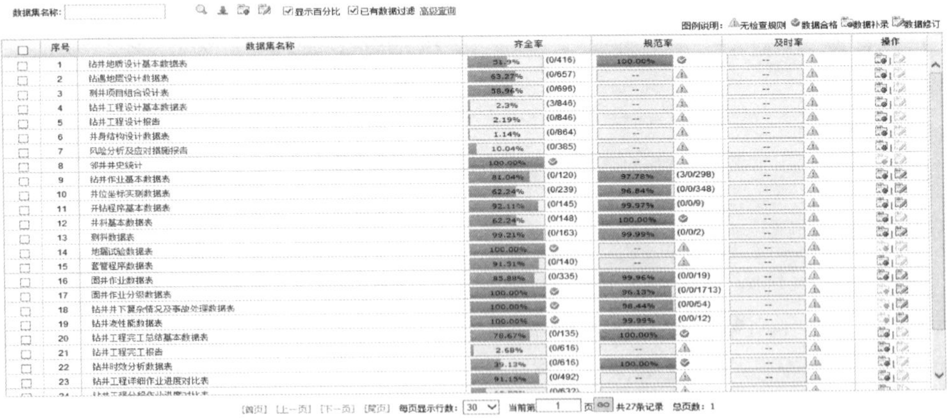

数据集名称: 显示百分比 已有数据过滤 高级查询
图例说明: 无检查规则 数据合格 数据补录 数据修订

序号	数据集名称	齐全率	规范率	及时率
1	钻井地质设计基本数据表	51.9% (0/416)	100.00%	--
2	钻遇地层设计数据表	63.27% (0/657)	--	--
3	测井项目组合设计表	58.96% (0/696)	--	--
4	钻井工程设计基本数据表	2.3% (3/846)	--	--
5	钻井工程设计报告	2.19% (0/846)	--	--
6	井身结构设计数据表	1.14% (0/864)	--	--
7	风险分析及应对措施报告	10.04% (0/385)	--	--
8	邻井井史统计	100.00%	--	--
9	钻井作业基本数据表	81.04% (0/120)	97.78% (3/0/298)	--
10	井位坐标实测数据表	62.24% (0/239)	96.84% (0/0/348)	--
11	开钻程序基本数据表	92.11% (0/145)	99.97% (0/0/9)	--
12	井斜基本数据表	62.24% (0/148)	100.00%	--
13	测斜数据表	99.21% (0/163)	99.99% (0/0/2)	--
14	地漏试验数据表	100.00%	--	--
15	套管程序数据表	91.31% (0/140)	--	--
16	固井作业数据表	85.88% (0/335)	99.96% (0/0/19)	--
17	固井作业分级数据表	100.00%	96.13% (0/0/1713)	--
18	钻井井下复杂情况及事故处理数据表	100.00%	98.44% (0/0/54)	--
19	钻井液性能数据表	100.00%	99.99% (0/0/12)	--
20	钻井工程完工总结基本数据表	78.67% (0/135)	100.00%	--
21	钻井工程完工报告	2.68% (0/616)	--	--
22	钻井时效分析数据表	39.13% (0/616)	100.00%	--
23	钻井工程详细作业进度对比表	91.15% (0/492)	--	--
24	钻井工程分段作业进度对比表	[illegible] (0/632)	[illegible]	[illegible]

[首页] [上一页] [下一页] [尾页] 每页显示行数: 30 当前第 1 页 GO 共27条记录 总页数: 1

图 7-35 井筒工程业务域数据资产建设情况统计示意图

用户通过选择一个业务或者业务活动，来查看该业务或者业务活动对应的所有数据集名称、及时率、齐全率、规范率、采集单位、是否采集、未采集原因等描述信息。用户可以按照一体化业务模型的业务划分层次关系逐级向下穿透到具体的数据集对应的数据资产汇总统计，从而可以由粗到细地掌握该业务域或子业务下的资产建设情况。

(4) 按组织机构统计

数据资产管理系统提供了按照组织机构(或部门)分类统计的功能，该功能可将不同组织机构职责管辖范围内所有数据资产的建设情况汇总统计，部门领导可以随时查看本部门的各类数据资产的齐全性、规范性和及时性情况，从而及时对相关的资产管理情况进行监督和改进。图 7-36 是开发生产部门的数据资源发布情况示意图。

数据集名称:

	组织机构名称	数据集名称	及时性		齐全性							规范性	
			及时资源量(条)	及时率	已有资源量(条)	应有资源量(条)	已有实例数(个)	应有实例数(个)	已有对象数(个)	应有对象数(个)	齐全率(%)	不规范数据项数(条)	规范率(%)
1	生产部	井下作业日报填报时状态信息表	0	0	3	--	1	7	1	7(井筒)	14.29	0	100
2	生产部	井下作业基本数据表	0	0	7	--	7	7	7	7(井筒)	100	0	100
3	生产部	油气田措施月增产数据表	0	0	0	--	0	31	0	31(油气田)	0	0	100
4	生产部	油气田日措施井次统计数据表	0	0	645	--	15	31	15	31(油气田)	48.39	0	100
5	生产部	油气田措施日增产数据表	0	0	7451	--	31	31	31	31(油气田)	100	0	100
6	生产部	油气井措施月度递减率数据表	0	0	1	--	1	1	1	1(井筒)	100	0	100
7	生产部	油气井措施日增产数据表	0	0	18	--	3	3	3	3(井筒)	100	0	100
8	生产部	油气井措施效果跟踪基础数据表	0	0	12	--	12	12	12	12(井筒)	100	0	100
9	生产部	油气田月时率统计数据表	0	0	52	--	30	30	30	30(油气田)	100	0	100
10	生产部	油气田月度开发综合数据表	0	0	0	--	0	30	0	30(油气田)	0	0	100
11	生产部	注入井分层月数据表	0	0	192	--	93	93	93	93(井筒)	100	0	100
12	生产部	注入井月数据表	0	0	95	--	94	94	94	94(井筒)	100	0	100
13	生产部	油气井分层月生产数据表	0	0	176	--	76	76	76	76(井筒)	100	0	100
14	生产部	油气井月生产数据表	0	0	648	1231	648	648	648	648(井筒)	97.95	0	100
15	生产部	生产单元污水排放数据表	0	0	0	--	0	20	0	20(生产单元)	0	0	100

图 7-36 按组织机构统计数据资产情况示意图

7.3.6 数据资产考核

所有的数据资产管理手段都需要管理部门和领导层的重视和监督，因此，在数据资产管理系统提供的多维度数据资产汇总统计功能的前提下，为了更好地提醒和督促相关单位和部门重视其管辖范围内的数据资产建设工作，数据中心的数据资产管理系统提供了数据资产考核功能，即对所有单位和部门的数据资产建设情况进行横向统计对比，根据数据资产建设的情况进行排名，作为一种辅助管理手段来加强和提高数据中心的整体数据资产建设。

数据资产的考核分为月度考核和年度考核两个部分，从不同的时间跨度按部门分别进行汇总统计(图 7-37)。

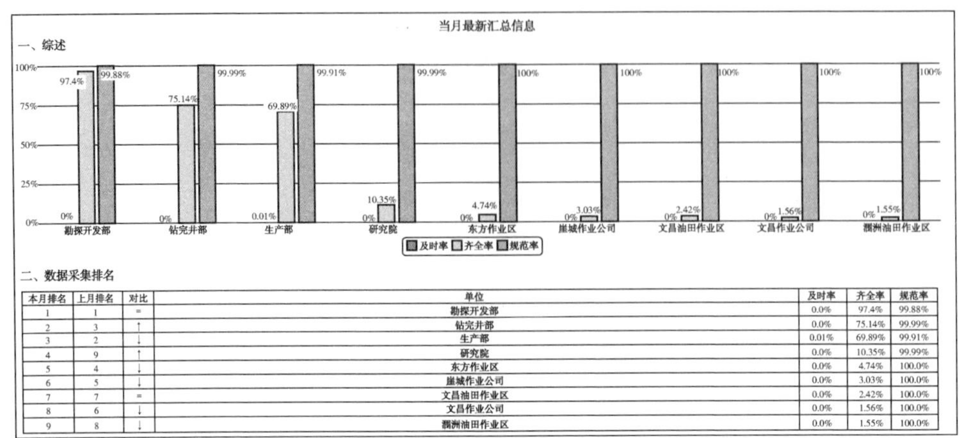

本月排名	上月排名	对比	单位	及时率	齐全率	规范率
1	1	=	勘探开发部	0.0%	97.4%	99.88%
2	3	↑	钻完井部	0.0%	75.14%	99.99%
3	2	↓	生产部	0.01%	69.89%	99.91%
4	9	↑	研究院	0.0%	10.35%	99.99%
5	4	↓	东方作业区	0.0%	4.74%	100.0%
6	5	↓	崖城作业公司	0.0%	3.03%	100.0%
7	7	=	文昌油田作业区	0.0%	2.42%	100.0%
8	6	↓	文昌作业公司	0.0%	1.56%	100.0%
9	8	↓	涠洲油田作业区	0.0%	1.55%	100.0%

图 7-37　数据资产月度考核情况

7.4　数据检索和数据通用应用成果

以勘探开发一体化模型为基础，实现了勘探开发业务的跨专业数据共享、综合数据查询、数据搜索、数据打包下载、异构数据交换、对大型专业软件数据支持等功能，建立了统一的数据服务流程与制度规范，为勘探开发业务提供规范的数据服务。

建设成果主要包括数据检索和数据服务。

7.4.1　数据检索

通过数据检索实现了跨专业综合查询，数据检索方式包括了数据搜索、主题应用、对象查询、通用查询、报表统计和资料车下载。

（1）数据搜索：实现全文检索功能，方便用户快速检索数据，提供数据中心的检索、查询和下载功能(图 7-38)。

（2）主题应用：针对业务研究主题，用户根据业务数据查询需求，把所需数据组织在一起，方便查询使用。通过主题定制，能够方便地为某个业务对象(如：油气田或井筒)或业务活动场景定制服务，实现用户可按照自己需要进行数据的组织与查询(图 7-39)。

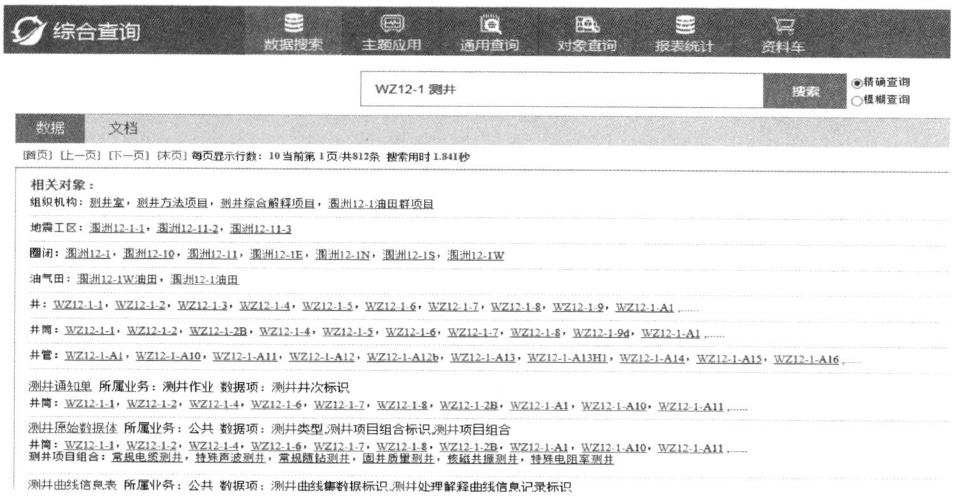

图 7-38　数据检索示意图

图 7-39　主题应用示意图

（3）对象查询：集成 GIS 定位（图 7-40），对圈闭、油气田、井等典型对象，按生命周期展示每个对象生命阶段产生的业务数据，包括基础信息、专题应用、关联对象、各生命周期列表和发生业务活动场景。

典型应用针对井筒、井管等主要勘探开发业务对象，基于逻辑模型的管理方式，采用逻辑模型的正属性、逆属性以及抽象数据关系，对业务对象本身的属性、关联数据进行展示，展示探井的井身结构图、作业计划详细对比图、测录井曲线图以及开发井的管柱图、生产曲线、大事记活动等信息。其中井管对象典型应用是指对开发井数据的展示，主要包括完井管柱图、生产数据，以及关键活动的展示信息(图 7-41)。

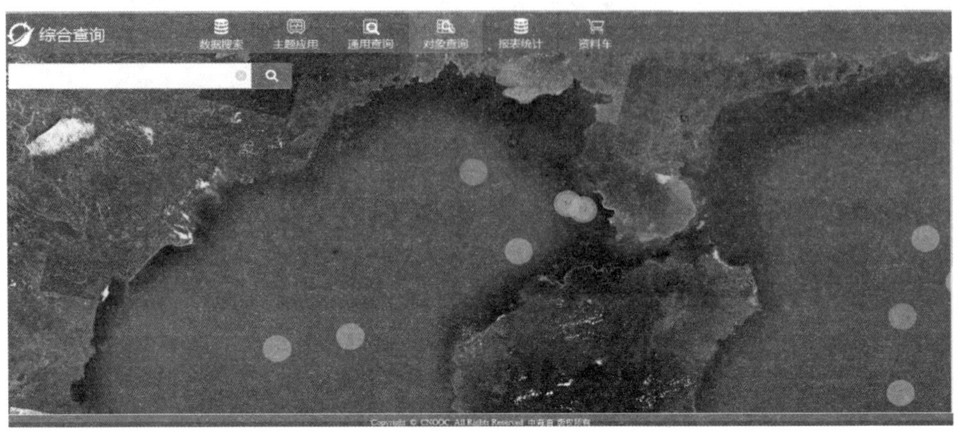

图 7-40　数据服务平台对象查询 GIS 定位界面

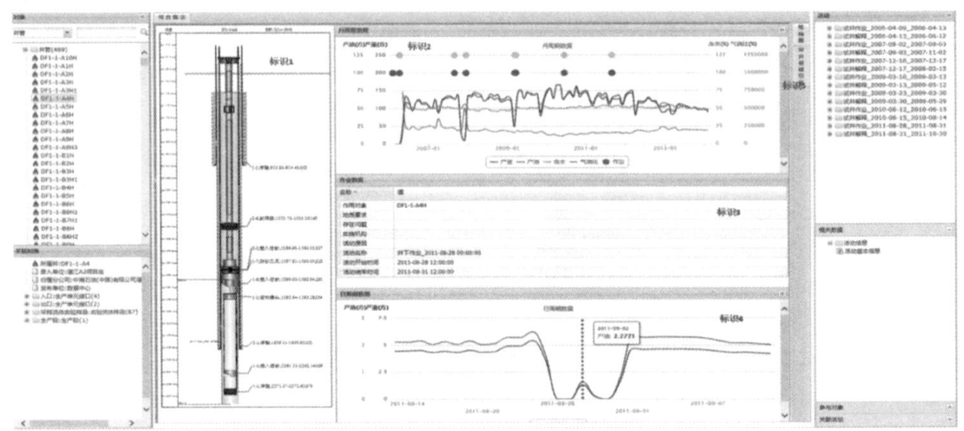

图 7-41　井管对象典型应用

(4) 通用查询：按照物化探、井筒工程、综合研究、油气田生产、分析化验五大业务域展示相关业务数据(图 7-42)。

(5) 报表统计：报表内容包括了基础资料、地质特征、储层特征、含油气性特征、地化特征和油气藏特征等统计(图 7-43)，可对地质、地化和油藏研究内容提供数据支持。把地质油藏工作者从繁重、烦琐、重复的手工统计工作解放出来，极大地提高了工作效率，从而把更多宝贵的时间投入到科研生产工作中去。

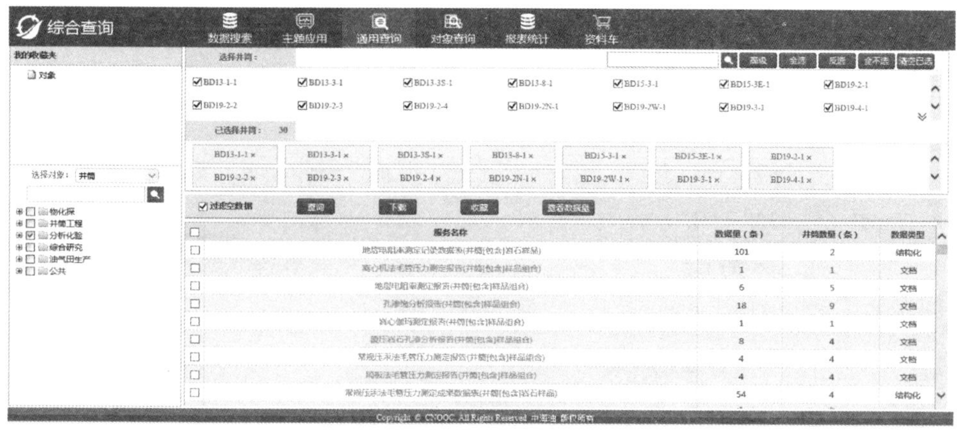

图 7-42 通用查询示意图

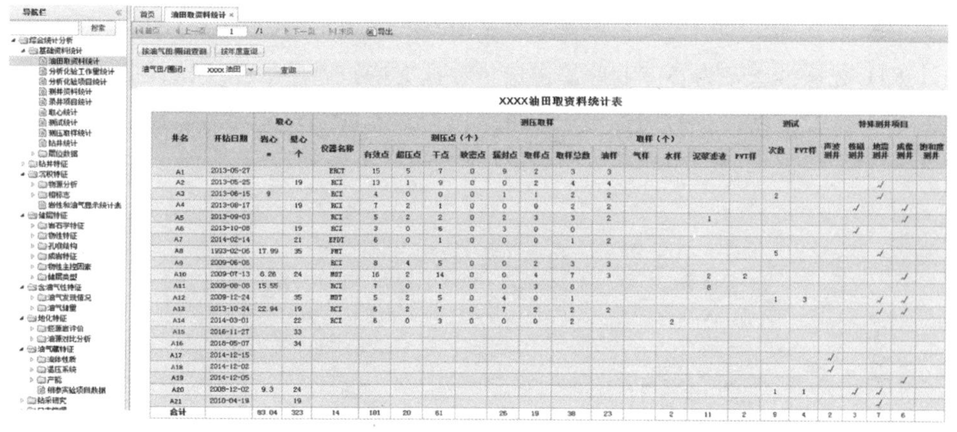

图 7-43 报表统计示意图

7.4.2 数据服务

数据服务平台根据不同应用场景，提供了服务定制、RESTful 接口、ETL 数据推送、SDK 二次开发类库等多种数据服务方式(图 7-44)。丰富的数据服务模式，促使新应用获取数据更加高效、便捷。

概括来说，数据中心对外提供数据服务方式有两大类。数据推送和数据接口。

(1) 数据推送：支撑以项目库方式独立运行的软件系统，主要有 ETL 数据推送、主题库投影。

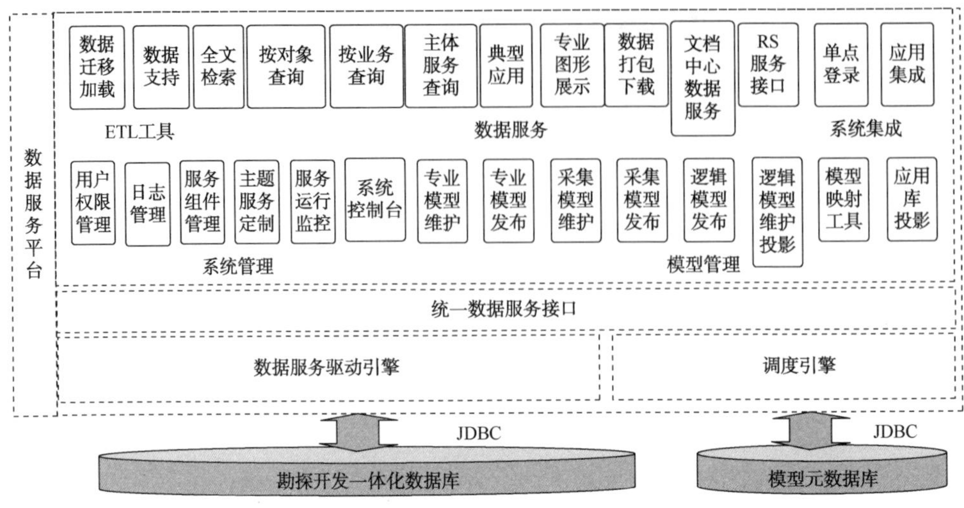

图 7-44　数据服务平台 ETL 工具数据流程图

ETL 数据推送：为各专业库提供增量数据支持，通过数据支持任务，从一体化库抽取增量数据，定时向各专业库推送数据，实现无人值守的数据供给，适用大数据量数据需求(图 7-45)。

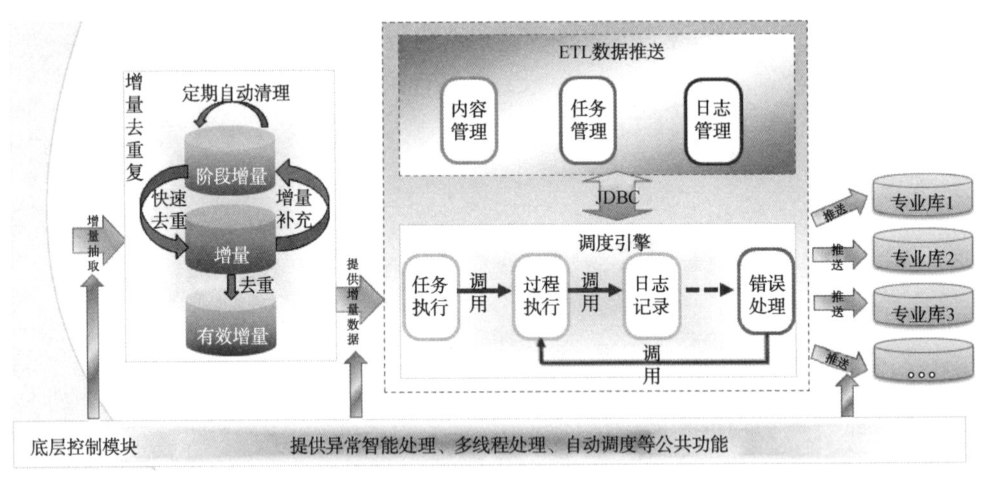

图 7-45　数据服务平台数据服务功能结构图

主题库投影：按照用户需要的表结构投影出一个主题库，然后建立源端到目标端的 ETL 任务，增量的迁移数据。外部系统从主题库中获取数据。

(2) 数据接口：支撑在对象库上直接应用的软件系统，主要有 RESTful 接口、SDK 二次开发类库。

RESTful 接口：通过对服务定制的基础服务进行 RESTful 封装，实现对跨平台\跨语言的数据服务支持。服务接口主要分为通用数据服务接口和特定数据服务接口。通用数据接口为单 SQL 基础数据服务。特定数据服务接口为某一特定主题的数据提供服务接口，通常需要进行运算等操作，如测井曲线格式转换或某一数据集合。

SDK 二次开发类库：提供一体化对象库的类库开发接口，第三方应用系统可以基于这些类库 API 访问对象库的数据，实现应用系统的开发，目前典型应用就是基于该类库完成的开发。

8 基于数据中心的数据综合应用

油气勘探开发信息化的发展历程通常为从数字化到数据应用再到智能化。目前绝大部分石油企业正在从第一步向第二步探索前行。勘探开发一体化数据中心已经成为所有勘探开发信息化新建项目统一的数据来源，形成了唯一、完整、可靠的数据服务和管理体系，并基于一体化数据中心的海量数据基础，在数据深入应用方面进行探索，并取得了一定成效。

本章主要介绍基于一体化数据中心建设的知识管理与应用、专业应用的建设实践成果。

8.1 知识管理与应用

企业信息化工作在经历了多年的发展后，迎来了一个爆炸性的数量级增长，信息化不再满足于基础的查询、检索和下载，人们对积累的大量数据和成果提出了新的需求：如何把大量的成果和知识集成起来？如何提高知识的利用率？如何把隐性知识成果归纳提炼？如何把成果知识转化为推动企业高速发展的力量？

知识管理是通过获取、创造、分享与整合知识，利用集体的智慧提高企业的应变和创新能力，提升企业竞争力的一项综合活动。

知识可以分为隐性知识和显性知识两类。显性知识比较容易用文字和数字表达出来的，通常存在于文档当中；隐性知识相对于显性知识而言的，它们是存在人脑中的经验和技能。在传统的信息化平台之下，企业的隐性知识没有被挖掘出来转化为显性知识，而是由计算机孤立管理着这些数据、成果和知识，没有将它们之间的关联联系起来，导致知识孤立存在而不能发现，影响了企业的创新和再发展，急需将这些知识管理和应用起来。

中海油基于一体化数据中心先后创建和管理了两个知识库：岩石物理库和油藏知识库。这两个知识库为随钻测井自动解释、油气测试油藏分析、测试工作制度决策等勘探开发科研生产工作提供了便捷优质的服务，探索出一条可供借鉴的知识发现、管理和应用的路径。

8.1.1 岩石物理库

岩石物理库将化验分析资料、钻井地质数据、岩石物理实验资料，以及现有成熟的测井解释模型、关键测井解释参数、测井解释图版建成一个综合的岩石物理知识库，可帮助测井工作者提高工作效率，方便、快捷、准确地完成测井相关的工作：有效地管理测井相关的数据，优选区域测井解释模型，快速的绘制图表并进行分析计算，准确地计算出区域测井解释参数以及快捷地建立流体性质识别图版。下面介绍岩石物理库的中两个的应用。

8.1.1.1 建立束缚水饱和度模型

流体类型判别的关键为束缚水饱和度的确定，而影响束缚水饱和度计算的因素有很多，比如孔隙度、渗透率、孔隙结构、岩性等等，但是这些因素对束缚水并不是单一起作用，而是相互作用，因此在建立束缚水饱和度计算模型的时候需要综合考虑，这样才能提高解释结果的准确性。下面以束缚水饱和度模型的部分建立过程为例。

（1）压汞束缚水饱和度模型

通过压汞实验即可建立束缚水饱和度与孔隙度线型关系式，也可建立束缚水饱和度与渗透率和孔隙度比值的平方根(即孔喉结构指数)乘幂关系式，来确定模型的参数。通过选井、层位自动从岩石物理库读取对应深度的压汞实验数据表中的束缚水饱和度、渗透率和孔隙度，然后根据毛管压力值自动插值计算出指定毛管压力下对应的束缚水饱和度，同时自动绘制出压汞实验法束缚水饱和度与孔隙度的线型或乘幂模型回归图版，并回归得到束缚水饱和度模型的计算式，如图 8-1所示。

（2）核磁共振束缚水饱和度模型

同样是通过从岩石物理库获取含有岩心分析的束缚水饱和度和核磁共振实验测得的 T2 值的几何平均值 T2g 的数据表，自动计算出岩心分析的束缚水饱和度的倒数 1/Swi，并根据不同的脉冲回波间隔 Te，分别自动绘制出束缚水饱和度的倒数 1/Swi 与核磁共振 T2 值的几何平均值 T2g 的线型关系图版，并回归得到核磁共振束缚水饱和度模型的计算式，如图 8-2 所示。

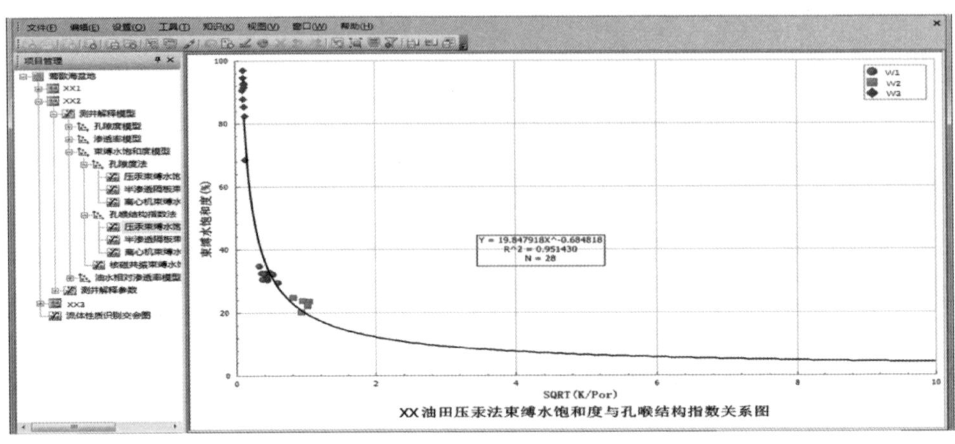

图 8-1　压汞实验束缚水饱和度-乘幂模型建立

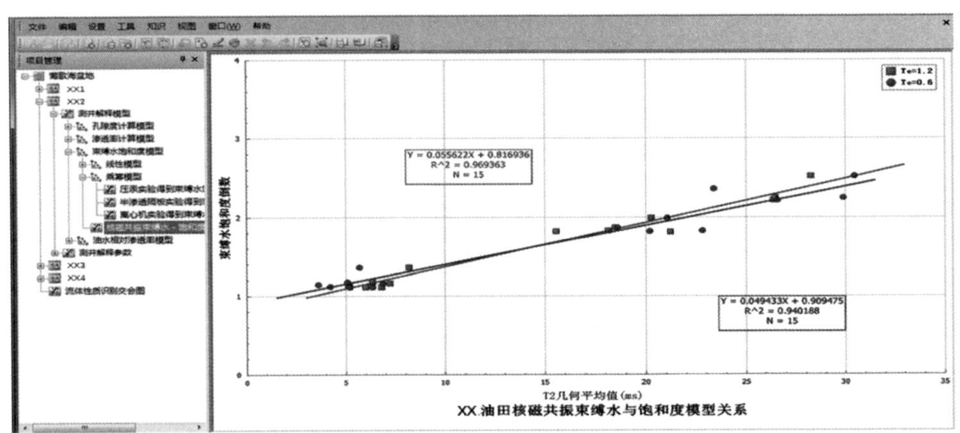

图 8-2　核磁共振束缚水饱和度模型建立

8.1.1.2　建立油水相对渗透率模型

油水相对渗透率曲线是油藏和储层研究重要的参数，建立合理的油水相对渗透率模型在测井解释中尤为关键，主要有经验公式和彼尔逊公式两种方法。其中经验公式法是基于岩石物理库实验室分析的油、水相对渗透率数据后，根据油、水相对渗透率模型-经验公式中 Krw 和 Kro 模型的形式，对油水相对渗透率实验数据中的 Krw 和 Kro 与 Sw、Swi 进行多元非线性回归，同时绘制出油相对渗透率和水相对渗透率与含水饱和度关系图，并得出 Krw 和 Kro 模型的计算式，如图 8-3 所示。

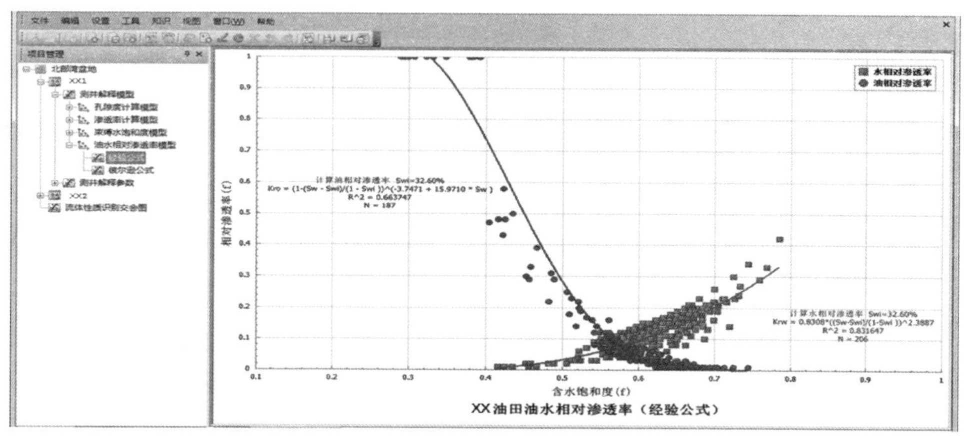

图 8-3 油水相对渗透率模型(经验公式)建立

8.1.2 油藏知识库

油藏知识库包括了储层物性、流体物性和产能等知识，具备实现阶段性决策的数据基础，构建了油气组级别的储层深度、孔隙度、渗透率、温度、压力、流体性质等数据的预测模型，建立了油气田产能分析模型，集成了不同盆地、不同油气藏类型、生产层位、井型、不同完井方式的产能预测模型，实现了智能的试井分析、集输、安全校核等。

下面以流体参数预测和油气井产能预测业务场景为例。

8.1.2.1 流体参数预测

地下油气藏是一个黑箱，不同盆地、不同区块油藏流体参数千差万别，不确定性较强，受限于海上作业条件和成本控制，实际获取的地下流体样品有限，尤其是保温保压的 PVT 样品。与此同时油藏的饱和压力、原油黏度、密度和体积系数等数据又是评价油气藏性质和储量计算必不可少的参数，因此流体参数预测尤为重要，可通过类比法、经验公式法、神经网络和多元回归等方法预测。其中类比法是通过分析总结流体参数分布规律，纳入油藏知识库，利用油藏知识库来对新区块新井的流体参数进行类比预测。流体参数预测的对象主要包括地层原油黏度、地层原油密度、原油体积系数、天然气体积系数、溶解气油比、气体偏差因子和饱和压力等。下面以地层原油黏度流体参数预测为例。

A 盆地 X 组油藏原油黏度低，主要以低黏油为主，地层原油黏度 0.34～4.18mPa·s(图 8-4)。利用理论公式法计算结果为 0.943mPa·s(图 8-5)

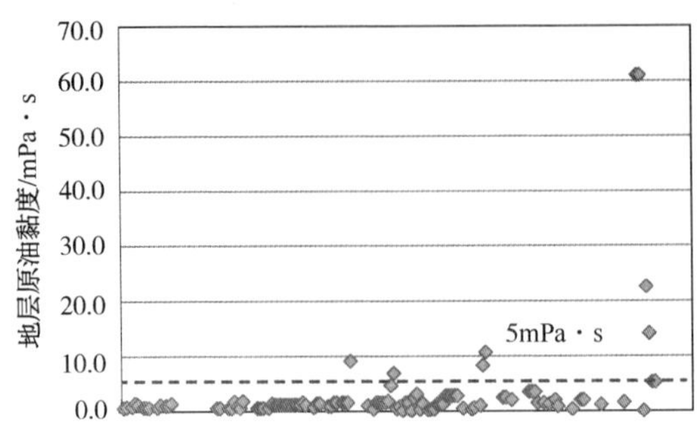

图 8-4　A 盆地 X 组地层原油黏度

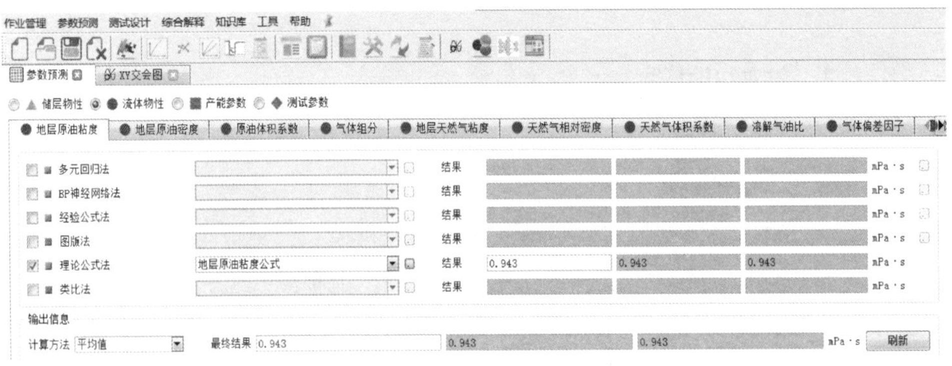

图 8-5　理论公式法预测 W1 井 X 组地层原油黏度

8.1.2.2　测试井产能预测

产能预测是油气井测试设计、生产井配产优化的基础，通过将影响产能大小的各项因素进行分析并知识化，形成产能测试知识，应用于油气井测试产能分析。

影响油井产能的因素主要包括储层物性(孔隙度和渗透率)和流体性质(原油黏度和气油比等)两个方面。考虑到产能(用比采油指数表示)受到多方面因素的综合作用，通过分析得到流度、渗透率、脱气和沉积相对油井产能影响存在规律性，其他影响因素不存在明显规律。下以流度因素进行产能预测为例。

流度是渗透率和原油黏度的比值。按照储层渗透率的不同，将流度分为试井流度和测井流度。对 X 组产能影响因素分析来得到 X 组产能预测图版，其中的一个规律为：X 组储层比采油指数与试井流度具有较好的相关性(图 8-6)，X 组试井流度产能方程如下：

$$J_{OS}=0.7528\times(K_{试井}/\mu_{地面})^{0.7312}(R^2=0.8266) \quad (式 8-1)$$

$$J_{OS}=0.1065\times(K_{试井}/\mu_{地层})^{0.8192}(R^2=0.7952) \quad (式 8-2)$$

式中 J_{OS}——修正比采油指数，$m^3/(d \cdot MPa \cdot m)$；

$K_{试井}$——试井渗透率，mD；

$\mu_{地面}$——地面原油黏度，mPa · s；

$\mu_{地层}$——地层原油黏度，mPa · s。

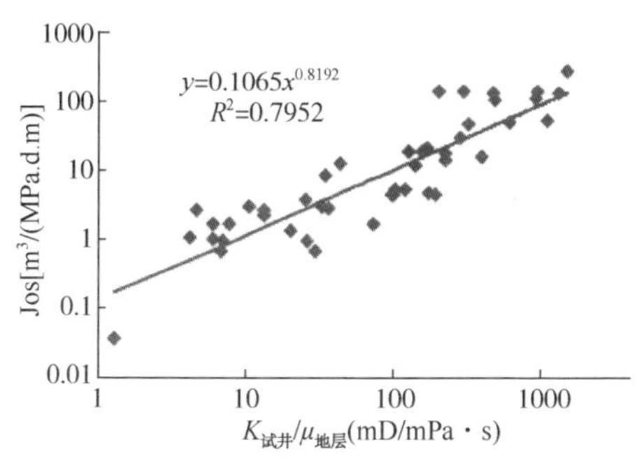

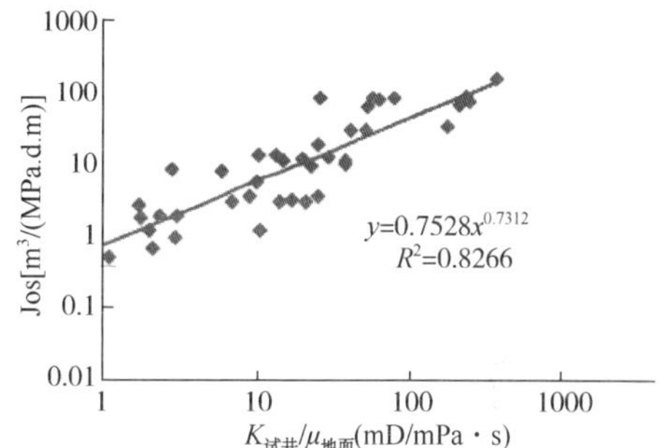

图 8-6　X 组试井流度产能图版

8.2　基于一体化数据中心的专业应用

专业应用系统建设总体指导思想是“业务驱动、IT 引领”，坚持以业务需求为导向，聚焦解决业务的难点、痛点和瓶颈问题，注重用户体验，践行信息系统建设的集成、统一和共享原则，基于统一的勘探开发一体化数据中心和技术架构，打破信息孤岛和壁垒，通过业务部门和信息部门紧密合作，深度融合，助力企业数字转型，提高企业营运、决策和管理水平，促进企业可持续、高质量发展。

8.2.1　勘探目标管理与评价系统

8.2.1.1　建设背景和思路

勘探目标是石油企业的物质基础和可持续发展的必要保障，也是企业实现油气储量健康增长的基石。石油企业勘探工作的重点之一是对勘探目标进行管理。通过对勘探目标的落实、评价、优选和钻探等工作获得油气储量，从而满足企业的可持续发展要求。

传统的勘探部署研究模式是通过人工统计入库目标的各项指标，根据勘探投资条件进行人工筛选，这种方式效率较低，且当投资需求改变时需耗费大量时间重新统计和筛选，已越来越不适应当前国内外大环境的需求。因此，亟须形成科学的勘探目标管理、评价和勘探部署决策系统，从而推进勘探目标管理工作的信息化、科学化、系统化。通过将勘探目标作为管理对象和核心，开展识别、评价工作，通过质控专家审核，最终完成储备目标入库工作，通过建立一系列决策模型，建立勘探目标“大数据”，通过数据挖掘形成勘探目标(专家)知识库，实现了对勘探目标进行投资组合和钻后实时分析的目的，并实现将勘探目标从识别、评价、投资优化组合、钻后分析、核销全生命周期的成果数据、目标评价过程数据、审核数据进行全生命周期管理。

8.2.1.2 建设成效

通过深入分析勘探目标地质参数在目标评价与决策中的作用，基于勘探目标大数据运用数学地质方法，根据业务发展需要，创造性地建立了一系列目标地质评价的过程参数和模型，应用在目标优选排队、投资优化组合、勘探专家后评估等环节，在实践中验证了参数和模型的可靠性，有效指导油气勘探，大幅提高勘探成效，促进储采比大幅提升，取得显著的经济和社会效益。

(1) 彻底改变了勘探目标数据管理模式

提出勘探全目标生命周期大数据管理体系，实现了勘探目标从识别、评价、投资优化组合、钻后分析、核销等全生命周期的成果数据、目标评价过程数据、审核数据全流程的线上动态管理，以及建立了勘探目标“大数据”和知识库(图8-7)。由原来的“纸质、碎片化、分散、部分”的模式转变为源头采集、统一标准、集中管理、共享使用的模式，实现了勘探目标数据全流程信息化管理。

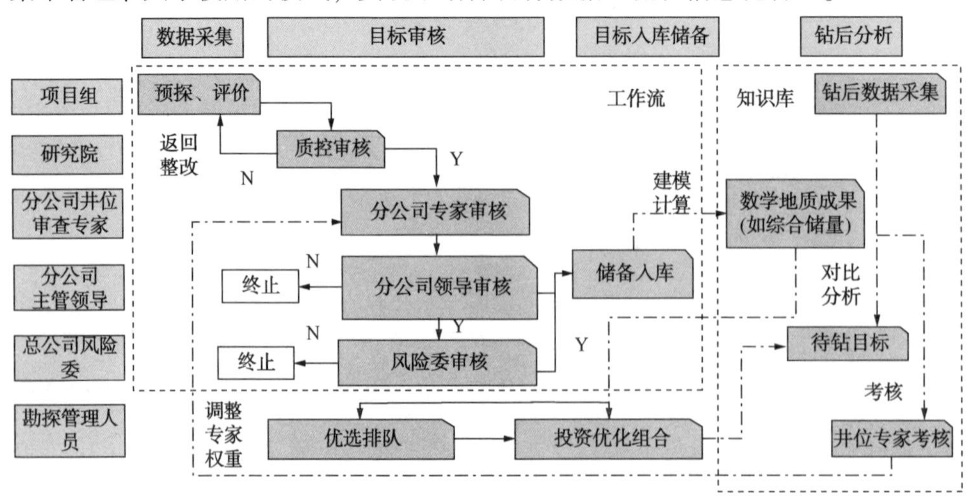

图8-7 勘探目标全生命周期数据流程图

（2）建立了目标风险评估方法和勘探目标“大数据”的评价模式

通过圈闭钻前-钻后风险因素符合率和资源量及其评价参数偏差系数计算方法和模型的建立，实现了各级参数的自动计算。

（3）实现了勘探目标排队和投资优化组合的定量化评价

创建了单目标的综合储量值计算标准及模型，综合储量将勘探目标的地质条件、领域属性、油气类型、专家打分等相互约束的参数融合在一起，更进一步推进勘探目标部署决策工作的定量化、科学化、系统化。勘探部署决策方法建立，创建了以“风险分析-资源价值”为核心的入库目标投资优化组合决策模型。根据勘探费用预算、规划目标、约束条件、商业原则等条件自动优选一组待钻目标（图 8-8），根据多参数的优选排队模型，实现了复杂地质条件下“投资优化组合”快速迭代和结果动态实时呈现，推进了数学地质在油气勘探中的应用。

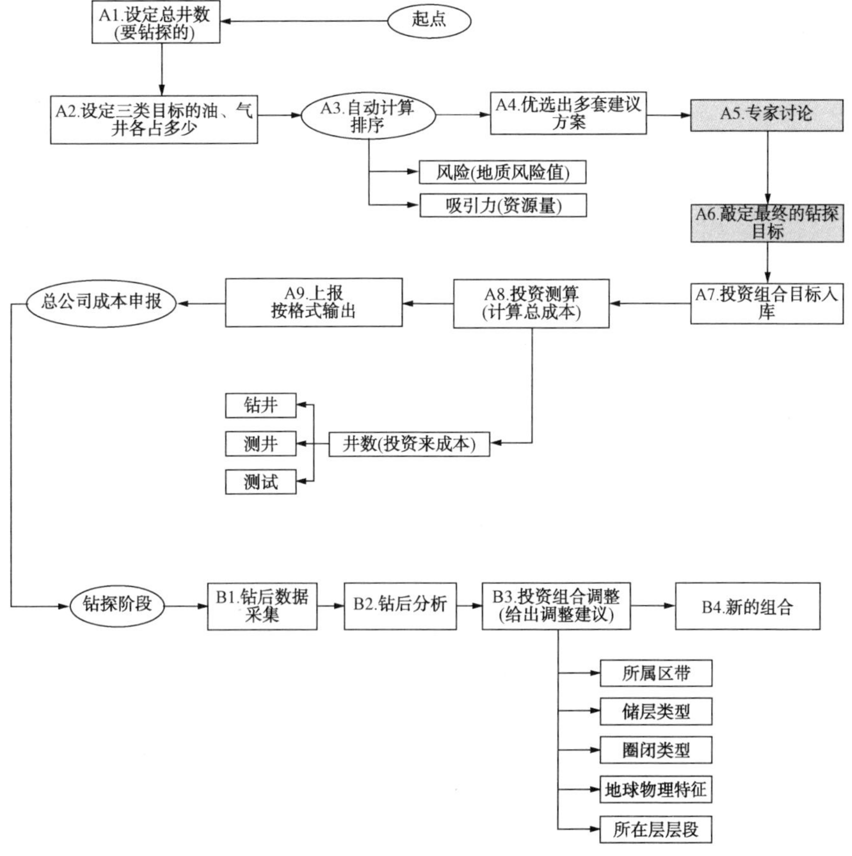

图 8-8　最优解求投资优化组合流程图

(4) 实现了勘探专家后评估的定量化考核

创建了勘探专家后评估与考核的理念与技术，根据钻后结果与钻前专家评分的匹配度计算出专家单目标得分，再根据专家出勤、单目标评分等情况综合获得专家总得分，实现了专家考核从定性到定量考核的转变(图 8-9)。

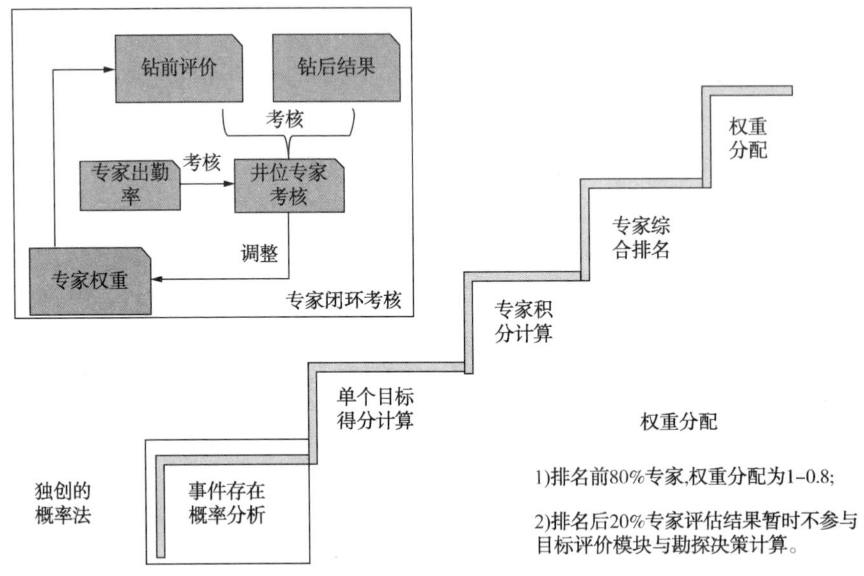

图 8-9　勘探专家闭环考核流程图

该系统自 2015 年上线后，通过开展勘探目标全流程生命周期数据的信息化管理，实现了勘探目标优选、排队及年度投资优化组合的自动生成，实现了勘探目标管理工作的信息化、科学化、智能化。系统已实现对 2015~2019 年勘探目标数据的采集、审核、质控、专家审核、钻后评价、目标优选排队、投资优化组合等全流程的管控和应用，并对井位评审专家进行了考核，取得了良好效果，解决了勘探目标数据纸质人工管理到系统信息化管理、勘探目标排队及年度勘探目标优选的人工统计筛选到系统动态实时呈现、勘探专家的定性考核到定量考核等技术难题，并实现了勘探专家评价的知识沉淀，在专家后评估中实现了勘探专家考核与权重的闭环反馈机制，扎实推进了勘探目标管理工作和勘探专家评估考核工作的信息化、科学化、系统化，为智能勘探奠定了坚实的数据基础和技术储备。

8.2.2　勘探数据智能搜索与综合分析系统

8.2.2.1　建设背景和思路

油气勘探开发是一个从数据采集、传输、存储、处理、应用、认知发现，再到决策管理的过程，伴随着数据的“采、传、存、管、用”数据链全过程。目前研究人员的工作模式通常还是先资料收集、格式整理、数据加工处理，然后再制作各种专业图件和表格，其中业务人员每天要用大量的时间在各种数据库中获取数据，在获取到数据后又要对各种标准、格式的数据进行解释、解析、关联、清洗、整理，需要占用人们大约80%的时间和精力，最终剩下20%的时间来研究业务问题。随着勘探开发生产工作量成倍增加，这种效率低下的工作模式越来越不能适应企业的发展和要求。同时很多科研研究过程没有实现流程化，不利于项目的集中管理，效率提升。而一体化数据中心目前管理着井筒工程、分析化验、综合研究和油气田生产四大业务域的海量数据。急需转变这种工作模式，把研究人员从繁重、烦琐、重复、低附加值的手工统计解放出来，让研究人员可以把更多宝贵的时间投入到科研生产工作中去。

通过帮助研究和决策人员在不同的专业数据之间寻找规律和特征，为研究和决策提供相互参考和印证；通过集中展示特定研究目标的多角度信息，为决策提供风险预测；通过建立数据之间的多维度业务关联，为研究人员提供方便灵活的资料获取手段，进而解决勘探开发业务人员日常工作过程中烦琐重复的机械性工作，简化数据收集、统计等工作流程，提供灵活方便的数据分析和直观的数据可视化手段，提高勘探开发研究工作效率。

系统采用前后端分离的B/S(Browser/Server，浏览器/服务器)体架构，前端采用Vue开发框架，后端采用在数据挖掘以及机器学习方面功能强大的Python进行数据处理。通过从A2数据中心抽取元数据，以模型驱动方式对勘探开发业务数据进行重新组织，建立起多维度的横向数据关联关系，形成数据立方体，供数据挖掘和数据综合分析(图8-10)。Web容器采用Nginx，提供强大的并发处理和反向代理能力，为将来的大数据扩展以及微服务架构提供基础。

8.2.2.2　建设成效

(1) 建立了地理信息系统和数据的横向联系，实现了智能目标圈选和搜索，提供了多维度(层位、井眼尺寸和深度范围)的数据智能查询和搜索，贴近业务人员的实践工作需求。

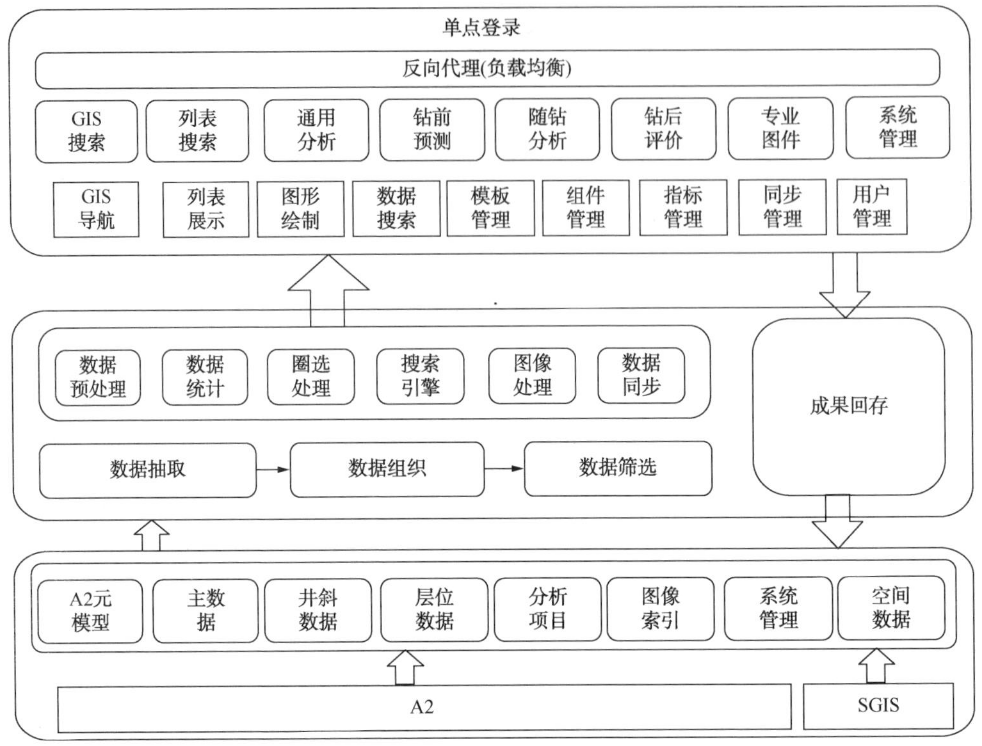

图 8-10 勘探数据智能搜索与综合分析系统架构

1）数据智能搜索

基于 GIS 功能，用户可以灵活地在 GIS 圈选感兴趣的目标井和邻井，在圈选对象范围内通过建立的多维度数据立方体，进行精确的地质和工程指标的定位和搜索，如图 8-11 所示。用户可以选择感兴趣的搜索条件，查询各种业务指标，如目标井或邻井在此搜索维度上实施的录井项目、测井项目、钻井取心信息、分析化验项目、试油成果、地漏试验等，对感兴趣的信息可以直接穿透到每个项目的具体成果数据。实现地质和工程目标的精确定位搜索，对用户常用的搜索指标和参数进行日志存储，为用户提供个性化的参数推荐。

对圈选的目标提供了层位、井眼尺寸、深度范围三种维度的数据查询筛选方式。数据范围包括了录井项目、测井项目、岩石样分析、流体样分析、钻井取心、试油、地漏试验等业务比较关心的数据。数据都可以穿透钻取具体的成果数据(图 8-12)。

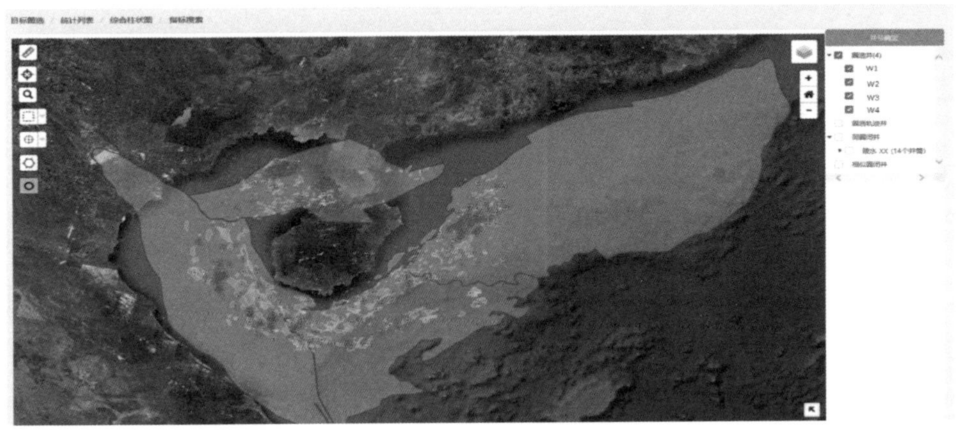

图 8-11　目标圈选示意图

图 8-12　多对象统计列表示意图

2）任意指标搜索

通过底层数据的重新组织和动态拼接功能，用户可以对感兴趣的任意指标进行动态搜索和成果展示(图 8-13)。通过对数据中心元模型的扩展，实现了对数据中心所有的数据进行任意搜索，可满足研究人员多变的数据搜索需求，同时还可以将搜索出来的数据以折线图、柱状图、散点图和饼状图等图形展示出来，研究人员可以在列出的数据表范围内使用任意两个数据列进行图形的绘制，从而直观地获取或分析两者的关系。为用户进行地质设计和工程施工提供直观的参考。同时，通过该功能可以为实时预测和预警提供底层数据和功能支持。

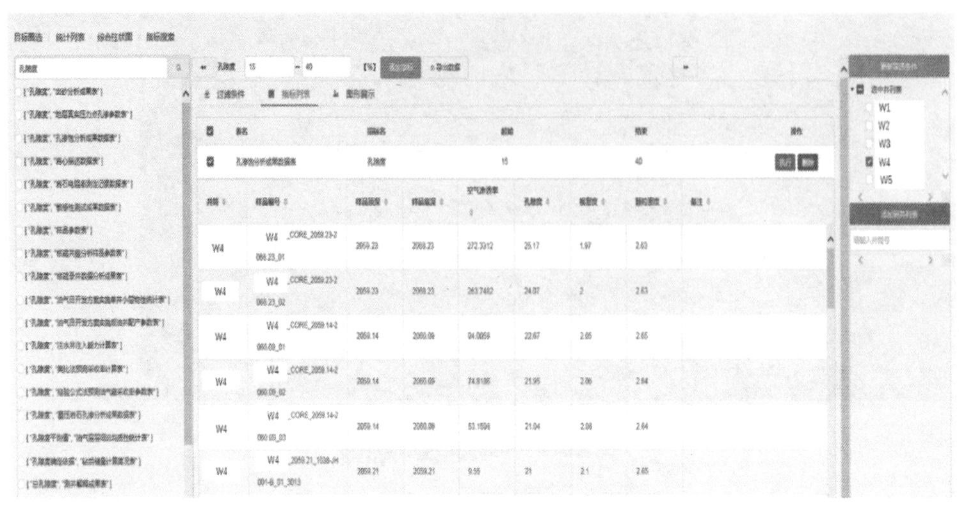

图 8-13　指标搜索

（2）立足具体的勘探研究场景，以规范的工作流程的方式引导研究人员完成钻前预测、随钻跟踪、钻后评价等工作，实现了流程化管理。

通过建设石油大数据分析平台，以模型驱动的方式基本实现了数据中心的数据立方体抽取与重组，实现了多维度数据的智能搜索、规律分析与可视化分析。勘探开发基础数据分析和应用是数据价值挖掘的有益尝试，解放了研究和决策人员烦琐的基础数据收集和整理工作，节省出的时间和人力能更好地保障专业研究的深度和广度，在勘探开发目标钻前研究、随钻跟踪、钻后评价等全流程的地质分析和辅助决策过程中极大地提升了数据收集和分析的时效和精度，为勘探开发增储上产提升效率。该平台也为数据的智能分析和辅助决策提供了坚实的应用基础，模型驱动的数据架构、数据标准和软件架构具有高度稳定性、可扩展性，具有很强的推广意义，完全可移植到其他石油公司。综合分析分为钻前预测、随钻跟踪、钻后评价三大功能模块，这三个模块都是以工作流程的方式引导研究人员完成相关的工作。

1）钻前预测

钻前预测主要是指在确定井位的基础上，为了达成预期的地质目的，更好地指导钻井现场施工，降低成本，同时控制现场事故和复杂情况的发生，在钻井施工之前，前期研究和邻井钻井施工的工程和地质工作成果，进行一系列的统计分析工作，并从地质和工程上给出预测和建议（图 8-14）。

基于目标圈选后，对已圈选井的钻前评价成果及邻井的钻井过程和钻后评价等地质信息进行浏览、统计、分析、成图等。同时对单井按照地质设计报告模板自动生成地质设计报告，其中的数据均为从数据中心获取，研究人员只需对报告中的文字描述部分进行修改即可快速形成地质设计报告，可以极大缩短地质设计报告的完成时间。

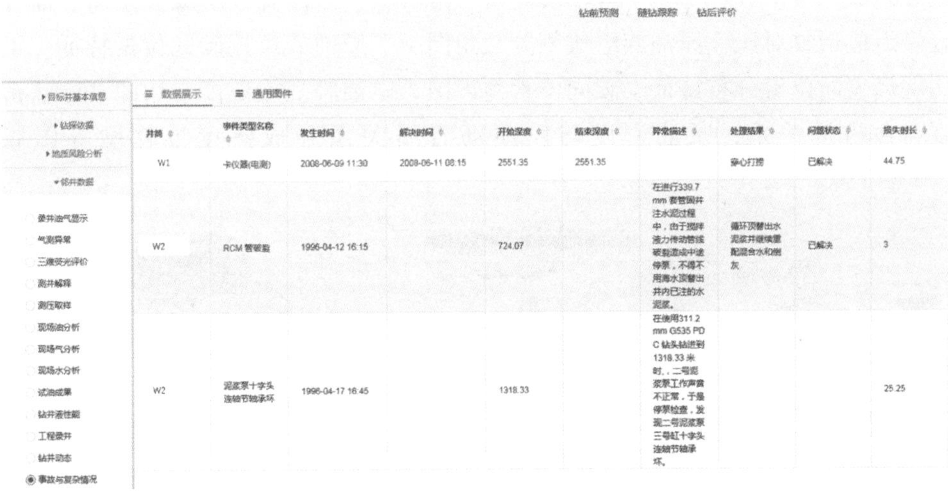

井筒	事件类型名称	发生时间	解决时间	开始深度	结束深度	异常描述	处理结果	问题状态	损失时长
W1	卡仪器(电测)	2008-06-09 11:30	2008-06-11 08:15	2551.35	2551.35		穿心打捞	已解决	44.75
W2	RCM 管破裂	1996-04-12 16:15		724.07		在进行339.7 mm 套管固井注水泥过程中，由于搅拌漏力传动管线破裂造成中途停泵，不得不用海水顶替出井内已注的水泥浆。	循环顶替出水泥浆并继续重配混合水和灰	已解决	3
W2	泥浆泵十字头连轴节轴承坏	1996-04-17 16:45		1318.33		在使用311.2 mm G535 PDC 钻头钻进到1318.33 米时，，二号泥浆泵工作声音不正常，于是停泵检查，发现二号泥浆泵三号缸十字头连轴节轴承坏。			25.25

图 8-14　钻前预测邻井事故与复杂情况

2）钻后评价

钻后评价主要是指对已钻完目标井进行总结归纳，钻前预测统计分析的准确性及随钻跟踪的实时性、可视性综合分析评价总结，最后综合归纳技术适应性指标和产能指标得出最佳的完井方式。统筹钻后工作成果丰富经验，为下次钻井与邻近的目标井可作为邻井的钻前预测数据评估，提供有利用价值的数据基础及预测建议。

（3）实现了岩心图文展示分析以及地质综合应用，同时还可自动生成地质和地化常用图版，把研究人员从烦琐重复的数据收集和整理工作解放出来，可极大提高工作效率。

油气地质和成藏研究过程中很多涉及固定的图版，通过自动生成地化和地质图版可以极大提高决策的时效性。搭建起了基于 B/S 架构的石油地质专业图件绘制功能，以组件化和模块化方式通过绘图模板的方式搭建适合云模式和服务模式的绘图框架。这些组件以服务的方式对外进行支持，为云计算和大数据分析平台的通用共享提供了很好的基础。

1）地化图版

地化图版是指地化研究过程中用到的固定图版，包括了有机碳含量与生烃潜力关系、Tmax-HI 划分有机质类型、有机质成熟度、干酪根显微组分分类、CO_2交汇成因判断图、甲烷同位素与干燥系数、天然气碳同位素指纹对比、C_7轻烃组成三角图版、C_5-C_7脂烃族组成三角图版、原油轻烃组成关系图、油气轻烃组成指纹对比、原油族组成划分三角图版、原油族组成碳同位素特征、正构烷烃碳同位素分布特征、碳同位素判识图、原油轻烃成熟度参数图、原油密度与含蜡量关系、原油密度与胶质沥青质关系和成熟度推算图等图版(图 8-15)。

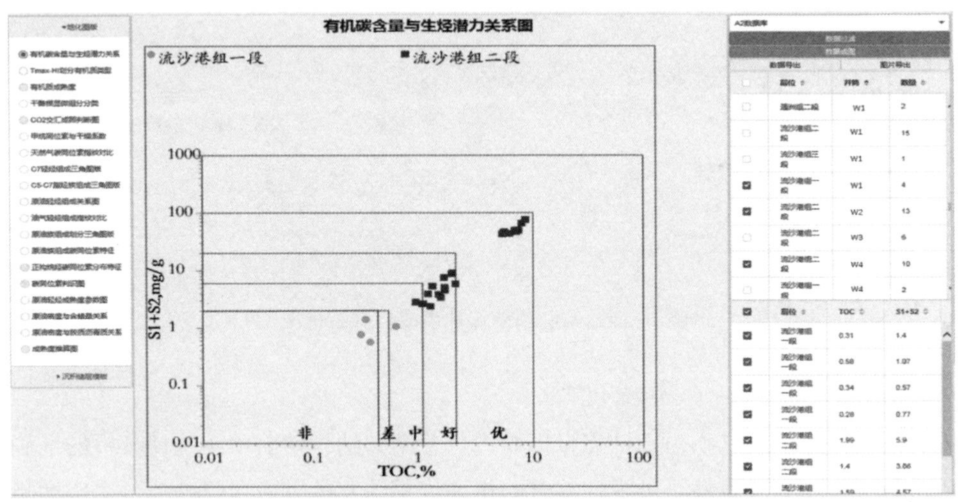

图 8-15　地化图版

2）沉积储层图版

沉积储层图版是指沉积储层研究过程中用到的固定图版，包括了粒度分布曲线、C-M 图、古生物分类分布、古生物丰度、碎屑组分、孔隙类型统计、物性统计、孔渗相关性、孔喉结构分布、压汞曲线、成岩阶段划分、压实-胶结评价、物性与泥质含量等图版(图 8-16)。

3）综合柱状图

圈选的目标对象可自动绘制综合柱状图(图 8-17)，提供常用的柱状图模板，按斜深和垂深模式自定义深度范围和比例尺，自定义模板，设置数据来源、曲线颜色、曲线范围、道头字体大小等，通过十字星读取曲线的值，交互性较好。对于图像道（岩心、壁心和岩屑照片），可在另外一个页面进行图像的原图联动展示，同时照片上可显示做过的分析化验项目，也可以穿透查看具体的实验成果（图 8-18）。

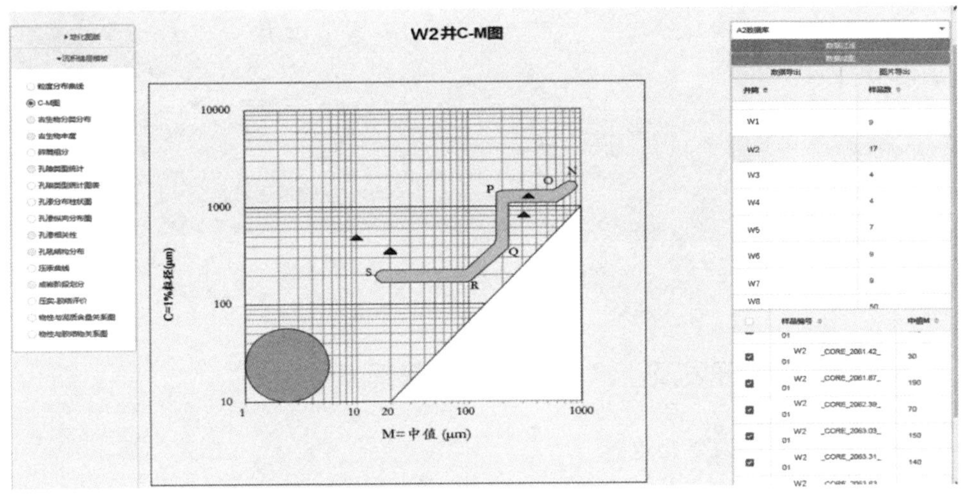

图 8-16　沉积储层图版

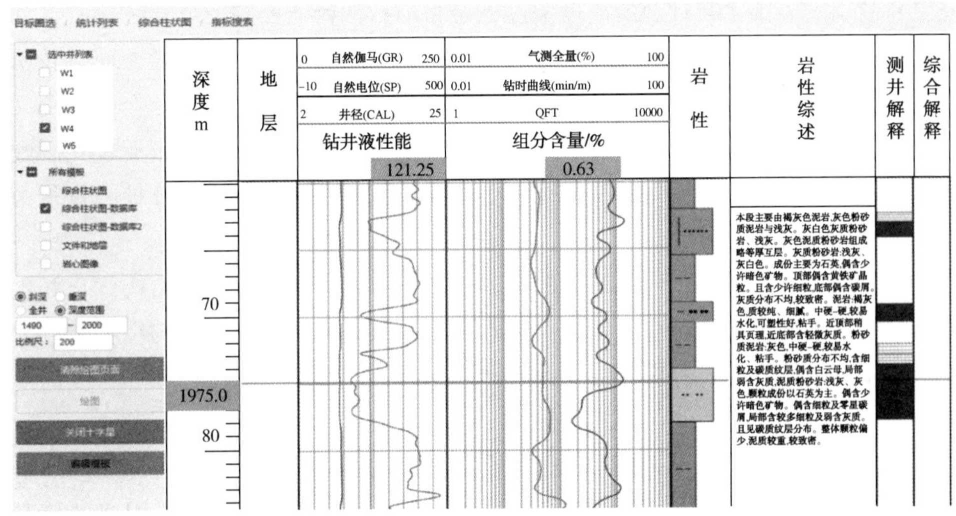

图 8-17　W4 井综合柱状图

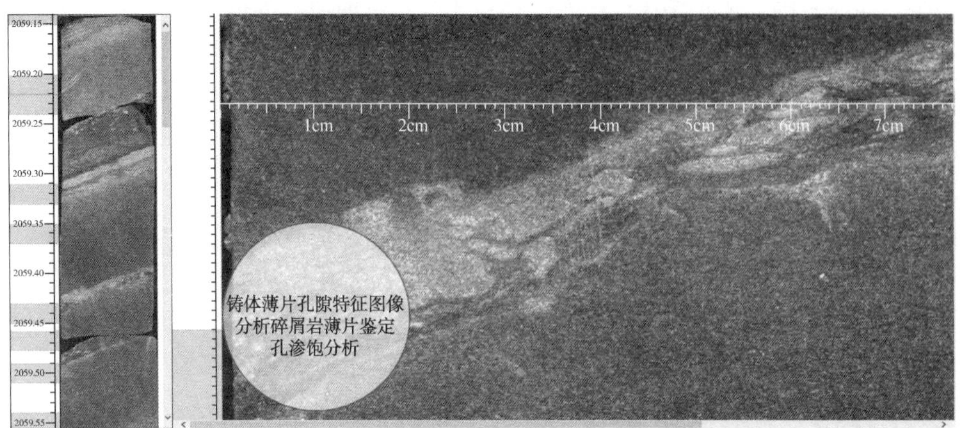

图 8-18　W2 井岩心照片

8.2.3　勘探开发及生产一体化运营管理系统

8.2.3.1　建设背景和思路

海上生产环境相对复杂，“高投入、高风险、高科技”是海洋石油工业的显著特点。当前，全球经济复苏缓慢、需求乏力，国际油价震荡下行，油气生产成本居高不下，市场竞争日趋激烈，安全环保事故时有发生，特别是近年来的重大安全事故引发了国家与社会的高度关注，是目前石油行业面临的形势和挑战。如何提高产量、降低成本、安全生产成为石油行业迫切需要解决的问题，而科技信息化技术则是应对以上挑战的重要手段。信息化是当今世界经济和社会发展的大趋势，也是我国产业优化升级和实现工业现代化的必由之路，更是企业优化调配内部资源、提高生产运行效率、强化企业管理、服务领导决策、提升核心竞争力的有效手段。

随着勘探开发及生产业务的不断深入，对资源结构调整、产量结构优化和生产高效协调的要求越来越高。作为企业管理层，通过勘探开发信息的综合集成来实时、全面掌握勘探、开发、生产及安全的动态，以实现精细化管理和科学高效决策显得尤为重要。

“勘探开发及生产一体化运营管理系统”基于 SOA(Service-Oriented Architecture，面向服务的结构)技术、WEB 服务、企业应用集成等技术，采用成熟体系 R Center 资源融合平台，通过中间库的方式与各系统库授权进行数据集中存储和提取，将常用的 23 套应用系统、视频监控及船舶信息等资源进行了有效的整合和集中，并利用图示化信息和页面集成方式进行综合展示。该系统的应用，消除了公司信息系统的信息孤岛，为企业各级管理层提供了“一站式”、实时、翔实的勘探、开发、生产及安全信息，更加有效地为油田勘探、开发、生产建设、决策分析提供支持与服务，提高了勘探、开发、生产及安全管理工作的运营效率。

结合需求调研，该系统包含总况、勘探决策、开发生产、安全应急、钻完井管理、综合应用、系统管理等七大模块及数据接口服务，系统功能结构如图 8-19 所示。

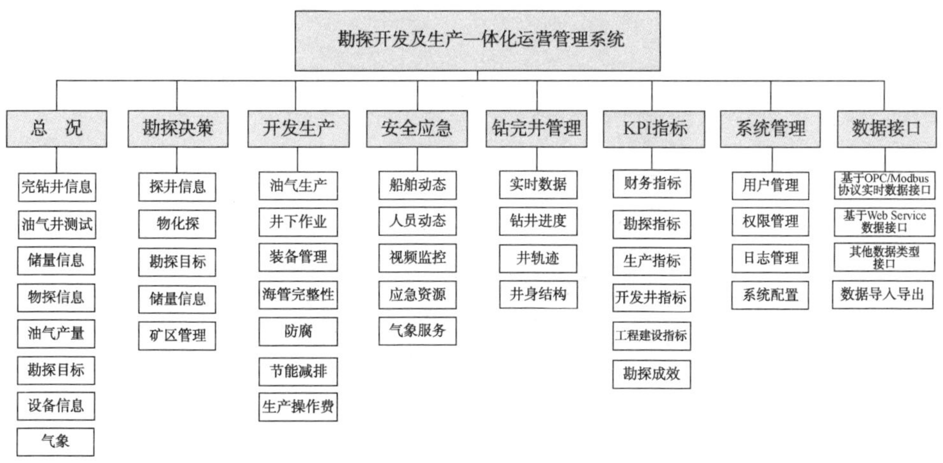

图 8-19　一体化运营管理平台系统功能结构

该系统在现有业务系统数据分析的基础上进行集成应用和综合展示，不涉及数据采集工作，具备可扩展、通用、实用等特点。设计思想为：

(1) 软件系统的开放设计

采用 RCenter 平台开发，实现软件重用、扩展、集成化的数据管理和开放的应用体系，提高应用系统开发和维护的效率，避免低效和重复开发。

(2) 一体化设计

充分综合利用在用的各业务板块信息系统，进行页面及数据的有机结合，通过对系统各业务的互相补充，互相印证，最后融合为一体，实现一体化运营管理的目的。

(3) 数据图形化应用设计

勘探开发生产数据进行图形化应用设计，同时加入 GIS 应用设计，使系统更贴近油田实际展示方式，达到用户操作灵活、便捷、关注度高的目的。

8.2.3.2 建设成效

勘探开发及生产一体化运营管理系统建设，旨在勘探、开发、生产及安全领域等业务板块构建前瞻、开放、共享的信息化系统，推进专业应用系统集成、提高、应用，改变勘探、开发、生产业务从单一专业库系统建设到“搭建规范统一数据库、统一信息共享服务平台”应用的转变。实现有价值的数据在内部的快速传递，提供有关联的数据全方位、多维度的智能化分析功能，为油田的管理决策，提供辅助手段。

利用图示化信息综合展示企业各级关注的勘探、开发、生产及安全信息，对现有业务系统中抽取领导层重点关注的信息进行展示，包括总况、勘探决策、钻完井管理、开发生产、安全应急、KPI 指标 6 个模块应用(图 8-20)。

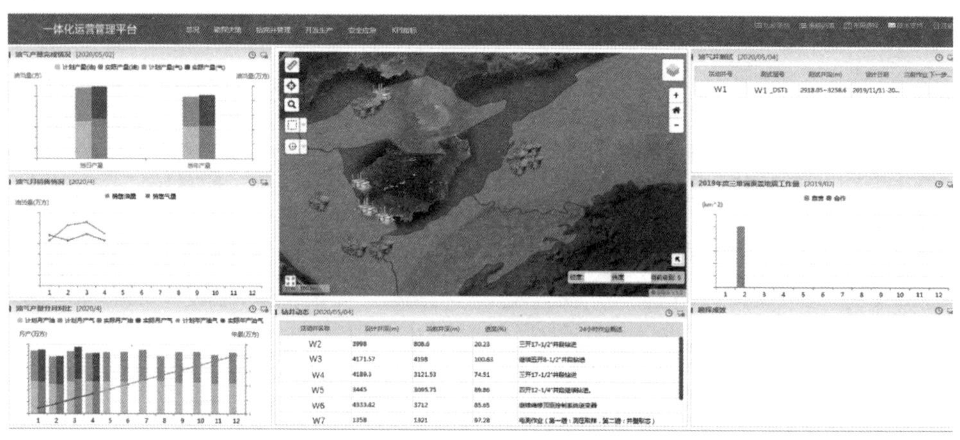

图 8-20 一体化运营管理平台系统界面展示

(1) 总况

根据勘探、开发、生产、应急、钻完井、综合应用等业务模块内容，抽取六个模块重点信息进行综合展示应用，全面展示日常生产情况，使信息一目了然，并可以向下级作业公司级钻取信息，同时页面资源右键关联相关重点关注内容进行查询。

(2) 勘探决策

勘探决策模块重点关注内容包括勘探动态、物探信息、勘探目标、储量信息、矿权信息等五部分业务子模块信息。同时集成 GIS 图形展示勘探构造、圈闭、油气田等信息。使用户能够及时掌握勘探业务领域数据进行综合分析，为企业管理层提供决策依据。

(3) 开发生产

通过对企业涉及的开发生产专业信息系统、井下作业管理系统、装备服务分析管理平台、MAXIMO系统、生产操作费跟踪管理等进行调研梳理，得到开发生产业务板块共分为油气生产、井下作业、装备管理、海管完整性、防腐管理、节能减排、生产操作费用等七个业务模块应用。

(4) 安全应急

通过对涉及安全应急业务的船讯网，出海人员动态跟踪管理系统，重大危险源、隐患、应急资源系统，海洋石油气象网等进行调研梳理，得到安全应急业务板块共分为船舶动态、人员动态、视频集成、安全隐患、气象服务等5个业务模块应用。

该系统上线后，为企业各级管理层提供了“一站式”、实时、翔实的勘探、开发、生产及安全信息，更加有效地为油田勘探、开发、生产建设、决策分析提供支持与服务，显著提高了勘探、开发、生产及安全管理工作的运营效率。成为不可或缺的决策平台和多学科、多专业协同工作平台，为科研生产决策提供服务。通过各领域研究成果的集成展示，不仅能协助决策者进行井位部署，还为随钻地质分析提供了一体化的技术手段，提高了地质油藏决策的精度和效率。如某井实施过程中，决策者通过大屏实时查看该井钻井、测井、录井等数据，不断调整井斜数据，使该井沿着设计轨迹钻进，最终保证该井砂体钻遇率77.8%，达到设计目的及油藏要求。

实现了对油气田生产的实时监控、勘探海域内船舶的动态监控、生产作业海域内的气象实时监测、海上生产作业平台上人员的动态监控，形成了共享协同的应急指挥环境。

解决了以往决策时匆忙从各业务系统收集数据的困境，提高了工作效率，有效促进了各业务系统的应用，保障了各业务系统数据采集的准确性和及时性。

8.2.4 AECOLog测井解释及处理系统

8.2.4.1 建设背景和思路

随着海上勘探开发工作的不断深化，现有国外引进的测井解释系统越来越不适应日益增多的“三低”、高温超压、非烃类等复杂油气层对测井解释评价所提出的技术挑战，同时国内外测井软件系统技术市场竞争日趋激烈，三大测井专业服务公司垄断高端测井配套处理解释软件，只提供资料处理解释服务的格局已基本形成。

因此，建立以岩石物理知识库为基础，岩石物理模型分析、常规测井资料处理、高端测井成果辅助、专家经验“图版化”于一体的研究型海上测井综合解释评价系统非常有必要。另外，海上各地区通过多年的研究，逐步形成了适合自己区域特点的测井解释技术，尤其在针对低阻油气层、高温超压气层、二氧化碳气层等问题所做的研究，发展了较为成熟的解释模型和评价技术。但是针对新出现的问题，需要结合地质模式对以前的测井解释模型进行精细化处理，并将新的研究方法和以前的研究成果一起集成到综合解释评价系统中，提高储层评价的准确度和精度，达到进一步解放低品位地质储量的目的；同时，为了实现勘探开发一体化工作平台的目标，需要在综合解释评价系统中建立起各地区的岩石物理知识库，融合各种基础资料并在此基础上开展研究；传承专家多年积累的经验，变专家头脑中的感性认知为研究人员实际工作中的理性认知，使研究人员在模型选择、参数确定等测井解释过程中最大限度地减少人为因素干扰，尽可能地接近储层的实际情况(图 8-21)。

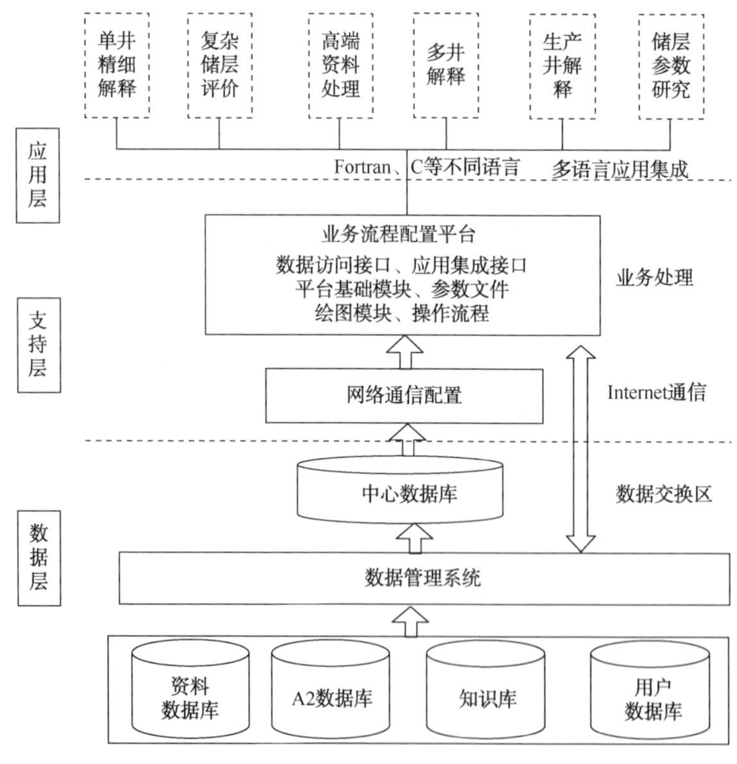

图 8-21　AECOLog 测井软件技术架构图

8.2.4.2 建设成效

通过运用基于知识库和一体化数据中心的测井数据智能处理技术、插件式多语言应用集成技术及分布式异构数据库同步技术等核心技术，业务上实现了测井资料处理技术、有效储层评价自动化技术、多井对比分析技术，取得了以下主要成果：

(1) 基于分布式异构数据库的多用户测井工作模式，多源异构数据构建数据集市，多用户分布式本地库与测井数据集市实时交互与同步，确保多用户模式下的源端目标数据的实时一致性。

(2) 基于知识库和一体化数据中心的互联互通智能研究平台，通过知识库研究来实现参数、模型与标准自动优选或智能寻找，从而大幅减少人工交互的工作量和提升平台整体性能。基于人工智能技术，建立知识库调用策略，提高工作效率，单井解释时间由原来的 4 小时缩减到现在的 1 小时，油气田储量测井研究由原来的 45 天缩减到 20 天，基于测井平台获取的测井解释结果符合率达到 95%。

(3) 多对象同步实时交互可视化处理技术。以交互可视化技术为基础搭建绘图模块，用户动态调整信息通过绘图模块传递到平台其他软件层，成果数据“图形化”实时显示。

(4) 基于插件式的多语言应用快速开发技术，实现了应用模块可插拔式应用开发，实现为不同测井应用程序的集成开发提供统一的解决方案，将 Fortran 语言、C 语言等不同编程语言的应用程序进行有效集成和二次开发，并添加不限制开发工具和开发语言的方法应用，极大提高了平台的适应能力和应用扩展能力。基于插件式多语言应用发展了多种技术方法，形成了三大应用系统，包括裸眼井解释系统、套管井解释系统、管理及工具支撑系统等。

(5) 推动了测井评价技术的发展，突破了服务商的技术封锁。针对复杂海域储层评价的诸多挑战，既解决了地区地质问题，又突破了原有测井软件对专有技术的束缚。集成全波列、核磁测井资料处理解释技术，突破了服务商技术封锁，降低成本，提高时效。

下面以两个应用模块为例进行详细介绍。

(1) 储层参数自动化研究模块

储层参数研究是在油气勘探、开发阶段计算储量时进行的一项重要工作，主要为储量计算人员提供精确的孔隙度、饱和度、渗透率、储层厚度等数据，以及四性关系研究成果、储层有效厚度划分标准等。研究主要基于岩心化验分析资料、测井资料以及气测录井资料，通过流程自动化，提高研究人员的工作效率，减少人为错误。其功能主要包括以下两个部分：

1）储层四性关系研究

储层四性关系研究包括岩性-物性关系、岩性-电性关系、物性-电性关系以及物性-含油性关系，在此基础上，找出影响储层物性的关键因素，从而为储层的孔隙度、渗透率、饱和度建模提供依据。通过散点图、直方图等形式开展研究工作。图 8-22 为某油田不同岩性的孔隙度直方图。

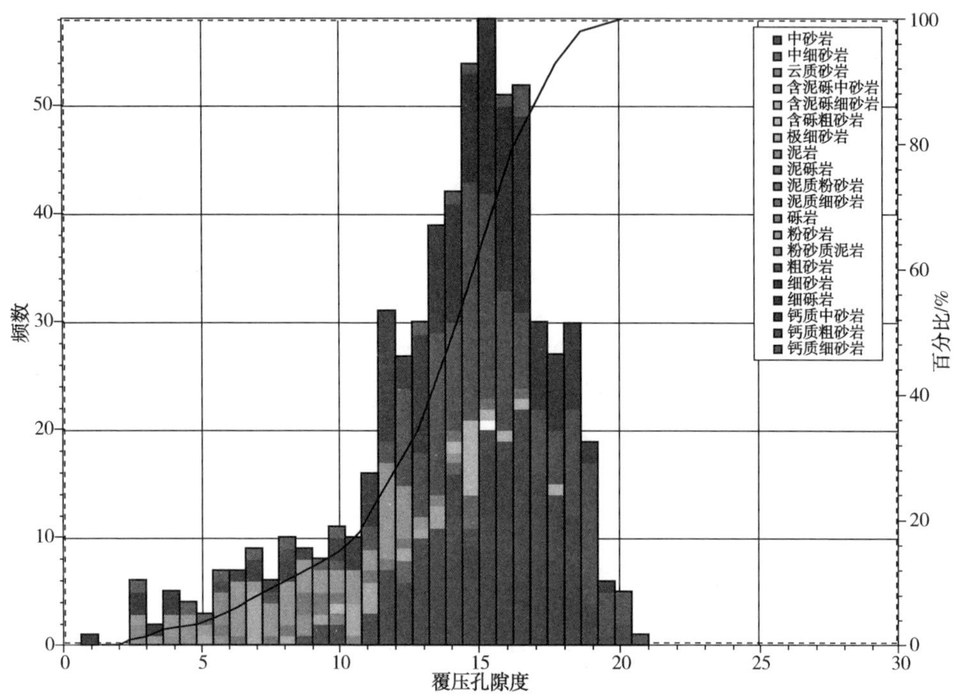

图 8-22　某油田不同岩性的孔隙度直方图

2）有效厚度下限研究

有效厚度下限研究主要包括孔隙度下限、渗透率下限、含油气饱和度下限、泥质含量下限以及电性下限。通过化验分析资料、电缆测压取样资料、气测录井资料等，利用散点图、直方图回归分析得到划分储层有效厚度下限值，从而正确划分油、气、水层。图 8-23 为利用岩心化验分析的压汞资料计算孔隙度下限图。

（2）全波列测井及核磁共振测井处理解释模块

目前全波列测井、核磁共振测井作业由 Schlumberger（斯伦贝谢）、COSL（China Oilfield Services Limited，中海油服）、Baker Hughes（贝克休斯）等服务公司承担，资料的处理解释（纵横波提取、核磁可动孔隙度计算、束缚水饱和度计

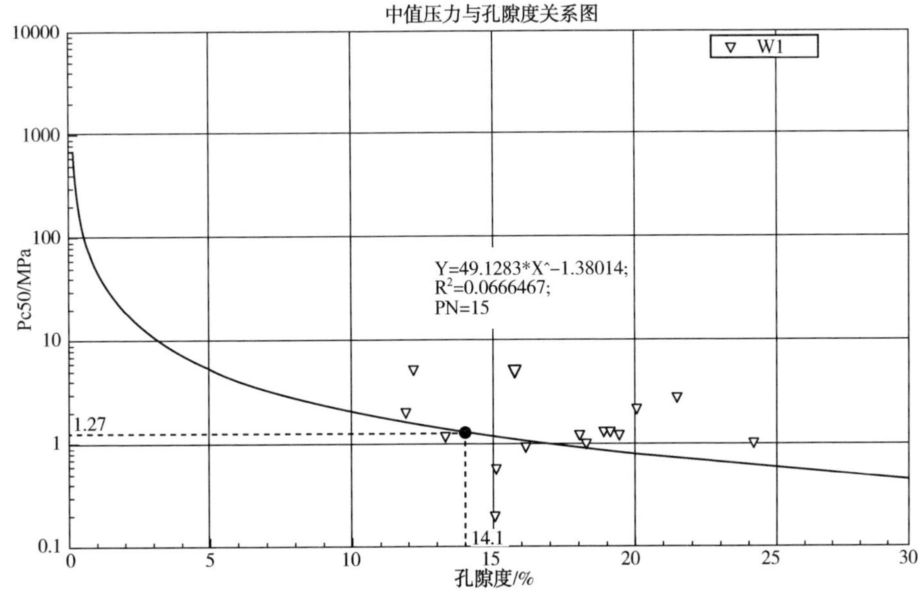

图 8-23　某油田确定孔隙度下限图版

算等)也基本由服务公司利用专业软件进行，这样就形成了技术垄断。本次平台研发过程中，为了打破服务公司的技术垄断，针对使用较多的 DSI 和 XMACII 两种全波列测井仪器进行了处理程序的编写。对于核磁共振，利用服务公司提取的 T2 谱，采用变 T2 截止值的办法进行孔隙度和含水饱和度的计算。

1）全波列资料处理模块

全波列模块主要处理声波数据，包括声波预处理，时差提取等，可以处理 5700 系列、DSI 等工具产生的数据，5700XMACII 序列工具原始数据主要是 XTF 文件，DSI 系列工具原始数据主要是 DLIS 文件。这两种原始数据文件经过解编处理，会把相应常规曲线、二维曲线、多接收器的二维曲线(阵列曲线)进行分类，便于进行预处理和声波 STC 处理(图 8-24)。

2）核磁共振资料处理模块

根据核磁共振测井资料实际处理流程和功能的需要，将变 T2 截止值的解释方法进行优化，有机集成挂接到测井软件平台上。实现了 CMR 和 MREX 仪器测井数据的有效处理，处理过程及界面风格达到了与测井平台的高度统一。功能主要分为数据加载、核磁预处理、处理、伪毛管压力拟合、渗透率计算、绘图输出模块等。

平台投入应用后，整理了各盆地现有的测井解释模型及参数 343 项，四大类

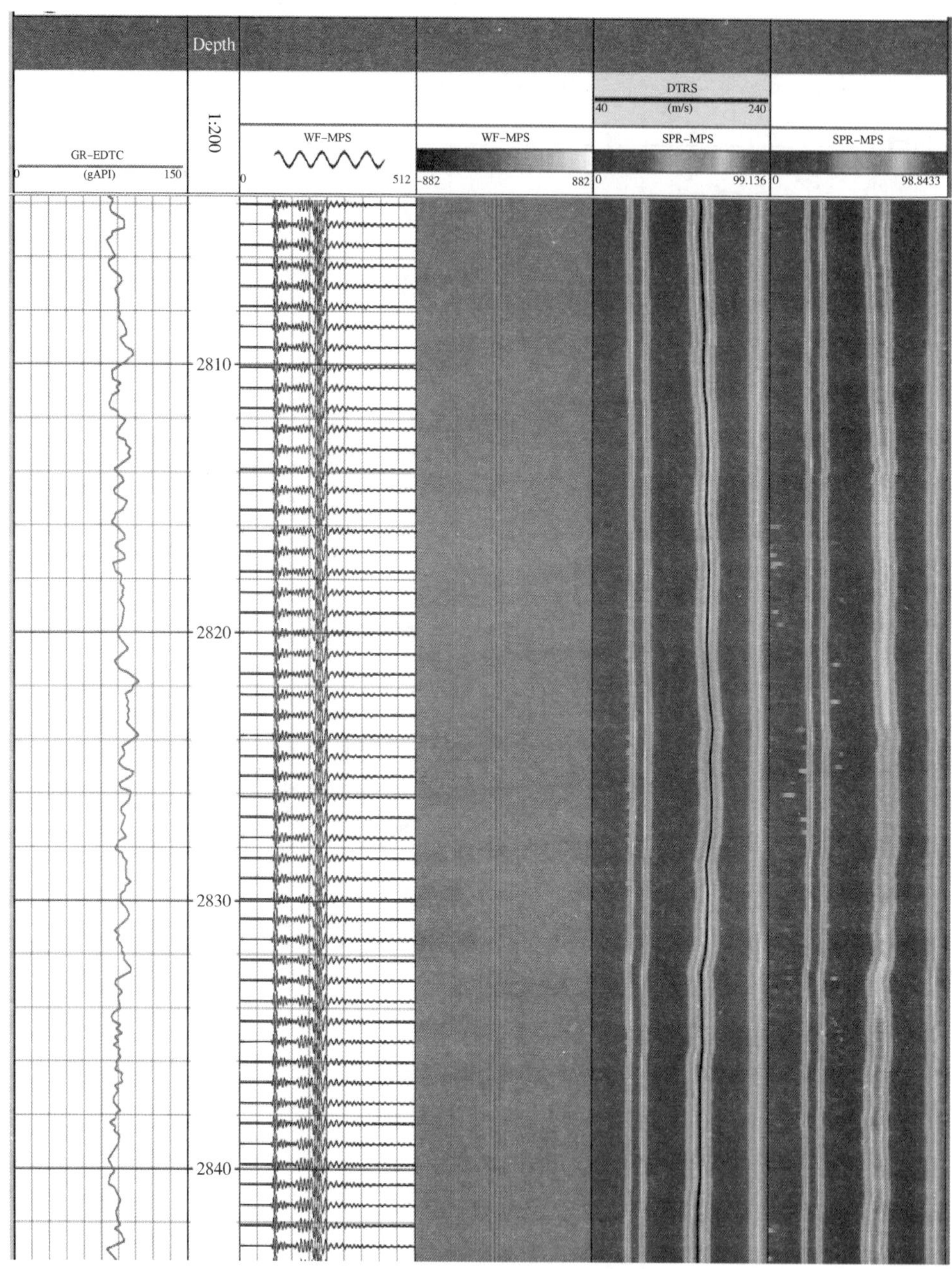

图 8-24　W1 井声波波形回放图

测井解释模型(孔隙度、渗透率、束缚水及泥质含量模型)116 项，岩电与有效厚度下限等关键参数 227 项，并利用开发的知识库软件将其录入到软件的模型知识库中。已经全方位投入到勘探开发实践工作中，平台在日常生产任务中使用率100%，时效98%。

8.3 应用前景

海洋石油勘探开发一体化数据中心通过借鉴国内外石油企业在勘探开发数据管理与建设方面的成功经验，结合海上油气勘探开发的业务特色，在已有勘探开发生产等专业数据库的基础上，以数据资产化管理为核心，建立起符合海洋石油实际业务的勘探开发一体化数据模型体系，建成了勘探开发一体化数据中心和数据服务平台，实现了异构数据便捷交换及跨专业数据透明共享，形成了以信息技术为手段、以资料有序管理和高效使用为目标的数据中心，实现了结构化和非结构化数据的统一管理及便捷应用，建立并逐步健全数据考核等相关管理体系和长效机制，实现数据采集的及时、准确、高效。

海洋石油勘探开发一体化数据中心的成功建设为推动海洋石油的数字化转型、智能化发展奠定了坚实的数据基础。

随着石油和天然气勘探开发技术的不断发展和信息化技术的迅猛发展，尤其是近年来，物联网、大数据、云计算、数据孪生和人工智能技术的迅速发展，勘探开发研究人员针对各种大数据的应用和需求也随之不断涌现，通过这些新兴技术与勘探开发核心业务深度融合，推动生产方式转变和管理流程优化，实现生产现场物联化、生产运营协同化、业务管理精细化、决策部署知识化的智能油田，是石油企业提质、降本、增效的有效举措，也是未来石油企业高质量发展的重要方向之一。

(1) 油田全面感知能力提升，支撑综合分析决策

业务的数字化表征、汇聚、自动感知能力是智能油田的基础，物联网是企业数字化转型的重要前提。部署永久性井下、平台和地面传感器，监测油藏及设备设施实时状态，全面采集井下、井筒、地面、外输等生产全流程各环节的重要参数。同时基于数据中心标准规范建立实时数据采集标准、网络传输标准等物联网标准，并部署边缘计算设备和远程控制系统，实现对作业现场的全面数据监控、边缘分析和远程操控，实现对工艺、设备的状态预警和生产预测。

通过建立数据治理体系，建立统一的数据标准，明确数据责任，构建全面的数据管理能力，通过标准化的、高价值的、高质量的数据提升企业的生产力和决

策能力。通过推动数据湖的建设，扩大数据采集范围，加强实时数据采集管理，建立统一的数据服务平台，对全业务领域的数据进行汇聚，加强数据共享及数据价值挖掘能力，通过数据深度分析与应用的关键技术，实现数据向知识的转变，从而推动实际业务的数字化转型和智能化发展。

（2）基于云协同平台，助力智能油田建设中的软件高效开发、部署、运营

通过以先进成熟的IT架构和技术，基于微服务建设云原生的应用开发协同平台（PaaS平台），建设勘探开发上游应用的组件库。分步迁移已有生产应用上云，敏捷响应业务新需求，实现上游应用的统一建设和协同发展。提升以下五种能力：

1）公共服务能力，基于微服务架构实现知识服务及数字孪生等公共服务的统一建设，对智能油田的各类应用提供便捷统一的公共服务；

2）勘探开发数据能力，建立勘探开发专业化数据管理与融合，实现数据对应用的全面支撑能力，实现知识为勘探开发协同作战提供可能及保障基础；

3）高效业务服务能力，基于数据服务及公共服务，在老旧应用的上云过程中沉淀和积累各专业的业务服务组件库；

4）平台支撑能力，通过微服务与容器技术，实现高效的应用软件研发、集成与部署环境（平台），通过平台的业务场景快速定制与高效交付，有效实现业务整合；

5）生态化集成能力，通过一体化技术架构实现多研发团队的组件化开发与集成，支持全流程规范管理。通过软件技术架构支撑实现业务生态系统的整合。

（3）科学决策能力全面提高

勘探开发研究与生产活动中，有效利用专家经验或工作方法模型可提升生产效率和效益。目前生产和钻井的部分业务环节通过建立专家经验和工作方法模型实现了数据驱动的决策支持，其他业务领域应用相对较少。通过有计划、有步骤地知识库建设，包括认识成果、方法模型、案例库、专家经验的整合及互联互通，逐步构建和完善勘探开发知识体系；经验及数据分析模型的梳理与开发，促成实践中专家经验的沉淀及积累，通过人工智能等技术建模，有效利用数据驱动支持管理决策。最终通过有序积累并生成知识，将知识应用融入业务活动中，实现知识和数据驱动的业务科学决策的能力。

在融合智能分析技术、数字孪生技术、知识库等多维信息支撑的战略分析决策环境中，从石油探区的矿权获取、油气勘探、油气开发开采和废弃退出等全生命周期的关键战略决策主题，能够充分有效利用科学化手段辅助决策。在勘探决

策优化方面，依托多因素评价模型，建立油气资源的战略选区与市场进入的模型化决策。构建盆地、区带、圈闭与油气藏评价的量化的数字化评价模型，辅助部署评价，通过决策平台支持多专家对于部署方案的实时研讨和高效论证；在开发决策优化方面，在油藏可视化研究环境的基础上，与经济评价模型融合，实现多开发方案的快速联动推演和优化决策。

建立多级运营决策组织，通过运用大数据融合、人工智能分析等技术手段，针对不同层面的跨专业运营难题或应急事件建立智能化决策的支撑环境和问题闭环管理机制，提高运营决策效率，提升应急处理能力，确保安全生产。

参 考 文 献

[1] 王继鹏．石油企业数据中心建设及数据服务[J]．信息技术与应用，2015，(23)：19-20.

[2] 杨耀忠．油田数据中心数据服务引擎研究[J]．内蒙古石油化工，2017，(9)：25-27.

[3] 肖波．基于模型驱动的中国石化企业数据中心模型架构[J]．计算机与自动化工程，2012，36(1)：78-82.

[4] 熊方平，马进山，陈新燕，孙瑶．中国石油一体化勘探开发数据模型研究与实践[J]．信息技术与信息化，2011，(3).

[5] 李剑锋，肖波，段鸿杰．油田数据中心建设的数据集成模型[J]．大庆石油学院学报，2012，36(1).

[6] 高铁钢．油田勘探开发一体化业务协同平台建设创新与实践[J]．石油科技论坛，2014，(33).

[7] 梁杨．大数据背景下企业级数据中心建设探索[J]．互联网天地，2014，(2)：40-43.

[8] 张纪越．SVG 在界面设计中的应用现状及趋势[J]．电子技术与软件工程，2019，(14)：53-54.

[9] 徐琛杰，周翔，彭鑫，赵文耘．面向微服务系统的运行时部署优化[J]．计算机应用与软件，2018，35(10)：85-93.

[10] 辛园园，钮俊，谢志军，张开乐，毛昕怡．微服务体系结构实现框架综述[J]．计算机工程与应用，2018，54(19)：10-17.

[11] 吴飞燕．基于 HTML5 Canvas 绘图技术应用[J]．电子测试，2018(04)：116+118.

[12] 王水波．基于 Web 前端数据可视化研究与应用[D]．西安电子科技大学，2017.

[13] 刘伯艳．数据可视化系统框架可扩展方法的设计与实现[D]．北京：北京交通大学，2017.

[14] 张晶，黄小锋．一种基于微服务的应用框架[J]．计算机系统应用，2016，25(09)：265-270.

[15] 樊博，李海刚，孟庆国．空间数据立方体的建模方法研究[J]．计算机工程，2007，(08)：1-2+9.

[16] 邹逸江，杨晓平．空间数据立方体的技术框架[J]．计算机应用研究，2006，(10)：27-29.

[17] 梁党卫，石浩．知识管理系统在石油企业中的应用研究[J]．计算机应用与软件，2014，31(09)：329-333.

[18] 陈序明，焦海星，马力．基础数据服务组件的设计与实现[J]．计算机工程与设计，2007，(05)：1140-1143.

[19] 陈亚楠，谢声时，邢诒俊．SVG 技术分析[J]．华南金融电脑，2009，17(08)：46-47.

[20] 潘玉春，胡剑锋，朱玉付．WEB 可视化技术在电网大数据场景下的应用研究[J]．电力大数据，2019，22(03)：8-12.

[21] 樊博，李海刚，孟庆国．空间数据立方体的建模方法研究[J]．计算机工程，2007，(08)：1-2+9.